安徽省高等学校"十一五"省级规划教材

数据库系统及应用

SHUJUKU XITONG JI YINGYONG

主　编　戴小平

副主编　王　丽　帅　兵　张润梅

中国科学技术大学出版社

2018·合肥

内 容 简 介

本书是安徽省高等学校"十一五"省级规划教材。

全书较全面地介绍了数据库系统的基本原理、设计和应用技术。内容包括数据库基础知识、关系数据模型、关系数据库语言 SQL、关系数据库理论、关系数据库设计和应用系统开发、数据库的安全性与完整性、并发控制、数据库故障恢复技术和数据库新技术。

本书以学习数据库理论基础、培养数据库应用开发能力为目标,以大型数据库系统 Oracle 为实例贯穿全书。在重视学习数据库基本原理的基础上,突出了实用技术的学习,各章都备有适量的例题和习题。

本书既可以作为高等院校计算机、软件工程、信息管理与信息系统等工科类相关专业数据库课程的教材,也可供从事计算机软件以及数据库应用、管理和开发的工程技术人员阅读参考。

图书在版编目(CIP)数据

数据库系统及应用/戴小平主编. —合肥:中国科学技术大学出版社,2010.8(2020.1重印)
ISBN 978-7-312-02606-5

Ⅰ. 数… Ⅱ. 戴… Ⅲ. 数据库系统 Ⅳ. TP311-13

中国版本图书馆 CIP 数据核字(2010)第 096397 号

出版	中国科学技术大学出版社
	安徽省合肥市金寨路 96 号,邮编:230026
	http://press.ustc.edu.cn
	https://zgkxjsdxcbs.tmall.com
印刷	安徽国文彩印有限公司
发行	中国科学技术大学出版社
经销	全国新华书店
开本	787 mm×1092 mm 1/16
印张	20.5
字数	512 千
版次	2010 年 8 月第 1 版
印次	2020 年 1 月第 4 次印刷
印数	6001—6800 册
定价	45.00 元

前　言

数据库技术始于 20 世纪 60 年代,经过四十多年的发展,数据库已经与操作系统、通信网络、应用服务器一起成为 IT 基础设施的重要组成部分,工农业生产、银行、电信、商业、行政管理、科学研究、教育、国防军事等几乎每个行业都广泛应用数据库系统来管理和处理数据。可以说数据库技术和数据库系统已经成为计算机信息系统的核心技术和重要基础,围绕着数据库技术形成了一个巨大的软件产业。

目前,数据库技术已成为计算机领域内一个重要部分。关于数据库系统的课程已成为计算机科学与技术、信息管理与工程、软件工程等专业的核心课程,也是许多其他专业的重要选修课程。

本书共分 13 章。第 1 章主要介绍数据库基础知识,包括数据库概念、三层模式和数据库管理系统等内容;第 2 章介绍关系数据库,包括关系模型和关系代数;第 3 章主要介绍 Oracle 数据库基础及 Oracle 数据库体系结构;第 4 章与第 5 章分别介绍关系数据语言 SQL 和 Oracle 数据库的存储过程和触发器;第 6 章介绍关系数据理论,包括函数依赖、公理系统、规范化和模式分解等内容;第 7 章和第 8 章分别介绍数据库设计的基本方法和数据库应用系统开发的基本知识;第 9 章到第 12 章介绍数据库管理系统的统一数据控制功能的概念与知识,分别为数据库安全性、数据库故障与恢复技术、并发控制和数据库完整性;第 13 章介绍数据库的一些新的应用和研究领域,包括分布式数据库、面向对象数据库、数据仓库和数据挖掘技术等。

Oracle 作为一种大型数据库,是当前应用最广泛的数据库系统之一,因此本书选择 Oracle 9i 数据库作为实例贯穿其中。希望读者在学习数据库基础理论知识的同时,能够了解一种数据库产品,学会和掌握一种数据库环境的基本操作,并结合课程设计,能够进行数据库应用系统的开发。

本书由安徽工业大学、安徽理工大学、安徽建筑工业学院和安徽工程大学联合编写。第 1、9 章由安徽工业大学周兵编写,第 7、8 章由安徽工业大学陈业斌编写,第 10、11、12 章由安徽工业大学戴小平编写,第 2、6 章由安徽建筑工业学院张润梅编写,第 3、5 章由安徽理工大学王丽编写,第 4、13 章由安徽工程大学师兵编写。全书由安徽工业大学戴小平统稿。

安徽工业大学方木云、张学锋,安徽理工大学吴观茂、朱晓娟、周花平,安徽工程大学伊芸芸、周文、汪婧,安徽建筑工业学院王坤等对本书提出了很多意见和建议,特此表示感谢。

在本书的编写过程中,所有参编者都力求跟踪数据库学科最新的技术水平和发展方向,引入新的技术和方法。但由于水平有限,书中疏漏之处在所难免,殷切希望同行专家和读者批评指正。

编　者
2010 年 3 月

目　　录

第 1 章　数据库基础

我们现在处在信息时代,信息量成爆炸趋势增长,处理信息的技术更是飞速发展,而处理信息的一项核心技术就是数据库技术。因此,对于一个国家来说,数据库的规模、数据库信息量的大小和使用频度已成为衡量这个国家信息化程度的重要标志之一。

1.1　数据、信息与数据处理

在我们的学习、生活和工作中,经常会接触到各式各样的信息。如文字、数字、声音、图形、图像等,可以说现实世界到处都充满了信息。

信息是现实世界中各种事物(包括有生命的和无生命的、有形的和无形的)的存在方式、运动形态以及它们之间的相互联系等诸多要素在人脑中的反映,是通过人脑的抽象后形成的概念。这些概念不仅被人们认识和理解,而且人们还可以对它们进行推理、加工和传播。

数据一般是指信息的一种符号化表示方法,就是说用一定的符号表示信息,而采用什么符号,完全是人为规定。例如,为了便于用计算机处理信息,就得把信息转换为计算机能够识别的符号。即采用 0 和 1 两个符号编码来表示各种各样的信息。所以数据的概念包括两方面的含义:一是数据的内容是信息,二是数据的表现形式是符号。

数据在数据处理领域中涵盖的内容非常广泛,这里的“符号”不仅仅是指数字、字母、文字等常见符号,还包括图形、图像、声音等多媒体数据。

信息和数据的关系是既有联系又有区别。数据是承载信息的物理符号或称之为载体,而信息是数据的内涵。二者的区别是:数据可以表示信息,但不是任何数据都能表示信息,同一数据也可以有不同的解释。正如人们常说的“如果给计算机输入的是垃圾,输出的也将是垃圾”。信息是抽象的,同一信息可以有不同的数据表示方式。例如,在足球世界杯期间,同一场比赛的新闻,可以分别在报纸上以文字形式、在电台以声音形式、在电视上以图像形式来表现。

数据处理是指将数据转换成信息的过程,这一过程主要是指对所输入的数据进行加工整理,包括对数据的收集、存储、加工、分类、检索和传播等一系列活动,其根本目的是从大量的、已知的数据出发,根据事物之间的固有联系和变化规律,采用分析、推理、归纳等手段,提取出对人们有价值、有意义的信息,作为某种决策的依据。

我们可以用如图 1.1 所示的过程简单地表示出信息与数据之间的关系。

图 1.1 中数据是输入,而信息是输出结果。人们所说的“信息处理”,其真正含义应该是为了产生信息而处理数据。例如,学生的“出生日期”是有生以来不可改变的基本特征之一,属于

原始数据,而"年龄"是当年与出生日期相减而得到的数字,具有相对性,可视为二次数据。同样道理,"参加工作时间"、产品的"购置日期"是职工和产品的原始数据,工龄、产品的报废日期则是经过简单计算所得到的结果。

图 1.1　信息与数据之间的关系

在数据处理活动中,计算过程相对比较简单,很少涉及复杂的数学模型,但是却有数据量大,且数据之间有着复杂的逻辑联系的特点。因此数据处理任务的矛盾焦点不是计算,而是如何把数据管理好。数据管理是指数据的收集、整理、编目、组织、存储、查询、维护和传送等各种操作,是数据处理的基本环节,是任何数据处理任务必有的共性部分。因此,对数据管理应当加以突出,集中精力开发出通用而又方便实用的软件,把数据有效地管理起来,以便最大限度地减轻计算机软件用户的负担。数据库技术正是瞄准这一目标而逐渐完善起来的一门计算机软件技术。

1.2　数据管理技术的发展历史

利用计算机进行数据管理经历了从低级到高级的发展过程,这一过程大致分为 3 个阶段:
手工管理阶段——→文件系统阶段——→数据库系统阶段

1.2.1　手工管理阶段

20 世纪 50 年代中期以前,计算机主要用于科学计算。硬件存储设备主要有磁鼓、卡片机、纸带机等,还没有磁盘等直接存取的存储设备;软件上也处于初级阶段,没有操作系统和数据管理工具。数据的组织和管理完全靠程序员手工完成,因此称为手工管理阶段。这个阶段数据的管理效率很低。

在人工管理阶段,程序与数据之间的一一对应关系可用图 1.2 表示。

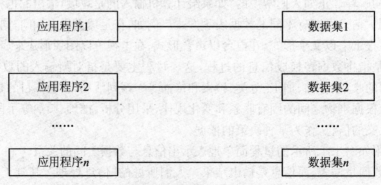

图 1.2　人工管理阶段应用程序与数据之间的对应关系

人工管理数据具有如下特点：

（1）数据不保存

由于当时计算机主要用于科学计算，一般不需要将数据长期保存，只是在计算某一课题时将数据输入，随着计算任务的完成，用户作业退出计算机系统，数据空间随着程序空间一起被释放。

（2）应用程序管理数据

数据需要由应用程序自己管理，没有相应的软件系统负责数据的管理工作。应用程序负责所有数据的存取，因此程序员负担很重。

（3）数据不共享

数据是面向应用的，一组数据只能对应一个程序。当多个应用程序涉及某些相同的数据时，由于必须各自定义，无法互相利用、互相参照，因此程序与程序之间有大量的冗余数据，容易产生数据的不一致性。

（4）数据不具有独立性

数据的存储结构发生变化后，必须对应用程序做相应的修改，这就进一步加重了程序员的负担，导致软件维护成本增加。

1.2.2 文件系统阶段

20 世纪 50 年代中期以后，计算机的硬件和软件得到快速发展，计算机不再仅用于科学计算的单一任务，还可以做一些非数值数据的处理。又由于大容量磁盘等辅助存储设备的出现，使得专门管理辅助存储设备上的数据的文件系统应运而生，它是操作系统中的一个子系统。在文件系统中，按一定的规则将数据组织成为一个文件，应用程序通过文件系统对文件中的数据进行存取和加工。文件系统对数据的管理，实际上是通过应用程序和数据之间的一种接口实现的。在文件系统阶段，程序与数据之间的关系如图 1.3 所示。

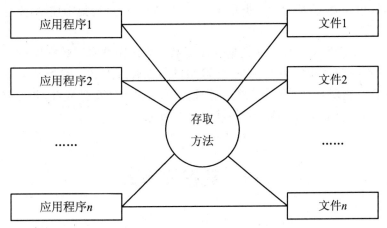

图 1.3 文件系统阶段应用程序与数据之间的对应关系

文件系统的最大特点是解决了应用程序和数据之间的一个公共接口问题，使得应用程序采用统一的存取方法来操作数据。在文件系统阶段中数据管理的特点如下：

① 数据可以长期保留,数据的逻辑结构和物理结构有了区别,程序可以按名访问,不必关心数据的物理位置,由文件系统提供存取方法。

② 数据不属于某个特定的应用程序,即应用程序和数据之间不再是直接的对应关系,可以重复使用。但是文件系统只是简单地存取数据,相互之间并没有有机的联系,即数据存取依赖于应用程序的使用方法,不同的应用程序仍然很难有效地共享同一数据文件。

③ 文件组织形式的多样化。有索引文件、链接文件和 Hash 文件等。但文件之间没有联系,相互独立,数据间的联系要通过程序去构造。

文件系统具有如下缺点:

① 数据冗余度大。文件与应用程序密切相关。相同的数据集合在不同的应用程序中使用时,经常需要重复定义、重复存储。例如:学校中学生学籍管理系统中的学生情况,学生成绩管理系统的学生选课,教师教学管理的任课情况,所用到的数据很多都是重复的。这样相同的数据不能被共享,必然导致数据的冗余。

② 数据不一致性。由于相同数据的重复存储,单独管理,给数据的修改和维护带来难度,容易造成数据的不一致。例如,学校在学生学籍管理系统中修改了某学生的情况,但在学生成绩管理系统中该学生相应的信息没有被修改,造成同一个学生的信息在不同的管理部门结果不一样。

③ 数据联系弱。文件系统中数据组织成记录,记录由字段组成,记录内部有了一定的结构。但是文件之间是孤立的,从整体上看没有反映现实世界事物之间的内在联系,因此很难对数据进行合理地组织以适应不同应用的需要。

1.2.3　数据库系统阶段

自 20 世纪 60 年代末开始,磁盘技术已经成熟,并作为主要外存而广泛使用。计算机硬件的价格大幅度下降,可靠性增强,为数据管理技术的发展奠定了物质基础。另外,因为计算机被用于管理,其规模更加庞大,从而使数据量急剧增加。对数据进行集中控制,充分提供数据共享的要求日益迫切。

在这样的背景下产生了一种新的数据管理技术即数据库技术。数据库技术克服了以前所有管理方式的缺点,试图提供一种完善的、更高级的数据管理方式。它的基本思想是解决多用户数据共享的问题,实现对数据的集中统一管理,具有较高的数据独立性,并为数据提供各种保护措施。关于数据库技术的更详细的讨论将在 1.3 节进行。

1.3　数据库概念

数据库是一个很复杂的系统,涉及面很广,难以用简练的语言准确地概括其全部特征。因此,本节先从简单分析入手,逐步认识什么是数据库。

顾名思义,数据库就是存储数据的"仓库"。但它和普通的仓库是有所不同的。首先,数据不是存放在容器或空间中,而是存放在计算机的外存储器中(如磁盘),并且是有组织地存放的。数据的管理和利用是通过计算机的数据管理软件——数据库管理系统来完成的。因此,我们讲的数据库,不单是指存有数据的计算机外存,而是指存放在外存上的数据集合以及管理它们的计算机软件的总和。数据库系统的组成可以用图 1.4 表示。

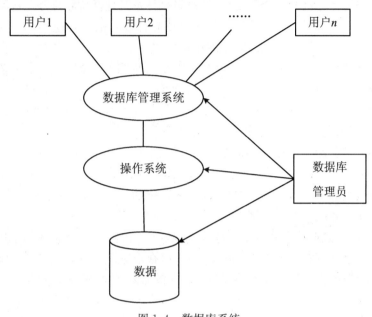

图 1.4　数据库系统

通常一个数据库系统包含下列内容:

(1) 有一个结构化的相关数据的集合

这一系统称为数据库(Database 或 DB)。在这个数据集合中没有有害的或不必要的冗余,能够为多种应用服务,它独立于应用程序而存在。这种结构化的数据集合就是数据库本身,是数据库系统的核心和管理对象。

(2) 有一个负责数据库管理和维护的软件系统

这一系统称为数据库管理系统(Database Management System 或 DBMS)。

用户一般不直接加工或使用数据库中的数据,而必须通过数据库管理系统。DBMS 的主要功能是维持数据库系统的正常活动,接受并响应用户对数据库的一切访问要求,包括建立和删除数据文件、检索、统计、修改和组织数据库中的数据以及为用户提供对数据库的维护手段等。通过使用 DBMS,用户可逻辑、抽象地处理数据,不必关心数据在计算机中的具体存储方式以及计算机处理数据的过程细节。这样,把一切处理数据的具体而繁杂的工作交给 DBMS 去完成。就好像操作系统的出现,解放了用户,使用户不必关心数据的实际存放和读取,而只需给出文件名和路径一样。

(3) 有供数据库及数据库管理系统运行的运行环境

运行环境主要是指计算机硬件系统以及基础的软件支持系统(如:操作系统等)。

(4) 有一个(或一组)负责整个数据系统的建立、维护和协调工作的专门人员

这就是数据库管理员(Database Administrator 或 DBA)。在一个安全性较高的大型的数

据库管理系统中,如金融部门等,必须有专门的数据库管理员,从事监视应用程序、维护硬件设备、定时备份等工作。他们也是一个数据库管理系统中不可缺少的重要部分。

(5) 有若干个用户

这里的用户可以是使用该数据库的终端用户或者应用程序。

数据库系统作为计算机的一个分支,与计算机硬件及其他基础软件和系统软件有密切的关系,它几乎涉及硬件及软件的所有知识,是许多重要软件技术的综合应用。例如,数据结构、操作系统、编译技术、程序设计等知识在数据库中都将被用到。所以数据库系统是一门综合性的计算机技术,是一门很有意义很有趣味的学科。要更好地研究掌握它,必须了解计算机的各个方面,以便加深理解这些知识的内在联系,并将它们统一起来。

数据库技术之所以能够如此快速地发展,受到计算机科学界普遍的重视,成为引人注目的一门重要学科,是因为它具有如下的特点:

(1) 采用数据模型表示复杂的数据结构

在文件系统中,尽管其记录内部已有了某些结构,但记录之间没有联系。

采用数据模型表示复杂的数据结构,实现整体数据的结构化,是数据库的主要特征之一,也是数据库系统与文件系统的本质区别。

在数据库系统中,数据不再针对某一应用,而是面向全组织,具有整体的结构化。不仅数据是结构化的,而且其存取数据的方式也很灵活,可以存取数据库中的某一个数据项、一组数据项、一个记录或一组记录。而在文件系统中,数据的最小存取单位是记录,粒度不能细到数据项。

(2) 数据的共享性高,冗余度低,易扩充

数据库系统从整体角度看待和描述数据,数据不再面向某个应用而是面向整个系统,因此数据可以被多个用户、多个应用共享使用。数据共享可以大大减少数据冗余,节约存储空间。数据共享还能够避免数据之间的不相容性与不一致性。

所谓数据的不一致性是指同一数据不同拷贝(副本)的值不一样。采用人工管理或文件系统管理时,由于数据被重复存储。当不同的应用程序使用和修改不同的拷贝时就很容易造成数据的不一致。在数据库中数据共享,减少了由于数据冗余造成的不一致现象。

由于数据面向整个系统,是具有结构化的数据,不仅可以被多个应用共享使用,而且容易增加新的应用,这就使得数据库系统弹性大,易于扩充,可以适应各种用户的要求。可以取整体数据的各种子集用于不同的应用系统,当应用需求改变或增加时,只要重新选取不同的子集或加上一部分数据便可以满足新的需求。

(3) 数据具有较高的独立性

数据独立性是数据库领域一个常用术语,包括数据的物理独立性和数据的逻辑独立性。

物理独立性是指用户的应用程序与存储在磁盘上的数据库中数据是相互独立的。也就是说,数据在磁盘上的数据库中怎样存储是由 DBMS 管理的,用户程序不需要了解,应用程序要处理的只是数据的逻辑结构,这样即使数据的物理存储改变时,应用程序也不用改变。

逻辑独立性是指用户的应用程序与数据库的逻辑结构是相互独立的。也就是说,即使数据的逻辑结构改变了,应用程序也可以不变。

数据独立性是由 DBMS 的二级映射功能来保证的,将在下面讨论。

数据与程序独立,把数据的定义从程序中分离出去,加上数据的存取是由 DBMS 负责,从而简化了应用程序的编制,大大减少了应用程序的维护和修改。

（4）数据由 DBMS 统一管理和控制

数据库的共享是并发的共享,即多个用户可以同时存取数据库中的数据甚至可以同时存取数据库中同一个数据。

数据库管理阶段应用程序与数据之间的对应关系如图 1.4 所示。

在这里需要强调的是数据库系统的核心是 DBMS。一个数据库系统的功能和性能在很大程度上取决于 DBMS 的功能和性能。

数据库系统的出现使信息系统从以加工数据的程序为中心转向围绕共享的数据库为中心的新阶段。这样既便于数据的集中管理,又有利于应用程序的研制和维护,提高了数据的利用率和相容性,提高了决策的可靠性。

目前,数据库已经成为现代信息系统不可分离的重要组成部分。具有数百万甚至数十亿字节信息的数据库已经普遍存在于科学技术、工业、农业、商业、服务业和政府部门的信息系统。20 世纪 80 年代后不仅在大型机上,大多数微机上也配置了 DBMS,使数据库技术得到更加广泛的应用。

1.4　数　据　模　型

前面已经提到数据以及信息等概念,下面将更详细地讨论有关概念。

1.4.1　3 个世界及其相互关系

数据表示信息,信息反映事物的客观状态,事物、信息、数据三者之间互相联系。从事物的状态到表示状态的数据,经历了 3 个领域,这就是现实世界、信息世界和计算机世界。3 个领域的联系如图 1.5 所示。

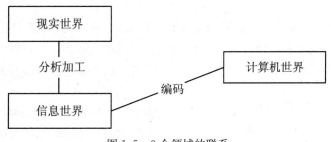

图 1.5　3 个领域的联系

1. 现实世界

现实世界是指存在于人脑之外的客观世界,泛指客观存在的事物及其相互间的联系。一个实际存在并且可以识别的事物称为个体。个体可以是一个具体的事物,如一个学生、一台计算机、一辆汽车等,也可以是一个抽象的概念,如年龄、性格、爱好等。

每个个体都有自己的特征,用以区别于其他个体,例如,学生有姓名、性别、年龄、身高、体重等许多特征来标志自己,但是我们在研究个体时,往往只选择其中对研究有意义的特征。例如,对于人事管理,选择的特征可以是姓名、性别、年龄、工资、职务等,而在描述一个人健康情况时,可以选用身高、体重、血压等特征。

我们把具有相同特征要求的个体称为同类个体,所有同类个体的集合称为总体。例如,所有的"学生"、所有的"课程"、所有的"汽车"等都是一个总体。所有这些客观事物是信息的源泉,是设计数据库的出发点。

2. 信息世界

现实世界中的事物反映到人们的头脑里,经过认识、选择、命名、分类等综合分析而形成了印象和概念,产生认识,这就是信息,即进入了信息世界。在信息世界中,每一个被认识了的个体称为实体,这是具体事物(个体)在人们头脑中产生的概念,是信息世界的基本单位。另外,个体的特征在头脑形成的知识称为属性。所以属性是事物某一方面的特征,即属性是反映实体的某一特征的。换句话说,一个实体是由它所有的属性表示的。例如,一本书是一个实体,可以由书号、书名、作者、出版社、单价 5 个属性来表示。在信息世界里,主要研究的不是个别的实体,而是它们的共性,我们把具有相同属性的实体称为同类实体,同类实体的集合为实体集。

3. 计算机世界

有些信息及客观事物,可以直接用数字表示,例如,学生成绩、年龄、书号等;有些是用符号、文字或其他形式来表示的。在计算机中,所有信息及客观事物只能用二进制数表示,一切信息及客观事物进入计算机时,必须是数据化的。可以说,数据是信息及客观事物的具体表现形式。

由此可见,现实世界、信息世界、计算机世界,这 3 个领域是由客观到认识、由认识到使用管理的 3 个不同层次,而且后一领域是前一领域的抽象描述。

1.4.2　概念模型

所谓模型就是从特定角度对客观事物及其联系、运动规律的一种简化抽象和描述。在前面提到的信息世界、数据世界中,对客观实体及其联系的描述分别被称为概念模型和数据模型。

1. 基本概念

在数据库理论中,概念模型是对客观实体及其联系的一种抽象描述。它主要是作为数据库设计人员和用户之间交流的一种工具,同时也是进行数据库设计的一种常用的工具,因此它应具有精确的表达能力以及简单、易于理解、易于操作的特点。概念模型涉及的概念有:

(1) 实体(Entity)

客观存在并可相互区别的事物称为实体。实体可以是具体的人、事、物,也可以是抽象的概念或联系。例如,一个教师、一个学校、一辆汽车、一次活动、一次借书、一对婚姻关系等。

(2) 实体集(Entity Set)

具有相同特征的实体的集合,称为实体集。例如,计算机系的本科生、男生、教师等。

(3) 属性(Attribute)

实体所具有的某一特性称为属性。一个实体可以有很多特征,因此也就可以有很多属性。

例如,教师实体可以具有工号、姓名、性别、出生年份、系、职称等属性。(100231、张孝平、男、1956、计算机系、教授)这些属性值组合起来描述了一位教师。

(4) 关键字或码(Key)

能唯一标识实体的属性或属性集称为关键字。例如,工号是教师这个实体的关键字。

(5) 联系(Relationship)

实体与实体之间、实体与实体集之间或实体集与实体集之间的联系通称为联系。

2. 3 种联系

实体集与实体集之间的联系可以分为 3 种:

(1) 一对一联系

如果实体集 A 中的每一个实体至多和实体集 B 中一个(也可以没有)实体相联系,反之亦然,则实体集 A 与实体集 B 之间的联系称为一对一联系,记为 $1:1$。

例如,一个学校只有一个正校长,而一个校长只任一个学校的校长(不考虑兼任多个学校的校长),则学校与校长之间的联系是一对一联系。

(2) 一对多联系

如果实体集 A 中至少有一个实体可以和实体集 B 中多个(一个以上)实体相联系,而实体集 B 中的每一个实体至多和实体集 A 中一个(也可以没有)实体相联系,则实体集 A 与实体集 B 之间的联系称为一对多联系,记为 $1:n$。

例如,一个学校有若干个职工,而一个职工只在一个学校任职(不考虑兼职情况),则学校与职工之间的联系是一对多联系。

(3) 多对多联系

如果实体集 A 中至少有一个实体可以和实体集 B 中多个(一个以上)实体相联系,反之亦然,则实体集 A 与实体集 B 之间的联系称为多对多联系,记为 $m:n$。

例如,一门课程同时有若干个学生选修,而一个学生可以同时选修多门课程,则课程与学生之间的联系是多对多联系。

(4) 注意事项

显然,一对一联系是一对多联系的特例,而一对多联系又是多对多联系的特例。

需要特别说明一下,联系并不仅涉及两个实体集之间,有时可以同时涉及两个以上的实体集。例如,上课这个联系,就同时涉及教师、课程、学生等多个实体集。当涉及多个实体集时,两两实体集之间的联系可以相同也可以不同。关于这方面的例子,会在以后的内容中出现。

另外,在同一个实体集内部,实体与实体之间也可以有以上 3 种联系。推敲一下上述 3 个定义中实体集 A 和实体集 B,当 $A=B$ 时,即为此种情况。关于这方面的例子,也会在以后的内容中出现。

3. 实体联系模型(Entiy Relationship Model)

概念模型的表示方法很多,其中最为著名最为常用的是 P. P. S. Chen 于 1976 年提出的实体—联系方法。这种方法用 E-R 图来描述现实世界的概念模型,E-R 方法也称为 E-R 模型。

E-R 图中有 4 种图形标记:

① 矩形框,表示实体集,矩形框内写明实体名。

② 椭圆框,表示实体或联系的属性,椭圆框内写明属性名。

③ 菱形框,表示实体集之间的联系,菱形框内写明联系名。

④ 连线,实体与属性之间、联系与属性之间用直线连接;联系与其相关的实体集之间也以直线相连,同时在连线旁边标上联系的类型($1:1,1:n$或$m:n$)。

下面将用实例来讲解 E-R 图的画法。

例 1.1 实体及属性。

教师实体具有工号、姓名、性别、出生年份、系、职称等属性,可用 E-R 图表示,如图 1.6 所示。

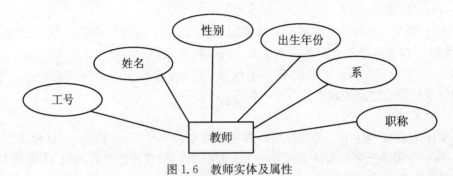

图 1.6　教师实体及属性

例 1.2 $1:1$ 联系。

学校与校长之间的联系,如图 1.7(a)所示,也可以画成图 1.7(b)所示图形。在很多情况下,图形比较复杂,实体的属性可以在图中省略,改用文字描述,在以后的例子中,大家会经常见到这种情况。

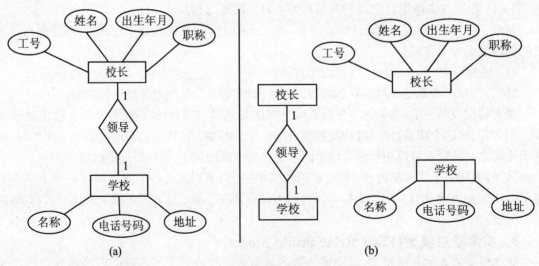

图 1.7　学校与校长之间的联系

例 1.3 $1:n$ 联系。

一个学校有若干个职工,而一个职工只在一个学校任职(不考虑兼职情况),则学校与职工之间的联系是一对多联系。如图 1.8(a)所示。

例 1.4　$m:n$ 联系。

一门课程同时有若干个学生选修,而一个学生可以同时选修多门课程,则课程与学生之间的联系是多对多联系。如图 1.8(b)所示。

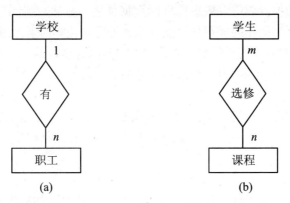

图 1.8　$1:n$ 与 $m:n$ 的联系

例 1.5　多元联系(联系涉及两个以上实体)。

一门课程同时有若干个学生选修,而一个学生可以同时选修多门课程,一个教师可以教多门课程。如图 1.9 所示。注意:联系也可以有属性。

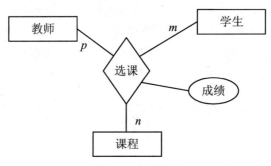

图 1.9　多元联系

例 1.6　一个更为复杂的例子。一张图包含多个联系,如图 1.10 所示。

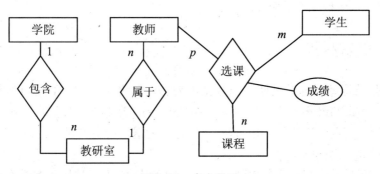

图 1.10　多个联系

1.4.3　数据模型

数据模型就是在数据世界中对概念模型的数据描述。显然,在计算机中,人们经常要考虑数据的存储、数据的操作、操作的效率与性能以及数据可靠性等因素。因此,目前定义数据模型时,通常要从 3 个方面来考虑,包括:数据结构、数据操作、完整性约束。现在常用的数据模型的定义,也就是由这 3 个部分组成,也称为数据模型的 3 要素。

1. 数据结构

数据结构是指数据的逻辑组织结构,而不是具体地在计算机磁盘上的存贮结构。它是对系统静态特性的描述。它是后面两要素定义的基础,因此,它在数据模型中是最基本的,也是最重要的部分。

2. 数据操作

数据操作是数据库所有操作的描述,它定义了所有合法操作的操作规则。通常数据库的操作主要是:检索和更新(插入、删除、更新)。因此,数据操作是对数据库的动态特性的描述。

3. 完整性约束

为了提高数据库的正确性和相容性,人们认为有必要对数据的改变或数据库状态的改变,作出一些限制。比如:人的性别只能是:男、女。由于误操作输入了其他文字,就变得毫无意义。但如果我们定义了性别只能是:男、女,就可以避免这种错误,从而提高了数据库的正确性。这些数据的约束条件和变化规则就是数据库完整性约束。

数据模型中最核心也是最基本的要素是数据结构,因此,数据模型是按照数据结构的不同来划分的。目前,数据库领域中最常用的数据模型有以下 4 种:

① 层次模型;
② 网状模型;
③ 关系模型;
④ 面向对象模型。

其中层次模型和网状模型统称为非关系模型。

下面我们将简单介绍这几种模型,其中关系模型是重点,我们还会在后面的章节作更详细的介绍,而面向对象模型本书不作介绍。

1.4.4　层次模型

层次模型是数据库系统最早使用的数据模型。1968 年 IBM 公司推出的第一个大型商用数据库管理系统 IMS(Information Management System)就是典型的层次模型系统,这一系统在 20 世纪 70 年代得到了广泛的应用,现在已经基本上退出历史舞台。

1. 层次模型的数据结构

层次结构是最原始也是最容易想到的一种组织形式,它不仅被用于数据存储,在日常生活中,也经常被应用于各种社会组织。层次模型的数据结构就是层次结构,下面将给出精确的定义。在定义之前,先介绍相关概念。

如图 1.11(a)所示,$N1$ 为双亲结点,$N2$ 为子女结点。如图 1.11(b)所示,没有双亲结点的结点是根结点,如:$N1$;同一双亲的子女是兄弟结点,如:$N2$、$N3$;没有子女的结点是叶结点,如:$N5$、$N3$。

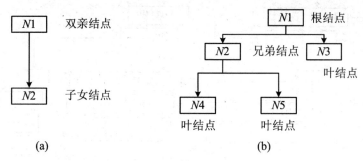

图 1.11 层次模型

层次模型可以定义为满足下列条件的数据模型。

① 只有一个根结点。

② 根以外的其他结点有且只有一个双亲。

例 1.7 高校的系包含若干教研室,教研室包含若干教员,另外系也管理若干学生班级,班级包含若干学生。

该系统的层次模型如图 1.12 所示。

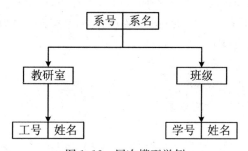

图 1.12 层次模型举例

图 1.13 是该层次模型的一个具体实例。

2. 层次模型的优缺点

层次模型的记录之间的联系一般是通过指针来实现的,结构比较简单,查询效率高,和前数据库时代相比有了一个质的飞跃。

但层次模型也有缺点:一是很难表示多对多联系,虽然可以采用很多办法表示多对多联系,但都很笨拙。另外,数据间的联系简单,数据的查询和更新操作实现起来趋于程序化,因此相应的应用程序就比较复杂,也难以维护。

比如,对于上述例子来说,如管理教工记录中的"职称"这一字段,当要查询具有教授职称的人员名单,就必须遍历整个教工记录,这就很复杂、很慢。为了解决这些问题,于是就有人提出网状模型。

因为该模型已基本退出历史舞台,所以关于层次模型的数据操作及完整性约束在此不作详细介绍。

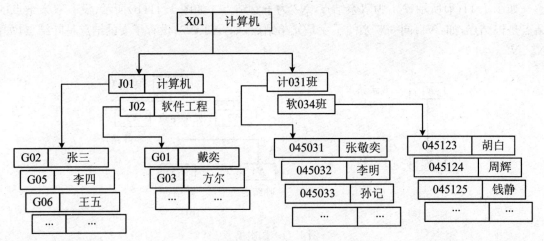

图 1.13　层次模型实例

1.4.5　网状模型

网状数据模型最早是由 CODASYL(Conference On Data System Language)下属的 DBTG (Data Base Task Group)在 1969 年提出的。基于该模型有些公司开发了一些商业的数据库管理系统,如:Cullinet Software 公司的 IDMS、Univac 公司的 DMS100 等,20 世纪 70 年代的 DBMS 产品大部分都是网状模型,当然这些系统现在也已基本退出历史舞台。

1. 网状模型的数据结构

网状模型也必须满足两个条件:

① 允许一个以上的结点无双亲;

② 一个结点可以有多于一个的双亲。

下面举个例子来说明。

例 1.8　一个学生可以选修若干门课程,某一课程可以被多个学生选修。该系统的网状模型如图 1.14 所示。

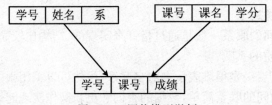

图 1.14　网状模型举例

该模型的一个具体实例如图 1.15 所示,从图形上看是不是很像一张网? 这大概也是网状模型这个名称的由来。

2. 网状模型的优缺点

网状模型和层次模型相比强调了实体之间的多种横向联系,因此更能直接地描述现实世界。对于大部分查询和层次模型相比,显得更方便,效率也更高。比如:查询学生 X1 所选修的所有课程,就不必遍历整个所有选课记录,而只需通过 X1 查找到相关记录即可。

但网状模型也有其缺点,那就是结构比较复杂。而且联系越多结构越复杂,这给用户的使用和应用程序的编写都带来了很多的不便。

基于和层次模型同样的原因,关于网状模型的数据操作及完整性约束在此也就不作详细介绍了。

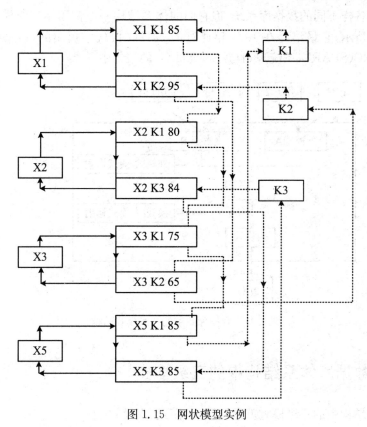

图 1.15　网状模型实例

1.4.6　关系模型

关系模型及系统的出现是一个由理论到实践的过程。1970 年美国 IBM 公司 San Jose 研究所的数学家 E. F. Codd 首次提出了关系模型的数学理论,随后基于该理论各公司才推出各自的关系系统。由于他对关系理论的开创性工作,E. F. Codd 于 1981 年获得了 ACM 的图灵奖。

20 世纪 80 年代以来,随着各公司的关系数据库系统陆续推出,关系数据库系统在市场上变得越来越流行,已经占据了市场的绝大部分。虽然后来又出现了更高级的数据库系统,如面向对象的数据库系统,但目前关系数据库系统仍然是市场上的主流数据库系统。

因为关系模型是如此重要,所以关于关系模型的详细介绍将用一章的篇幅进行,本章关于关系模型就介绍这么多。

1.5　数据库体系结构

尽管有各种各样不同的数据库系统,但它们的体系结构一般都采用三级模式结构(也有例外)。如图 1.16 所示,它最早是在 1971 年通过的 DBTG 报告中提出的,后来收入 1975 年的 ANSI/X3/SPARC(SPARC,系统规划与需求委员会)的报告中。

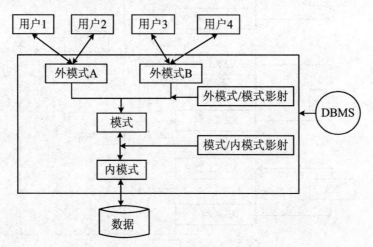

图 1.16　数据库系统的三级模式结构

1.5.1　数据库体系结构中的三级模式

数据库体系结构中的三级模式就是外模式、模式、内模式。

1. 模式(Schema)

模型也称概念模式,它是数据库中的全部数据的逻辑结构的描述。它既不涉及数据的物理存储结构,也不涉及用户、应用程序,它是数据库系统中最重要的部分。

模式以某一数据模型为基础,统一考虑所有用户的所有需求,并将这些需求有机地结合为一个逻辑整体。模式是由 DBMS 提供的模式描述语言(DDL,Data Definition Language)来精确定义的。

2. 外模式(External Schema)

外模式也称子模式(Subschema)或用户模式,它是数据库用户能够看到的或使用的部分数据的逻辑描述。

外模式通常是模式的一个子集,是数据库用户的局部的数据视图。一个数据库可以有一个及一个以上的外模式。外模式是保证数据安全的一个重要手段,它可以限制用户访问数据的范围。

外模式也是由 DBMS 提供的模式描述语言(DDL,Data Definition Language)来精确定义的。

3. 内模式(Internal Schema)

内模式是数据库在物理存储方面的描述,它定义所有的内部记录的类型、索引和文件的组织方式等。内模式也称存储模式,一个数据库只有一个内模式。

内模式的定义语言也是 DDL(DDL,Data Definition Language),是由 DBMS 来提供的。

1.5.2　数据库体系结构中的二级映射与数据独立性

上面介绍的是数据库的三级模式,它实际上是对同一个数据库的三种不同层面的描述,这三级模式之间的联系和转换是由两种映射来实现的。即:外模式/模式映射、模式/内模式映射。

1. 外模式/模式映射

外模式/模式映射用来定义模式到外模式的转换。由于一个模式可以对应多个外模式,因此外模式/模式映射一般放在外模式的定义中。

如果模式发生改变时,比如:增加某些属性或某些关系等,只需对外模式/模式映射作相应的调整,而使外模式保持不变,从而保持应用程序不变。这就保证了数据和程序之间的独立性,称为数据的逻辑独立性。

2. 模式/内模式映射

模式/内模式映射用来定义模式与内模式之间的转换。数据库中的模式和内模式都是唯一的,所以它们之间的映射也是唯一的。模式/内模式映射一般放在内模式中表示。

如果由于硬件发生变化或者参数配置需要调整或者其他原因需要对物理存储作出调整,那么一般只需对模式/内模式映射作相应的调整,以便保证模式不变,最终达到应用程序的不变。这样就保持了数据存储和应用程序的独立性,简称为数据的物理独立性。

数据库的这种三级模式与二级映射的结构的最大优点,就是保持了数据和程序的相互独立性,从而大大降低了数据维护与程序维护的成本与复杂性。当然,这种独立性也是相对的,当数据或程序变动较大时,这种独立性有时也不能保证,彼此也要作相应的调整。

1.6　数据库管理系统(DBMS)

数据库管理系统(DBMS)这个概念在前面已经提到,因为此系统在数据库系统中以及在这门课中如此重要,所以在此有必要作更详细的介绍。

1.6.1　数据库管理系统的目标

数据库管理系统运行的环境有所不同,其实现的功能和性能也有所不同。但它们的系统设计目标都应该满足以下几个条件:

1. 用户界面友好

一个软件的用户界面的质量直接影响到其竞争力甚至生命力,往往有些软件尽管性能和功能都不坏,但就是因为其用户界面不佳,所以被用户抛弃。数据库管理系统应提供简明的数据模型供用户设计数据库以及常用的语言接口,有些系统还包括应用程序开发环境。目前数据库管理系统基本都能提供下列语言接口:嵌入式 SQL、交互式 SQL、命令式语言接口、函数调用接口等。

2. 基本功能完备

数据库管理系统的功能大小、强弱有很大不同,但它们的基本功能一般都包括:数据库定义、数据操作、数据库的运行管理、数据库的组织和存储管理、数据库的建立与维护等。

3. 性能优良

数据库管理系统的性能主要指两个方面:数据存储效率、数据查询效率。数据存储效率主要是指存贮空间的利用率,用较少的空间存储较多的数据。数据的查询效率主要是指用户检索数据的速度,用较少的时间找到所需的数据。

4. 系统本身的结构化

系统本身的结构化主要是指软件的结构清晰、模块划分合理。系统本身的结构化有利于系统本身的升级与维护,也就是减少系统本身修改的成本与复杂性。

5. 系统的开放性

数据库管理系统运行与应用环境都非常广泛,这就要求它能与不同的运行环境兼容,并且能够提供符合标准的接口,这就是系统的开放性。

1.6.2　数据库管理系统的基本功能

数据库管理系统的功能有很大差别,但一般都应具有下列基本功能:

1. 数据库的定义

数据库管理系统提供数据定义语言,对数据库的三级模式及二级映射进行定义;并定义数据库的完整性约束、保密限制等,这些定义都存储在数据字典中。

2. 数据的操作

数据库管理系统提供数据操纵语言实现对数据库的操作,数据的操作一般是指:查询、插入、修改、删除。因此,数据库管理系统应包括数据操纵语言的编译程序或解释程序。

3. 数据库的运行管理

数据库管理系统对数据库的运行以及数据的保护提供所需的支持,这一般是由 4 个子系统来实现的。

（1）数据库的完整性控制

保证数据库中的数据始终处于正确状态,防止对数据的错误操作。

（2）数据库的并发控制

在多用户环境下,对数据的同时操作提供并发控制,防止由于并发操作而带来的错误数据或死锁等,以保证数据库系统的正常运行。

（3）数据库的恢复

在系统出现故障、数据库被破坏或数据库处于错误状态时,能够把数据库恢复到先前的某一正确状态。

（4）数据的安全控制

对没有权限的用户操作、无意或恶意的错误操作以及对数据库入侵进行限制，以免数据的泄露、更改或破坏。

4. 数据库的建立与维护

数据库管理系统负责数据库的初始建立、数据的转换、数据库的转储与恢复、对数据库系统的性能进行检测与分析、在必要时对数据库的重组等。

5. 其他功能

数据库管理系统还负责网络通讯功能、不同数据库管理系统之间的互访与互操作功能等。

1.7　数据库系统(DBS)

在本章的 1.3 节已经对数据库系统的有关概念作了简单介绍，下面我们将作更为详细的介绍。

1.7.1　数据库系统的组成

数据库系统的组成如图 1.17 所示，它由下列部分构成：

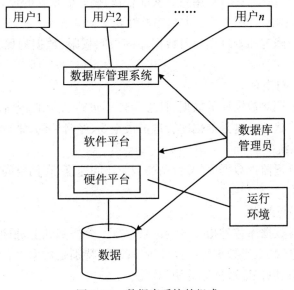

图 1.17　数据库系统的组成

1. 数据库

数据库是关于企业或组织的全部数据的集合。数据库包含两部分：一是对数据结构的所有描述，存储于数据字典之中；二是数据本身，它是数据库的主体。

2. 运行环境

数据库系统的运行环境由两部分构成,即:硬件平台与软件平台。

（1）硬件平台

数据库系统的硬件平台主要包括 CPU、内存、外存、输入/输出等。由于数据库系统本身的特点,它对主要硬件提出了较高的要求。这些要求包括:

- 内存要足够大,除了存放有关的软件及模块以外,还要存储大量的缓冲数据。
- 要有较大的直接存取设备,现在主要是指硬盘,最好使用磁盘阵列以提高存取速度。
- 系统应有较高的数据通道能力,以提高数据的传输速度。

（2）软件平台

这主要是指计算机操作系统以及相关的支持软件。

3. 数据库管理系统（DBMS）

很多书籍把该系统包括在软件平台部分。因为该系统是数据库系统的核心部分,故本书把它单独作为一部分。关于该系统的描述,前一节已经作了较详细的说明,在此就不赘述了。

4. 数据库管理员

一个完整的数据库系统,应配备专门的管理维护人员,这就是数据库管理员（当然有很多小型数据库系统并不配备专门的数据库管理员,而是由其他人员代理）。数据库管理员的工作对于保障数据库的正常运行以及提高数据库性能非常重要,他主要负责:

（1）参与数据库的设计与建立

数据库管理员不仅要对已经交付使用的数据库系统进行管理,而且在数据库系统的分析设计阶段就要参加进来,与系统分析员、用户等共同合作,搞好数据库的设计与实施工作。

（2）定义与管理数据库的安全性要求和完整性要求

数据库管理员负责确定和管理用户对数据库的访问权限、数据的保密性级别、完整性约束条件。

（3）数据库的转储与恢复

数据库管理员应定期对数据库的数据、日志文件等进行备份或转储,并在必要时把数据库恢复到以前的某一正确状态。这是数据库管理员最重要、经常性的、繁重的工作。

（4）监控数据库系统的运行

数据库管理员还负责监视数据库的运行状况,对访问速度、存储空间利用率、访问流量等指标进行记录、统计、分析。

（5）数据库的重组与改进

数据库管理员在对数据库各种指标进行记录、统计、分析基础上,根据需要以及经验对数据库的存储方式进行改进,甚至对数据库的设计进行改进,特别是数据库有大量的更新操作时,须定时对数据库进行重组,以保证数据库的访问性能。

5. 数据库用户

数据库用户可以有不同的分类方式,如果按照使用身份级别来分,可分为 3 类:

（1）数据库管理员

其职责前面已经作了较详细的描述。

（2）专业程序人员

主要使用 DBMS 提供的各种接口方式,结合其他应用开发工具,编写应用程序。

(3) 终端用户

是指使用应用程序的各种计算机操作人员,比如:银行的柜员、企业的行政管理人员、超市的售货员,特别是在 Internet 流行以后,使用数据库的一般用户等。

1.7.2 数据库系统的分类

数据库系统的分类有不同的方式,常见的方式有:

1. 按照 DBMS 的种类来划分

前面已经作了介绍,常见的可分为:层次数据库系统、网状数据库系统、关系数据库系统以及面向对象数据库系统。

2. 按照数据库系统全局结构来划分

可分为:集中式、客户机/服务器式、并行式和分布式。

(1) 集中式

如果数据库系统运行在单个的计算机系统中,并与其他的计算机系统没有联系,那么这种数据库系统称为集中式数据库系统。

(2) 客户机/服务器式

如果运行数据库系统的计算机是采用客户机/服务器模式的系统结构,那么这种数据库系统称为客户机/服务器式数据库系统。该数据库系统的数据库及 DBMS 是放在服务器端,但处理功能是分别放在服务器端和客户端,具体如何分配视具体情况而定,一般的原则是:增加可靠性及速度,减少网络通讯量。

(3) 并行式

对数据量很大的数据库系统或性能要求很高的数据库系统,并行系统就是理想的选择。并行系统采用多个 CPU 与多个磁盘并行操作,它们的存储量可达 Terra 级(1 000 G),CPU 可达数千个。

(4) 分布式

分布式数据库系统是用计算机网络连接起来的多个数据库系统的集合,每个站点有独自的数据库系统。

分布式数据库系统的数据不是存储在同一个地点,而是分布在不同的站点当中。分布式数据库系统的数据具有逻辑整体性的特点,虽然数据分布在不同的站点,但对于用户来说,它看起来像一个整体。

3. 按照数据库系统的应用领域来划分

常见的数据库系统有很多。比如:商用数据库系统、多媒体数据库系统、GIS、工程数据库系统、Data WareHouse、专家系统等。在此不一一详细介绍。

本 章 小 结

本章介绍了数据处理技术发展的 3 个阶段及各自的特点。

· 数据模型及其三要素,E-R 模型及其 3 种联系,3 种常用的数据模型及其特点。

· 数据库系统的三级模式、二级映射的体系结构及其优点。

· 数据库管理系统的设计目标及其基本功能。

· 数据库系统的组成及各自的主要功能,数据库系统的常用分类。

习　　题

1.1　什么是数据、信息?

1.2　试述数据库、数据库系统、数据库管理系统这几个概念。

1.3　试述数据管理技术的 3 个阶段及其特点。

1.4　什么是数据模型及其三要素?

1.5　名词解释:实体、实体集、属性、码、联系。

1.6　实体集之间的联系分为几种? 并各举一例,画出相应的 E-R 图。

1.7　大学有若干个学院,每个学院有若干个系,每个系有若干个教师,每个教师开若干门课,每门课可以由不同的教师来教;学生属于不同的班级,班级属于不同的系;每个学生可以选修若干门课,每门课可以由不同的学生来选。试用 E-R 图来表示该大学的概念模型。

1.8　试述层次模型、网状模型、关系模型这几个概念。

1.9　试述 DBMS 有哪些功能。

1.10　试述数据库系统三级模式与二级映射的结构,以及其优点。

1.11　什么是数据独立性,在数据库中有哪两种独立性?

1.12　设计数据库管理系统应考虑哪几方面的事情?

1.13　试述数据库系统的组成。

1.14　数据库管理员的职责是什么?

1.15　按照数据库系统全局结构来划分,数据库系统可分为哪几种?

1.16　按照 DBMS 的种类来划分,数据库系统可分为哪几种?

第 2 章　关系数据库

关系数据库是以二维表的形式来组织数据,并运用数学的方法来处理数据库中的数据。关系数据库是目前应用最广泛的数据库。关系数据库方法是 1970 年由美国 IBM 公司的 E. F. Codd 提出的,他在美国计算机学会会刊《Communication of the ACM》上发表了题为"A Relational Model of Data for Shared Data Base"的论文,开创了数据库系统的新纪元。

20 世纪 70 年代末,关系方法的理论研究和软件系统的研制均取得了很大的成果,IBM 公司的 San Jose 实验室在 IBM 370 系列机上研制的关系数据库实验系统 System R 历时 6 年取得了成功。1981 年 IBM 公司又宣布了具有 System R 全部特征的 SQL/DS 问世。

三十多年来,关系数据库系统的研究和开发取得了辉煌的成就。关系数据库系统也从实验室走向了社会,成为当今最重要、应用最广泛的数据库系统,大大地促进了数据库应用领域的扩大和深入。

本章将重点介绍关系模型的基本概念、关系的完整性、关系数据语言概述、关系代数、关系的演算及关系系统的查询优化。

2.1　关系模型的基本概念

关系模型是目前最重要、也是最流行的一种数据模型。关系模型和以往的模型不同,它是建立在严格的数学概念的基础上的,从用户的观点来看,关系模型由一组关系组成,数据结构简单,容易被用户理解。关系模型有三个要素,即关系数据结构、关系操作集合和关系完整性约束。

2.1.1　基本术语

1. 关系(Relation)

关系模型的数据结构非常简单,只包含单一的数据结构即关系。

定义 2.1　关系是一个属性数目相同的元组的集合,一个关系就是一张规范化了的二维表格。

2. 元组(Tuple)

定义 2.2　表中的行称为元组,一行为一个元组。

把关系看成是一个集合,则集合中的元素就是元组。

3. 属性(Attribute)

定义 2.3 表中的列称为属性,给每一个属性起一个名称为属性名。同一个关系中,每个元组的属性数目应该相同。

例如,关系 R:

A	B	C
1	2	5
2	7	3

这个二维表即为一个关系,它有两个元组,三个属性,属性名分别为 A、B、C。

4. 域(Domain)

定义 2.4 属性的取值范围,即不同元组对同一个属性的值所限定的范围。

例如:逻辑型属性只能从逻辑真和逻辑假中取值,人的年龄一般取值在 $0\sim130$ 岁,性别域为(男,女)等。

关系是元组的集合,因此关系具有以下性质:

① 列是同质的,即每一列中的分量是同类型的数据,来自同一个域。

② 每一列称为属性,要给予不同的属性名。

③ 关系中没有重复的元组,任意一个元组在关系中都是唯一的。

④ 元组的顺序可以任意交换。

⑤ 属性在理论上是无序的,但在使用中按习惯考虑列的顺序。

⑥ 所有的属性值都是不可分解的,即不允许属性又是一个二维关系。

5. 关系模式(Relation Schema)

定义 2.5 对关系的描述称为关系模式,即关系模式是命名的属性集合。其格式为:

$$关系名(属性名1,属性名2,\cdots,属性名n)$$

例如,有一个学生关系,其中包含五个属性,则可以表示为:

$$学生(学号,学生姓名,性别,出生年月,班级)$$

6. 码(或关键字)(Key)

定义 2.6 属性或属性的集合,其值能够唯一标识一个元组。例如,学号就是关系学生的码,可以唯一确定一个学生。在实际使用中,又分为以下几种码(键)。

① 候选码:若关系中的某一属性组的值能唯一地标识一个元组,则称该属性组为候选码。

② 主码:用户选作元组标识的候选码称为主码。一般如不加说明,码就是指主码。主码在关系中用来作为插入、删除、检索元组的操作变量。

③ 外码:如果一个关系中的属性或属性组并非该关系的码,但它们是另外一个关系的码,则称其为该关系的外码。

7. 主属性和非主属性

定义 2.7 关系中,候选码中的属性称为主属性,不包含在任何候选码中的属性称为非主属性。

2.1.2 关系(Relation)

1. 笛卡儿积(Cartesian Product)

定义 2.8 给定一组域 $D_1, D_2, \cdots, D_n$，这些域中可以有相同的域，则 $D_1, D_2, \cdots, D_n$ 的笛卡儿积为：$D_1 \times D_2 \times \cdots \times D_n = \{(d_1, d_2, \cdots, d_n) \mid d_i \in D_i, i = 1, 2, \cdots, n\}$，其中每个元素$(d_1, d_2, \cdots, d_n)$叫作一个元组。元素中的每一个值 d_i 叫作一个分量。严格意义上来讲，这里的笛卡儿积应该是广义笛卡儿积，因为这里笛卡儿积的元素是元组。

在定义 2.8 中，n 表示参与笛卡儿积的域的个数，称为度，它表示了每一个元组中分量的个数。因此，常常用 n 的值来称呼元组。当 $n = 1$ 时称为一元组；$n = 2$ 时称为二元组；$\cdots$；$n = p$ 时称为 p 元组。

若 $D_i (i = 1, 2, \cdots, n)$ 是一组有限集，且分别含有 $m_i (i = 1, 2, \cdots, n)$ 个元素，则称 m_i 为集合的基，也就是域中可取值的个数。因此，笛卡儿积也是个有限集，其基为：

$$M = \prod_{i=1}^{n} m_i \quad (i = 1, 2, \cdots, n)$$

例 2.1 $D_1 = \{a, b, c\}$，$D_2 = \{3, 7\}$，D_1 是 A 的集合，D_2 是 B 的集合。则 $D_1 \times D_2 = \{(a, 3), (a, 7), (b, 3), (b, 7), (c, 3), (c, 7)\}$，即对于 $D_1 \times D_2$ 来说，一共有 $3 \times 2 = 6$ 个元组，这 6 个元组可以组成一张二维表，如表 2.1 所示。

表 2.1

A	B
a	3
a	7
b	3
b	7
c	3
c	7

2. 关系的类型

关系可以有 3 种类型：基本表、查询表和视图表。

① 基本表是实际存在的表，是实际存储数据的逻辑表示。

② 查询表是查询结果对应的表。

③ 视图表是虚表，是由基本表或其他视图表导出的表，不是实际存储的数据。

2.1.3 关系模式

在关系模型中，记录类型称为关系模式，它可以形式化定义为 $R(U, D, dom, F)$，其中 R 为关系名，U 为组成该关系的属性名集合，D 为属性组 U 中属性所来自的域，dom 为属性向域的映像集合，F 为属性间数据的依赖关系集合。

关系模式可以简记为:$R(U)$或$R(A_1, A_2, \cdots, A_n)$,其中R为关系模式名,$A_1, A_2, \cdots, A_n$为属性名。而关系模式的集合就是数据库的概念模式。如学生选课的关系模式集可表示为:

学生关系模式:Student(SNO, SNAME, SAGE, SSEX, SDEPT)

课程关系模式:Course(CNO, CNAME, TEACHER, CREDIT)

选课关系模式:Score(SNO, CNO, GRADE)

由于不涉及物理存储方面的描述,因此关系模式仅仅是对数据本身的一些特征描述。

2.1.4　关系数据库

在关系模型中,实体以及实体间的联系是用关系来表示的。如:教师实体、学生实体、教师与学生之间的多对多联系可以用一个关系来表示。在一个给定的应用领域中,所有实体及实体间联系的关系的集合构成一个关系数据库。

关系数据库也有型和值之分。关系数据库的型也称为关系数据库模式,是对关系数据库的描述。关系数据库模式包括:域的定义及在这些域上定义的一些关系模式。关系数据库的值就是这些关系模式在某一时刻的具体取值。

2.2　关系的完整性

关系模型的完整性是对关系的某种约束条件,即关系的值随着时间变化需要满足一些约束条件,这些约束条件就是现实世界的真实需求。也就是说,为了维护现实世界与数据库中的数据的一致性和相容性,关系数据库中的数据与其更新操作必须遵循三类完整性规则。这三类完整性约束是:实体完整性、参照完整性和用户定义完整性。其中实体完整性和参照完整性是关系数据库必须满足的完整性约束条件,被称为关系的两个不变性,由关系系统自动支持。用户定义完整性是应用领域需要遵循的约束条件,体现了具体领域中的语义约束。

2.2.1　实体完整性(Entity Integrity)

规则 2.1　实体完整性规则:若属性(指一个或一组属性)A是基本关系R的主属性,则A不能取空值。

这里的空值即"不知道"或"不存在",如果出现空值,那么主码值就起不了唯一标识元组的作用。

对于实体完整性规则有几点说明:

① 实体完整性规则是针对基本关系而言的。一个基本表通常对应着现实世界的一个实体集。例如,课程关系对应于所有课程的集合。

② 现实世界中的实体是可以区分的,即它们具有一些唯一性的标识。比如每个学生都是独立个体。相应的,关系模型中就以主码作为唯一标识。

③ 主码中的属性值是主属性,不能取空,若取了空,就说明存在着某些不可标识的实体,也就存在着不可区分的实体,这与第②点是矛盾的,故此规则称为实体完整性规则。

在数据库系统中,检查记录中主码值是否唯一的一种方法就是进行全表扫描。依次判断表中每一条记录的主码值与将插入的主码值是否相同。如果相同,系统就会提示违反实体完整性规则,禁止插入。

2.2.2　参照完整性(Referential Integrity)

规则 2.2　参照完整性规则:若属性(或属性组)F 是基本关系 R 的外码,它与基本关系 S 的主码 K 相对应,则对于 R 中每个元组在 F 上的值必为:

① 取空值(F 中的每个属性值均为空值)。

② 等于 S 中的某个元组的主码值。

这条规则在具体使用时,要注意两点:

① 基本关系 R 与 S 可以是同一个关系模式,则此时表示同一关系中不同元组之间的联系;

② 主码和外码可以不同名,但必须要定义在相同的值域上。

在这组关系里,关系 S 是"参照关系",关系 R 是"依赖关系"。

例如:在学生选课数据库中,有 3 个关系:

学生关系:Student(SNO, SNAME, SAGE, SSEX, SDEPT);

课程关系:Course(CNO, CNAME, TEACHER, CREDIT);

选课关系:SCore(SNO, CNO, GRADE)。

在这 3 个关系中,学生关系和课程关系都是参照关系,选课关系是依赖关系。那么在选课关系表中的 SNO, CNO 是它的外码,SNO 和 CNO 分别是学生关系和课程关系的主码。根据参照完整性规则,在 SCore 表中出现的 SNO, CNO 的属性值必为 Student 和 Course 表里能找到的,说明是 Student 表里的学生选了 Course 表里的课,这才有实际意义。

而在实际操作中,对依赖关系 R 做插入元组、修改外码值的操作以及对参照关系 S 做删除元组和修改主码值的操作时都需要遵守参照完整性规则,即始终要保持依赖关系里的主属性值能够在参照关系的主码值里找到,否则,系统将做违约处理。

2.2.3　用户定义完整性(User-defined Integrity)

在实际应用中,为了满足用户的需求,要针对具体的数据约束,设置完整性规则。它反映某一具体应用所涉及的数据必须满足的语义要求。此规则包括:

① 列值非空(NOT NULL 短语);

② 列值唯一(UNIQUE 短语);

③ 列值需满足一个布尔表达式(CHECK 短语)。

例如:把退休职工的年龄定义为男性 60 岁以上,女性 50 岁以上,把学生成绩定义在 0 到 100 之间,要求学生姓名不能为空等。

2.3 关系数据语言概述

2.3.1 关系操作的基本内容

关系模型中常用的关系操作包括查询(Query)操作、修改(Update)操作、插入(Insert)操作和删除(Delete)操作,具体分类如图 2.1 所示。

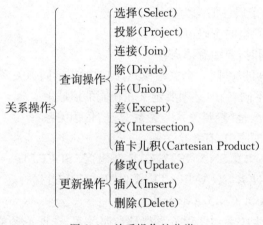

图 2.1 关系操作的分类

2.3.2 关系数据语言的特点

关系数据语言有以下几个显著的特点:

① 关系操作最重要的特点是集合操作方式,即操作的对象和结果都是集合。这种操作方式也称为"一次一集合"的方式。相对应的,其他非关系数据模型的数据操作方式称为"一次一记录"的方式。

② 关系语言操作一体化。关系语言具有数据定义、查询、更新、控制一体化的特点,关系操作语言既可以作为宿主语言嵌入到主语言当中去,又可以作为独立语言交互使用。

③ 关系语言是高度非过程化的语言。关系操作语言具有强大的表达能力,用户不必请求DBA 为其建立特殊的存取路径,存取路径的选择由 RDBMS 的优化机制来完成。用户使用关系语言时,只需指出做什么,而不需要指出怎么做。这个特点的优势也是关系数据语言能够被用户广泛接受和使用的主要原因。

2.3.3 关系数据语言的分类

早期的关系操作能力通常用代数方式或逻辑方式来表示,分别称为关系代数和关系演算。

关系代数是用对关系的运算来表达查询要求的。关系演算是用谓词来表达查询要求的。关系演算又可以按谓词变元基本对象的不同而分为元组关系演算和域关系演算。关系代数、元组关系演算、域关系演算在表达能力上是等价的,可以相互转换。

　　另外还有一种语言介于关系代数和关系演算之间,即 SQL(Structured Query Language)语言。SQL 语言是一种基于映像的语言,具有关系代数和关系演算的双重特点,它不仅具有丰富的查询功能,而且具有数据定义和数据控制的功能,语言简洁、易学易用,目前是关系数据库的标准语言和主流语言。

　　关系数据语言的 3 大分类如图 2.2 所示。

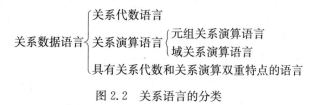

图 2.2　关系语言的分类

2.4　关 系 代 数

　　关系代数是一种查询语言,是施加于关系上的一组集合代数运算,每个运算都以一个或多个关系作为运算对象,并生成另外一个关系作为该关系运算的结果。关系代数运算和所有其他运算一样,包括 3 大要素:运算对象、运算符和运算结果。

　　① 运算对象:是关系。
　　② 运算符:集合运算符、专门的关系运算符、比较运算符和逻辑运算符,见表 2.2。
　　③ 运算结果:是关系。

表 2.2　关系运算符

运算符		含义	运算符		含义
集合运算符	∪	并	比较运算符	>	大于
	−	差		⩾	大于等于
	∩	交		<	小于
				⩽	小于等于
	×	笛卡儿积		=	等于
				<>	不等于
专门的关系运算符	Ⅱ	投影	逻辑运算符	∧	与
	÷	除		∨	或
	⋈	连接			
	σ	选择		¬	非

关系的集合的操作可以分为两大类:传统的集合操作和扩充的集合操作。

① 传统的集合操作:并、差、交、笛卡儿积。

② 扩充的集合操作:投影、选择、连接、除等。

2.4.1 传统的集合操作

1. 并(Union)

设有关系 R 和 S,且 R 与 S 的度相同,且相应的属性取自同一个域,则 R 与 S 的并为属于 R 或属于 S 的元组的集合,即:

$$R\cup S=\{t \mid t\in R \vee t\in S\}, \qquad t\text{ 是元组变量}$$

例 2.2 设有关系 R 和 S

R		
A	B	C
1	2	3
4	5	6

S		
A	B	C
1	2	3
7	8	9

则 $R\cup S$ 为:

A	B	C
1	2	3
4	5	6
7	8	9

2. 差(Except)

设有关系 R 和 S,且 R 与 S 的度相同,且相应的属性取自同一个域,则 R 与 S 的差为属于 R 但不属于 S 的元组的集合,即

$$R-S=\{ t \mid t\in R \wedge t\notin S\}$$

例 2.3 关系 R 与 S 同例 2.2,则

R−S 为:

A	B	C
4	5	6

3. 交(Intersection)

设有关系 R 和 S,且 R 与 S 的度相同,且相应的属性取自同一个域,则 R 与 S 的交为既属于 R 又属于 S 的元组的集合,即

$$R\cap S=\{ t \mid t\in R \wedge t\in S\}$$

例 2.4 关系 R 与 S 同例 2.2,则

$R\cap S$ 为

A	B	C
1	2	3

4. 笛卡儿积(Cartesian Product)

设有关系 R 和 S，R 的度为 m，S 的度为 n，则 R 与 S 的笛卡儿积是一个 $m+n$ 列的元组的集合，且元组的前 m 列是来自关系 R 的一个元组，后 n 列是来自关系 S 的一个元组。如果关系 R 有 r 个元组，S 有 s 个元组，则 R 与 S 的笛卡儿积有 $r \times s$ 个元组，即

$$R \times S = \{t \mid t = <t_r, t_s> \wedge t_r \in R \wedge t_s \in S\}$$

例 2.5 关系 R 与 S 同例 2.2，则

$R \times S$ 为

$R.A$	$R.B$	$R.C$	$S.A$	$S.B$	$S.C$
1	2	3	1	2	3
1	2	3	7	8	9
4	5	6	1	2	3
4	5	6	7	8	9

2.4.2 扩充的关系操作

给定关系模式 $R(A_1, A_2, \cdots, A_n)$，设 R 是它的一个具体的关系，$t \in R$ 表示 t 是关系 R 的一个元组。则给出一些关系代数的记号：

① 分量，$t[A_i]$ 表示元组 t 中相应于属性 A_i 的一个分量。

② 属性列，$A_i = \{A_{i1}, A_{i2}, \cdots, A_{ik}\} \subseteq \{A_1, A_2, \cdots, A_n\}$，则 A 为属性列，A 表示 $\{A_1, A_2, \cdots, A_n\}$，$t[A] = (t[A_{i1}], t[A_{i2}], \cdots, t[A_{in}])$ 表示元组 t 在属性列上的分量集合。

③ 像集，给定关系 $R(X, Z)$，X, Z 为属性组。当 $t[X] = x$ 时，x 在 R 中的像集为

$$Z_x = \{t[Z] \mid t \in R, t[X] = x\}$$

它表示 R 中属性组 X 上值为 x 的元组在 Z 上分量的集合。如：图 2.3 所示关系 R 中 x_1，x_2 在 R 中的像集分别为 $\{Z_2, Z_3\}$，$\{Z_1, Z_2, Z_3\}$。

1. 选择(Selection)

选择操作是根据某些条件对关系做水平分割，即选择符合条件的元组。

选择运算符是 σ，该运算符作用于关系 R 上，会产生一个新的关系 S。S 的元组集合是 R 的一个满足条件 F 的子集。选择运算的一般表达式为：

$$S = \sigma_F(R) = \{t \mid t \in R \wedge F(t) = '真'\}$$

表示从 R 中挑选满足公式 F 为真的元组所构成的关系。其中 F 表示选择条件，F 是一个逻辑表达式，它的值为逻辑真或逻辑假。F 的基本形式为：

$X\theta Y$，其中 θ 为比较运算符，X 和 Y 可以为属性名、常量、函数等。

x_1	Z_2
x_1	Z_3
x_2	Z_1
x_2	Z_2
x_2	Z_3

图 2.3 像集举例

例 2.6 关系 R 同例 2.2,则 $R_1 = \sigma_{B>4}(R)$ 的结果为

A	B	C
4	5	6

说明:属性名也可以用它的序号来代替,如:$B>4$ 也可以表示为 $[2]>4$。

2. 投影(Projection)

投影操作是对一个关系进行垂直分割,消去某些列,并重新安排列的顺序。投影运算符是 Π,该运算符作用于关系 R 上,会产生一个新的关系 S,S 只具有 R 的某几个属性列。投影运算的一般表达式为

$$S = \Pi_{A_1, A_2, \cdots, A_n}(R) = \{t[A] \mid t \in R\}$$

表示 S 只具有 R 的属性 A_1,A_2,$\cdots$,A_n 所对应的列,并且列的顺序根据投影运算中的顺序重新安排。

例 2.7 关系 R 同例 2.2,则 $\Pi_{C,B}(R)$ 的结果为

C	B
3	2
6	5

说明:投影之后不仅取消了原关系中的某些列,而且可能取消某些元组,因为取消了某些属性列之后,有可能出现重复行,故需要取消相同的行。

3. 连接(Join)

连接是从两个运算关系的笛卡儿积中选取属性间满足一定条件的元组,也称为 θ 连接。一般表达式记为

$$R \underset{i,\theta,j}{\bowtie} S = \{t \mid t = <t_r, t_s> \wedge t_r \in R \wedge t_s \in S \wedge t_r[i]\theta t_s[j]\}$$

其中 i,j 分别是关系 R,S 的第 i 个和第 j 个属性的序号。$t_r[i]$ 与 $t_s[j]$ 分别表示元组 t_r 的第 i 个分量和元组 t_s 的第 j 个分量。$t_r[i]\theta t_s[j]$ 表示这两个分量满足 θ 操作。

例 2.8 关系 R,S 同例 2.2,则 $R \underset{R.B<S.B}{\bowtie} S$ 的结果为:

$R.A$	$R.B$	$R.C$	$S.A$	$S.B$	$S.C$
4	5	6	7	8	9

说明:

① i,j 分别为 R,S 上可比的属性组。

② i,j 可以为属性名也可以为列的序号。

③ 连接运算实际上是笛卡儿积与选择运算的组合,即本例也可以表示为:$\sigma_{[2]<5}(R \times S)$。

④ θ 是比较运算符,当 θ 为"="时,连接运算称为等值运算。即从关系 R 和 S 的广义笛卡儿积中选取 i 和 j 属性值相等的元组。

自然连接(Natural join) 这是一种特殊的等值连接,它要求两个关系中进行比较的分量必

须是相同的属性组,并且在结果中把重复的属性组去掉。它的一般形式为

$$R \bowtie S$$

例 2.9 关系 R 和 S,则等值连接 $R \underset{R.B=S.B}{\bowtie} S$ 与自然连接 $R \bowtie S$ 的结果如图 2.4 所示。

A	B	C
1	2	4
2	7	9

(a) 关系 R

C	D
4	7
4	5
3	2

(b) 关系 S

A	B	$R.C$	$S.C$	D
1	2	4	4	7
1	2	4	4	5

(c) $R \underset{R.B=S.B}{\bowtie} S$

A	B	C	D
1	2	4	7
1	2	4	5

(d) $R \bowtie S$

图 2.4 连接运算

说明:在关系 R 与 S 中可能存在着没有公共属性上有相等元组的情况,这种情况会造成这些不相等元组的舍弃,如果把舍弃的元组也保存在结果关系中,并在其他属性上填空值(Null),则这种连接称为外连接(Outer Join)。如果只把左边关系 R 中要舍弃的元组保留就叫左外连接(Left Outer Join 或 Left Join),如果只把右边关系 S 中要舍弃的元组保留就叫右外连接(Right Outer Join 或 Right Join)。如图 2.5 所示。

A	B	C	D
1	2	4	7
1	2	4	5
Null	Null	3	2
2	7	9	Null

(a) 外连接

A	B	C	D
1	2	4	7
1	2	4	5
2	7	9	Null

(b) 左外连接

A	B	C	D
1	2	4	7
1	2	4	5
Null	Null	3	2

(c) 右外连接

图 2.5 外连接运算

4. 除运算(Division)

设关系 $R(X,Y)$ 与 $S(Y)$ 的度分别是 r 和 s,X,Y 可以是单个属性或属性集,则 $R \div S$ 得到一个新的关系 $Q(X)$,$Q(X)$ 是一个 $(r-s)$ 元的元组集合,且 $Q(X)$ 是满足下列条件的元组在 X 属性列上的投影,即元组在 X 上的分量值 x 的像集 Y_x 包含 S 在 Y 上的投影:

$$R \div S = \{t_r[X] \mid t_r \in R \land \prod_Y(S) \subseteq Y_x\}$$

其中 Y_x 是 x 在 R 中的像集,$x = t_r[X]$。

$R \div S$ 的操作可以通过以下步骤实现:

① $T = \prod_{1,2,\cdots,r-s}(R)$

② $W = (T \times S) - R$ (计算 $T \times S$ 中不在 R 的元组)

③ $V = \prod_{1,2,\cdots,r-s}(W)$

④ $R \div S = T - V$

例 2.10 设有关系 R,S 如下,计算 $R \div S$。

$$R$$

A	B	C	D
a	1	b	c
a	1	2	d
b	2	2	d
c	4	a	d

$$S$$

A	B
a	1
b	2

根据上述步骤得：

① T

C	D
b	c
2	d
a	d

② W

A	B	C	D
a	1	a	d
b	2	b	c
b	2	a	d

③ V

C	D
a	d
b	c

④ $R \div S$

C	D
2	d

说明：

① 在关系除法的运算中，将被除关系的属性分为像集属性和结果属性两个部分：与除关系相同的属性属于像集属性，不相同的属性属于结果属性。

② 在除关系中，对像集属性进行投影，得到除目标数据集。

③ 将被除关系分组，分组原则为：结果属性值一样的元组分为一组。

④ 逐一考察每个组，若它的像集属性值中包括除目标数据集，则对应的结果属性值就属于该除法的结果集。

2.4.3　关系代数运算的应用实例

在实际应用中，我们可以用关系代数表达式表示各种数据的查询操作。

设学生选课数据库中有 3 个关系：

学生关系：Student(SNO, SNAME, SAGE, SSEX, SDEPT)

课程关系：Course(CNO, CNAME, TEACHER, CREDIT)

选课关系：Score(SNO, CNO, GRADE)

下面用关系代数表达式表示每个查询语句。

例 2.11　检索学生号为"S001"的学生信息。

$$\sigma_{SNO='S001'}(Student)$$

例 2.12　检索学生号为"S001"的学生姓名。

$$\prod_{SNAME}(\sigma_{sno='S001'}(Student))$$

说明：这里的属性名也可以用列序号来表示。

例 2.13　检索年龄不超过 20 岁的学生的学号、姓名和实际年龄。

$$\prod_{SNO, SNAME, AGE}(\sigma_{AGE<='20'}(Student))。$$

例 2.14 检索学生号为"S001"的学生的成绩。

$$\prod_{\text{GRADE}}(\sigma_{\text{SNO}='\text{S001}'}(\text{Student} \bowtie \text{Score}))$$

说明:这个查询语句涉及两个关系 Student 和 Score,故需要先对这两个关系进行自然连接后,再进行选择和投影操作。

例 2.15 检索学生号姓名为"王新"的学生选修的课程名称及分数。

$$\prod_{\text{CNAME,GRADE}}(\sigma_{\text{SNAME}='\text{王新}'}(\text{Student} \bowtie \text{Course} \bowtie \text{Score}))$$

例 2.16 检索选修了数据库或者数据结构的学生学号和姓名。

$$\prod_{\text{SNO,SNAME}}(\sigma_{\text{SNAME}='\text{数据库}' \vee \text{CNAME}='\text{数据结构}'}(\text{Student} \bowtie \text{Course} \bowtie \text{Score}))$$

说明:这个查询语句中的属性名虽然只涉及了关系 Course 和 Student,但由于在关系 Course 和 Student 中无相同的属性,无法进行连接,故需通过关系 Score 来进行连接。

例 2.17 检索至少选修了 C001 和 C002 的学生学号和姓名。

$$\prod_{1,\text{SNAME}}(\sigma_{1=4 \wedge 2='\text{C001}' \wedge 5='\text{C002}'}(\text{Score} \times \text{Score}) \bowtie \text{Student})$$

说明:在这个查询语句中需要先对 Score 做笛卡儿积。

例 2.18 检索不选数据库的学生的学号和姓名。

$$\prod_{\text{SNO,SNAME}}(\text{Student}) - \prod_{\text{SNO,SNAME}}(\sigma_{\text{SNAME}='\text{数据库}'}(\text{Student} \bowtie \text{Course} \bowtie \text{Score}))$$

说明:此语句不能写成 $\prod_{\text{SNO,SNAME}}(\sigma_{\text{SNAME}<>'\text{数据库}'}(\text{Student} \bowtie \text{Course} \bowtie \text{Score}))$,否则检索出的学生中仍有可能选修了数据库。

例 2.19 检索选修了所有课程的学生的学号。

$$\prod_{\text{SNO,CNO}}(\text{Score}) \div \prod_{\text{CNO}}(\text{Course})$$

说明:此类型的查询语句可分成 3 步进行:

① 找出学生的选课关系: $\prod_{\text{SNO,CNO}}(\text{Score})$。

② 找出全部课程的课程号: $\prod_{\text{CNO}}(\text{Course})$。

③ 选修全部课程的学生即为: $\prod_{\text{SNO,CNO}}(\text{Score}) \div \prod_{\text{CNO}}(\text{Course})$。

例 2.20 检索与学生王明选修的课程一样的学生学号和姓名。

$$\prod_{\text{SNO,CNO}}(\text{Score}) \div \prod_{\text{CNO}}(\sigma_{\text{SNAME}='\text{王明}'}(\text{Course} \bowtie \text{Score} \bowtie \text{Student})) \bowtie \prod_{\text{SNO,SNAME}}(\text{Student})$$

说明:此查询语句分以下几步进行:

① 找出学生选课关系: $\prod_{\text{SNO,CNO}}(\text{Score})$。

② 找出王明同学选修的课程号: $\prod_{\text{CNO}}(\sigma_{\text{SNAME}='\text{王明}'}(\text{Course} \bowtie \text{Score} \bowtie \text{Student}))$。

③ 与王明同学选修的课程一样的学生号:

$$\prod_{\text{SNO,CNO}}(\text{Score}) \div \prod_{\text{CNO}}(\sigma_{\text{SNAME}='\text{王明}'}(\text{Course} \bowtie \text{Score} \bowtie \text{Student}))$$

④ 再与学生关系表相连接,得到最终的查询结果。

关系查询语句的一般形式为:

$$\prod \cdots (\sigma \cdots (\text{R} \bowtie \text{S})) \text{ 或者} \prod \cdots (\sigma \cdots (\text{R} \times \text{S}))$$

即首先把查询语句涉及的关系找出来做自然连接或者笛卡儿积得到一个新的关系,再对此新关系进行选择和投影操作得到目的关系。

一般涉及否定的查询时,采用差操作;涉及全部值时,采用除操作。

2.5 关系演算及其查询优化

关系演算引入了数理逻辑中的谓词演算,故演算语言是以谓词演算为基础的查询语言。其表达能力与关系代数相同。

2.5.1 元组关系演算语言 ALPHA

元组关系演算以元组变量作为谓词变元的基本对象。典型的元组关系演算语言是 E. F. Codd 提出的 ALPHA 语言。ALPHA 语言主要有:GET,PUT,HOLD,UPDATE,DELETE,DROP 等 6 条语句,语句的一般格式为:

操作语句　工作空间名(表达式):操作条件

其中表达式用于指定语句的操作对象。它可以是关系名或(和)属性名,一条语句可以同时操作多个关系或多个属性。

操作条件是一个逻辑表达式,用于将操作结果限定在满足条件的元组中,操作条件可以为空。此条件有 3 类操作符:

① 比较操作符:$=,\neq,>,<,\geqslant,\leqslant$。

② 布尔操作符:$\land,\lor,\lnot$。

③ 表示执行次序的括号:( )。

同时规定:比较操作符比布尔操作符有较高级的优先级。

除此以外,还可以在一般格式的基础上加上排序、定额等要求。

现选用学生选课数据库内容同 2.4 节,里面包含学生、课程、选课 3 个关系。下面将用 ALPHA 语句实现几种操作。

1. 检索操作

检索操作用 GET 语句实现。

例 2.21 检索所有选修了课的学生学号和课程号。

　　GET W(Score. SNO, Score. CNO)

说明:W 是工作空间名。

例 2.22 检索所有被选修的课程号和课程名。

　　GET W(Score. CNO, Score. CNAME)

例 2.23 检索计算机系的学生的学号、年龄,并按学号升序排列。

　　GET W(Student. SNO, Student. SAGE):Student. SDEPT='计算机' UP Student. SNO

说明:这里 UP 表示升序,DOWN 表示降序。

例 2.24 取出 3 个数理系学生的学号、姓名。

　　GET W(3)(Student. SNO, Student. SNAME):Student. SDEPT='数理系'

说明:此检索操作即为带定额的检索。

在描述检索操作时,可以在相应的关系上定义元组变量。元组变量代表关系中的元组,它的取值是在定义的关系范围内变化。

例 2.25 检索选修了 C001 课程的学生号及考试分数。

RANGE Score X

GET W(X. SNO,X. GRADE):X. CNO=′C001′

说明:这里 X 为元组变量,在 ALPHA 语言中,用 RANGE 来说明元组变量,可以简化关系名。另外,在操作条件中若使用了量词必须用元组变量。

例 2.26 检索选修了 C001 课程的学生姓名。

RANGE Score X

GET W(Student. SNAME):∃ X(X. SNO=Student. SNO∧X. CNO=′C001′)

说明:这里用了存在量词,在操作条件中,使用存在量词时必须使用元组变量。

例 2.27 检索选择了王明老师的课的学生学号。

RANGE Course X

GET W(Score. SNO):∃ X(X. CNO=Score. CNO∧X. TEACHER=′王明′)

例 2.28 检索没有选择 C002 的课程的学生姓名。

RANGE Score X

GET W(Student. SNAME):∀ X(X. SNO≠Student. SNO∨X. CNO≠′C002′)

说明:这里是用了全称量词,本题也可以用存在量词表示:

RANGE Score X

GET W(Student. SNAME):¬ ∃ X (X. SNO=Student. SNO∧X. CNO=′C002′)

例 2.29 检索选修了全部课程的学生姓名。

RANGE Course X

　　Score Y

GET W(Student. SNAME):∀ X ∃ Y(Y. SNO=Student. SNO∧Y. CNO=X. CNO)

说明:这里用到了两种量词检索。

例 2.30 检索至少选修了 S005 号学生所选课程的学生学号。

RANGE Course X

　　Score Y

　　Score Z

GET W(Student. SNO):∀ X(∃ Y(Y. CNO=X. CNO∧Y. SNO=′S005′)

　　⇒∃ Y(Y. SNO=Student. SNO∧Y. CNO=X. CNO))

说明:在这里,先对 Course 中的所有课程检查一遍,看是否有 S005 号学生选修的课,若选修了,则再看其他学生是否也选修了这门课。若对于 S005 号学生所选的课,有学生也选了,则这些学生是满足要求的学生。

例 2.31 查询一共有多少学生。

GET W(COUNT(Student. SNO))

说明:这里用了聚集函数 COUNT,用户在使用查询语句时,经常需要作一些简单的计算,比如,查询元组在某一属性上的值的总和或平均值等。为了方便用户处理,关系数据语言中建立了有关此类运算的标准函数库供用户使用。这类函数称为聚集函数或内部函数。关系演算中提供了 COUNT(对元组计数),TOTAL(求总和),MAX(求最大值),MIN(求最小值),AVG(求平均值)等聚集函数。

2. 更新操作

(1) 修改操作

ALPHA 中的修改操作是用 UPDATE 语句来实现的。修改数据的具体步骤是:

① 用 HOLD 语句将要修改的元组从数据库中读到工作空间中。

② 用宿主语言修改工作空间中的元组属性值。

③ 用 UPDATE 语句将修改后的元组送回数据库中。

值得注意的是:若是单纯的检索数据,则使用 GET 语句即可,但若为修改数据而读元组时必须使用 HOLD 语句,HOLD 语句是带上并发控制的 GET 语句。

例 2.32 把学号为 S003 的学生从计算机系转到数理系。

HOLD W(Student. SNO,Student. SDEPT):Student. SNO=′S003′

MOVE ′数理系′ TO W. SDEPT

UPDATE W

说明:这里首先把学号为 S003 的学生从 Student 关系库里读出,再用宿主语言进行修改,最后把修改后的元组送回 Student 关系。因为本题是为修改数据读元组,故选择用 HOLD 语句。

若修改操作涉及两个关系,则要执行两次 HOLD-MOVE-UPDATE 操作序列。在 ALPHA 语言中,不允许修改关系的主码,如果需要修改主码值,只能先删除该元组,再把有新的主码值的元组插入到关系中来。

(2) 插入操作

插入操作是用 PUT 语句来实现的,修改数据的具体步骤:

① 用宿主语言在工作空间中建立新元组。

② 用 PUT 语句把该元组存入指定的关系中。

例 2.33 现学校新开设一个法律课,课程号为 C011,由李明老师代,学分为 4 个,插入该课程元组。

MOVE ′C011′ TO W. CNO

MOVE ′法律′ TO W. CNAME

MOVE ′李明′ TO W. TEACHER

MOVE ′4′ TO W. CREDIT

PUT W(Course)

说明:PUT 语句只对一个关系操作,即表达式必须为单个关系名。

(3) 删除操作

删除操作是用 DELETE 语句实现,删除操作的具体步骤:

① 用 HOLD 语句把要删除的元组从数据库中读到工作空间中。

② 用 DELETE 语句删除该元组。

例 2.34 删除课程号为 C011 的课程。

HOLD W(Course) ; Course. CNO＝$'$C011$'$

DELETE W

例 2.35　删除全部学生。

HOLD W(Student)

DELETE W

2.5.2　元组关系演算

在元组演算中,元组关系演算表达式简称为元组表达式,其一般表达式为:

$$\{t \mid P(t)\}$$

其中,t 是元组变量,$P(t)$ 是元组关系演算公式,在数理逻辑中又称为谓词,即计算机语言中的条件表达式,由原子公式和运算符组成。$\{t \mid P(t)\}$ 表示满足公式 P 的所有元组 t 的集合。

原子公式有 3 种:

1. $R(t)$

R 是关系名,t 是元组变量。$R(t)$ 表示 t 是 R 中的元组。则关系 R 可表示为:

$$\{t \mid R(t)\}$$

2. $t[i]\theta s[j]$

t 和 s 是元组变量,θ 是算术比较运算符。$t[i]$ 和 $s[j]$ 分别表示元组 t 的第 i 个分量和元组 s 的第 j 的分量。$t[i]\theta s[j]$ 即表示元组 t 的第 i 个分量和元组 s 的第 j 个分量满足比较关系 θ。比如:$t[3]>s[5]$ 就表示元组 t 的第 3 个分量大于元组 s 的第 5 个分量。

3. $t[i]\theta c$ 或者 $c\theta s[j]$

这里 c 是常量,此公式表示元组 t 的第 i 个分量或元组 s 的第 j 个分量与常量 c 满足比较关系 θ。比如:$t[5]<5$ 表示元组 t 的第 5 个分量小于 5。

在定义关系演算操作时用到"自由元组变量"和"约束元组变量"的概念。即在一个公式中,如果元组变量用到存在量词 $\exists$ 或全称量词 $\forall$,那么称为约束元组变量,否则就称为自由元组变量。

公式可以递归定义为:

a) 每个原子公式是一个公式,其中的元组变量为自由变量。

b) 若 R_1 和 R_2 是公式,则 $\neg R_1$、$R_1 \wedge R_2$、$R_1 \vee R_2$ 也是公式。分别表示:若 R_1 为真,则 $\neg R_1$ 为假;若 R_1 和 R_2 同时为真,$R_1 \wedge R_2$ 才为真;若 R_1 和 R_2 有一个为真,$R_1 \vee R_2$ 就为真,其他为假。

c) 若 R 是公式,则 $(\exists t)(R)$ 和 $(\forall t)(R)$ 也是公式。$(\exists t)(R)$ 表示若有一个 t 使 R 为真,$(\exists t)(R)$ 就为真;$(\forall t)(R)$ 表示如果对所有的 t,都使 R 为真,$(\forall t)(R)$ 就为真。

d) 在元组演算公式中,各种运算符的优先级分别为:

① 算术比较符优先级最高。

② 其次为量词,$\exists$ 的优先级高于 $\forall$ 的优先级。

③ 逻辑运算符最低:$\neg$ 优先级高于 $\wedge$,$\wedge$ 优先级高于 $\vee$。

④ 若加括号的话,括号中运算符优先。

⑤ 仅满足以上 4 条规则得到的公式才是元组关系演算公式,其他则不属于元组关系演算

公式。

在元组关系演算的公式中,具有一些等价性:

a) $P_1 \wedge P_2 \Leftrightarrow \neg(\neg P_1 \vee \neg P_2)$,$P_1 \vee P_2 \Leftrightarrow \neg(\neg P_1 \wedge \neg P_2)$

b) $\forall t \in R(P(t)) \Leftrightarrow \neg \exists t \in R(\neg P(t))$,$\exists t \in R(P(t)) \Leftrightarrow \neg \forall t \in R(\neg P(t))$

c) $P_1 \Rightarrow P_2 \Leftrightarrow \neg P_1 \vee P_2$

元组关系演算与关系代数之间也存在着等价性:

a) 并:$R \cup S = \{t \mid R(t) \vee S(t)\}$

b) 差:$R - S = \{t \mid R(t) \wedge \neg S(t)\}$

c) 笛卡儿积:

$R \times S = \{t^{(n+m)} \mid (\exists u^{(n)})((\exists v^{(m)})(R(u) \wedge S(v) \wedge t[1] = u[1] \wedge \cdots \wedge t[n] = u[n] \wedge t[n+1] = v[1] \wedge \cdots \wedge t[n+m] = v[m])))\}$

这里 $t^{(n+m)}$ 表示 t 的目数是 $n+m$。

d) 投影:$\Pi_{i_1, i_2, \cdots, i_k}(R) = \{t^{(k)} \mid (\exists u)(R(u) \wedge t[1] = u[i_1] \wedge \cdots \wedge t[k] = u[i_k])\}$

例如:$\Pi_{1,3}(R)$ 的元组表达式为:$\{t \mid (\exists u)(R(u) \wedge t[1] = u[1] \wedge t[2] = u[3])\}$

e) 选择:$\sigma_F(R) = \{t \mid R(t) \wedge F'\}$,$F'$ 是 F 的等价表示形式。

例如:$\sigma_{3='a'}(R)$ 的元组表达式为:$\{t \mid R(t) \wedge t[3] = 'a'\}$

下面还以学生选课数据库为例,用元组表达式形式来表示查询语句:

例 2.36 检索李明老师教的所有课程。

$S = \{t \mid \mathrm{Course}(t) \wedge t[3] = '李明'\}$

例 2.37 检索不及格的学生及课程分数情况。

$S = \{t \mid \mathrm{Score}(t) \wedge t[3] < 60\}$

例 2.38 检索学生的学号和所在的系。

$S = \{t^{(2)} \mid (\exists u)(\mathrm{Student}(u) \wedge t[1] = u[1] \wedge t[2] = u[5])\}$

例 2.39 检索选修课程为 C002 或 C005 的学生学号。

$S = \{t \mid (\exists u)(\mathrm{Score}(u) \wedge (u[2] = 'C002' \vee u[2] = 'C005') \wedge t[1] = u[1])\}$

2.5.3 域关系演算语言 QBE

关系演算的另外一种形式是域关系演算(Domain Relational Calculus),它类似于元组关系演算,是以元组变量的分量(域变量)作为谓词变元的基本对象,其变化的范围是某个值域而不是一个关系。可以像元组演算一样定义域演算的原子公式和公式。

QBE(Query By Example)是一种有特色的域关系语言。它有以下几个特点:

① QBE 最突出的特点是它的操作方式。它是一种高度的非过程化的基于屏幕表格的查询语言,用户通过终端屏幕编辑程序以填写表格的方式构造查询要求,查询结果也以表格形式显示。

② QBE 是基于例子的查询语言。它是通过例子查询,它的操作方便用户掌握。

③ QBE 是表格语言。它是在显示屏幕的表格上进行查询。

使用 QBE 语言的时候,用户需先向系统调用一张或几张空白表格,显示在终端屏幕上。然后,用户再输入关系名。系统接收后,会在空白表格的第一行自左向右显示该关系名及其属性。

最后,用户再通过填表的方式进行查询等数据操作。

下面仍以学生选课数据库给出一些操作步骤。

1. 检索操作

例 2.40 检索计算机系所有男学生的姓名。其操作步骤如下:

① 用户提出要求。

② 终端屏幕上显示空白表格:

③ 用户在左上角的栏里输入关系名 Student:

Student					

④ 系统显示关系名及其属性名

Student	SNO	SNAME	SAGE	ASEX	SDEPT

⑤ 用户在表上构造查询要求:

Student	SNO	SNAME	SAGE	ASEX	SDEPT
		P. T		男	计算机系

在这里,T 是示例元素,即域变量。QBE 要求示例元素下一定要加下划线。计算机系是查询条件,不需加下划线。P. 是操作符,表示打印,即显示。查询条件中可以使用比较运算符: $>,\geqslant,<,\leqslant,=,\neq$,其中=可以省略。

示例元素是这个域中可能的一个值,不必是查询结果中的元素。比如要求计算机系的学生,只要给出任意的一个学生名即可。并不一定是计算机系的某个学生名。对于上面的例子,可构造查询要求为:

Student	SNO	SNAME	SAGE	ASEX	SDEPT
		P. 王明		男	计算机系

⑥ 终端屏幕显示查询结果。

例 2.41 检索 C003 课程不及格的学生的学号。

本查询有两个条件,是与的关系。在 QBE 语言中,可以有两种表示方法:

方法一:两个条件写在同一行。

Score	SNO	CNO	GRADE
	P. S001	C003	<60

方法二:两个条件写在不同行,此时两行使用相同的示例元素值。

Score	SNO	CNO	GRADE
	P. S001		<60
	P. S001	C003	

例 2.42　检索没有选修 C003 的学生的姓名。

此例子涉及两个关系 Score 和 Student,连接属性是学生号,故在两个表中学生号的示例元素值要相同。另外,QBE 中逻辑非的用法是将逻辑非符号写在关系名下。

Student	SNO	SNAME	SAGE	ASEX	SDEPT
	S001	P. 王川			

Score	SNO	CNO	GRADE
¬	S001	C003	

例 2.43　检索至少有两个人选修的课程号。

在这里,实际上是要显示有这样的一门课 C001,不仅学生 S001 选修了,还有其他学生(¬ S001)也选修了。故表为:

Score	SNO	CNO	GRADE
	S001	P. C001	
	¬ S001	C001	

2. 更新操作

(1) 修改操作

修改操作符用"U."表示。由于关系的主码不能修改,故若要修改某个元组的主码,必须先删除该元组,再插入新的主码的元组。

例 2.44　把 S003 号的学生姓名改为王小川。本题有两种表示方法:

方法一:"U."放在值上。

Student	SNO	SNAME	SAGE	ASEX	SDEPT
	S003	U. 王小川			

方法二:"U."放在关系上。

Student	SNO	SNAME	SAGE	ASEX	SDEPT
U.	S003	王小川			

例 2.45　把 S001 学生选的 C005 课程的分数加 5 分。

此修改操作涉及表达式,故只能将操作符"U."放在关系上。

Score	SNO	CNO	GRADE
	S001	C001	<u>60</u>
U.	S001	C001	<u>60</u>+5

（2）插入操作

插入操作符用"I."表示。新插入的元组必须有主码值，其他值可为空。

例 2.46 新转进一名男生，学号定为 S011,19 岁，其他信息不确定。

Student	SNO	SNAME	SAGE	ASEX	SDEPT
I.	S011		19	男	

（3）删除操作

删除操作符用"D."表示。

例 2.47 删除 S001 号学生选修 C005 号课程的记录。

Score	SNO	CNO	GRADE
D.	S001	C005	

3. 其他操作

（1）聚集函数

实际应用中，为了方便用户，QBE 还提供了一些聚集函数，主要有：

CNT：统计元组数。

SUM：求总和。

AVG：求平均值。

MAX：求最大值。

MIN：求最小值。

例 2.48 求数理系学生的平均年龄。

Student	SNO	SNAME	SAGE	ASEX	SDEPT
			P. AVG. ALL.		数理系

（2）对查询结果进行排序

对查询的某个结果进行升序或降序排列，是在相应列中加入"AO."或"DO."。若有多列需要排序，就用"AO(i)."或"DO(i)."表示。i 表示排序的优先级，值越小，优先级越高。

例 2.49 查询 C005 这门课的学生成绩，并按学号升序排列。

Score	SNO	CNO	GRADE
	AO.	C005	P. <u>60</u>

2.5.4　关系系统及其查询优化

查询优化在关系数据库系统中有着非常重要的作用。关系查询优化是影响 RDBMS 性能的关键因素,目前 RDBMS 通过某种代价模型计算出各种查询执行策略的执行代价,然后选取代价最小的执行方案。在集中式数据库中,查询的执行开销主要包括磁盘存取块数(I/O)代价,处理机时间(CPU)代价以及查询的内存开销。在分布式数据库中,还要再加上场地的通信代价。即

$$总代价=I/O 代价+CPU 代价+内存代价+通信代价$$

在集中式数据库中,I/O 代价是最主要的。查询优化的总目标是:选择有效的策略,求出给定的关系表达式的值,使得查询代价最小。

1. 关系代数表达式的优化问题

在关系代数运算中,笛卡儿积和连接运算是最浪费时间的。如果关系 R 和关系 S 各有 m 和 n 个元组,那么 $R \times S$ 就有 $m \times n$ 个元组。可以看出,当关系很大时,这样的计算就会花费较大的时间和空间。

我们来看一个例子:

假设在学生选课数据库中的 3 个关系 Student,Course,Score 里,分别有 500 个学生记录,200 个课程记录和 5 000 个选课记录。有 50 个学生选修了"C008"号课程。

现需要检索选修了"C008"号课程的学生姓名。可以用不同的等价的关系代数表达式来完成这个查询。

$$E_1 = \prod_{\text{SNAME}} (\sigma_{\text{Student. SNO=Score. SNO} \land \text{Score. CNO='C008'}} (\text{Student} \times \text{Score}))$$

$$E_2 = \prod_{\text{SNAME}} (\sigma_{\text{Score. CNO='C008'}} (\text{Student} \bowtie \text{Score}))$$

$$E_3 = \prod_{\text{SNAME}} (\text{Student} \bowtie \sigma_{\text{Score. CNO='C008'}} (\text{Score}))$$

这 3 个关系代数表达式是等价的,但执行的效率却不一样,我们来具体分析一下这 3 个代数表达式。

(1) 第一种情况

首先做笛卡儿积:

这种做法是把 Student 的每个元组和 Score 的每个元组连接起来。此时,执行笛卡儿积的方法是先在内存中尽可能多地装入表 Student 的若干块,留出一块存放另一个表 Score 的元组,再把 Score 中的每个元组和 Student 的每个元组连接,连接后的元组装满一块后就写到中间文件上,再从 Score 中读入一块与内存中的 Student 元组连接,直到把 Score 表处理完。此时,再次读入若干块的 Student 元组,读入一块 Score 元组,重复上面的过程,直到把 Student 表处理完为止。

设每个物理存储块能放 10 个元组,在内存中存放 5 块 Student 元组和 1 块 Score 元组,那么读取总块数为

$$\frac{500}{10} + \left(\frac{5\ 000}{10}\right) \times \left(\frac{500}{10 \times 5}\right) = 5\ 050(块)$$

其中读 Student 表 50 块,读 Score 表 10 遍,每遍 500 块,若每秒读写 20 块,则总共需要花费 252.5 秒。而连接后的元组数为 $5 \times 10^2 \times 5 \times 10^3 = 2.5 \times 10^6$ 个。在每块能装 10 个元组的情况下,要用

$$2.5\times10^5/20=1.25\times10^4(秒)$$

其次,做自然连接:

按顺序读入连接后的元组,再按条件选取满足要求的记录,若内存的处理时间忽略不计,满足条件的那 50 个元组均放在内存里,则这种情况下的读取中间文件花费的时间为 1.25×10^4 秒。

最后做投影操作:

把连接操作的结果在 SNAME 上做投影,得到结果。

综合以上,在这种情况下,执行查询的总时间为

$$252.5+2\times1.25\times10^4\approx2.5\times10^4(秒)$$

(2) 第二种情况

首先,计算自然连接的时间,总的读取块数仍为 5 050 块,花费了 252.5 秒的时间。自然连接的结果只有 5 000 个,故写出这些元组的时间为

$$5\ 000/10/20=25(秒)$$

然后,读取中间块,执行选择运算,时间也为 25 秒。

最后做投影,把结果输出。

总的执行时间为

$$252.5+25+25=302.5(秒)$$

(3) 第三种情况

首先做选择运算,只读一遍 Score 表,存取 500 块的时间为 25 秒,因为满足条件的元组只有 50 个,故不必使用中间文件。

然后,读取 Student 表,把读入的 Student 元组和内存中的 Score 元组做连接,只需读一遍 Student 表共 50 块,用 2.5 秒。

最后做投影把结果输出,总的执行时间为

$$25+2.5=27.5(秒)$$

如果对关系 Student 和 Score 在属性 CNO 上建立索引,那么花费的时间还要少得多。

从这 3 种情况可以看出查询优化的必要性,也可以看出如何安排选择、投影和连接的顺序是很重要的,有选择和连接操作时,应该先做选择操作,这样可以大大地减少参加连接的元组数,这是代数优化。

2. 关系代数表达式的等价变换规则

代数优化策略是通过对代数表达式的等价变换来提高查询效率。若两个关系表达式 E_1,E_2 是等价的,则记作:$E_1\equiv E_2$。常用的等价变换规则有:

(1) 连接和笛卡儿积交换律

设 E_1 和 E_2 是两个关系表达式,F 是连接运算的条件,则有:

$$E_1\times E_2\equiv E_2\times E_1$$
$$E_1\bowtie E_2\equiv E_2\bowtie E_1$$
$$E_1\underset{F}{\bowtie} E_2\equiv E_2\underset{F}{\bowtie} E_1$$

(2) 连接和笛卡儿积的结合律

设 E_1,E_2,E_3 是三个关系表达式,F_1,F_2 是连接运算的条件,则有:

$$(E_1 \times E_2) \times E_3 \equiv E_1 \times (E_2 \times E_3)$$

$$(E_1 \bowtie E_2) \bowtie E_3 \equiv E_1 \bowtie (E_2 \bowtie E_3)$$

$$(E_1 \underset{F_1}{\bowtie} E_2) \underset{F_2}{\bowtie} E_3 \equiv E_1 \underset{F_1}{\bowtie} (E_2 \underset{F_2}{\bowtie} E_3)$$

（3）投影的串接定律

$$\prod_{A_1, A_2, \cdots, A_n} (\prod_{B_1, B_2, \cdots, B_m} (E)) \equiv \prod_{A_1, A_2, \cdots, A_n} (E)$$

其中，E 是关系代数表达式，$A_i (i=1,2,\cdots,n)$，$B_j (j=1,2,\cdots,m)$ 是属性名且 $\{A_1, A_2, \cdots, A_n\}$ 是 $\{B_1, B_2, \cdots, B_m\}$ 的子集。

（4）选择的串接定律

$$\sigma_{F_1}(\sigma_{F_2}(E)) \equiv \sigma_{F_1 \wedge F_2}(E)$$

其中，E 是关系代数表达式，F_1，F_2 是选择条件。选择的串接定律说明选择条件可以合并。

（5）选择与投影的交换律

$$\sigma_F(\prod_{A_1, A_2, \cdots, A_n}(E)) \equiv \prod_{A_1, A_2, \cdots, A_n}(\sigma_F(E))$$

其中，选择条件 F 只涉及属性 $A_1, A_2, \cdots, A_n$。若 F 中有不属于 $A_1, A_2, \cdots, A_n$ 的属性 $B_1, B_2, \cdots, B_m$ 则有更一般的规则：

$$\prod_{A_1, A_2, \cdots, A_n}(\sigma_F(E)) \equiv \prod_{A_1, A_2, \cdots, A_n}(\sigma_F(\prod_{A_1, A_2, \cdots, A_n, B_1, B_2, \cdots, B_m}(E)))$$

（6）选择与笛卡儿积的交换律

如果 F 中涉及的属性仅属于关系式 E_1，则有：

$$\sigma_F(E_1 \times E_2) \equiv \sigma_F(E_1) \times E_2$$

如果 $F = F_1 \wedge F_2$，并且 F_1 只涉及 E_1 中的属性，F_2 只涉及 E_2 中的属性，则有：

$$\sigma_F(E_1 \times E_2) \equiv \sigma_{F_1}(E_1) \times \sigma_{F_2}(E_2)$$

如果 F_1 只涉及 E_1 中的属性，F_2 涉及 E_1 和 E_2 中的属性，则有：

$$\sigma_F(E_1 \times E_2) \equiv \sigma_{F_2}(\sigma_{F_1}(E_1) \times E_2)$$

此定律可以使部分选择在笛卡儿积前先做。

（7）选择与并的分配律

设 $E = E_1 \cup E_2$，E_1 和 E_2 有相同的属性名，则有：

$$\sigma_F(E_1 \cup E_2) \equiv \sigma_F(E_1) \cup \sigma_F(E_2)$$

（8）选择与差运算的分配律

如果 E_1 和 E_2 有相同属性名，则有：

$$\sigma_F(E_1 - E_2) \equiv \sigma_F(E_1) - \sigma_F(E_2)$$

（9）选择对自然连接的分配律

$$\sigma_F(E_1 \bowtie E_2) \equiv \sigma_F(E_1) \bowtie \sigma_F(E_2)$$

其中，F 仅涉及 E_1 和 E_2 的公共属性。

（10）投影与笛卡儿积的分配律

设两个关系代数表达式 E_1 和 E_2，$A_1, A_2, \cdots, A_n$ 是 E_1 的属性，$B_1, B_2, \cdots, B_m$ 是 E_2 的属性，则有：

$$\prod_{A_1, A_2, \cdots, A_n, B_1, B_2, \cdots, B_m}(E_1 \times E_2) \equiv \prod_{A_1, A_2, \cdots, A_n}(E_1) \times \prod_{B_1, B_2, \cdots, B_m}(E_2)$$

（11）投影与并的分配律

如果 E_1 和 E_2 有相同属性名，则有：

$$\prod_{A_1,A_2,\cdots,A_n}(E_1 \bigcup E_2) \equiv \prod_{A_1,A_2,\cdots,A_n}(E_1) \bigcup \prod_{A_1,A_2,\cdots,A_n}(E_2)$$

3. 查询树的启发式优化

在很多系统中,是采用启发式优化方法对关系代数表达式进行优化。这种优化策略主要是讨论如何合理地安排操作的顺序,以花费较少的时间和空间。典型的启发式规则有以下几点:

① 尽可能早地做选择运算。它可以使计算的中间结果大大变小,从而使执行时间节省几个数量级。

② 尽可能早地做投影操作,把投影和选择运算同时进行。

③ 避免直接做笛卡儿积运算,把笛卡儿积操作之前和之后的选择和投影合并起来一起做。

下面给出关系代数表达式的启发式优化算法:

输入:一个关系表达式的查询树。

输出:优化的查询树。

算法:

① 使用等价变换规则第 4 条把 $\sigma_{F_1 \wedge F_2 \wedge \cdots \wedge F_n}(E)$ 变成 $\sigma_{F_1}(\sigma_{F_2}(\cdots(\sigma_{F_n}(E))\cdots))$。

② 在查询树中,对于每一个选择,使用变换规则第 4~9 条尽可能地把它移到树的叶端。

③ 对每一个投影利用等价变换规则第 3、5、10、11 条尽可能把它移向树的叶端。

④ 利用等价变换规则第 3~5 条把选择和投影的串接合并成单个选择、单个投影或一个选择后跟一个投影,使多个选择、投影能同时执行或在一次扫描中同时完成。

⑤ 把上几个步骤得到的查询树的内节点分组。每个双目运算($\times$、$\bigcup$、$\bowtie$、$-$)和它所有的直接祖先(σ,$\prod$运算)为一组。若其后代直到叶子全是单目运算,则也把它们并入该组,但当这个双目运算是笛卡儿积,并且后面不是与它组成等值连接的选择时,则不能把选择与这个双目运算组成同一组。把这些单目运算单独分为一组。

例 2.50　对于学生选课数据库的 3 个关系 Student,Course,Score。

现有查询语句:检索选修了 C008 号课程的学生姓名。

此查询语句的查询树可表示为图 2.6。

说明:图 2.6 是本查询语句的查询树。图 2.8 利用规则 4、6 把图 2.7 中的 $\sigma_{Score.CNO='C008'}$ 语句移到叶端,从而形成了优化的查询树,即前面提到的 E_3 的查询树表示。

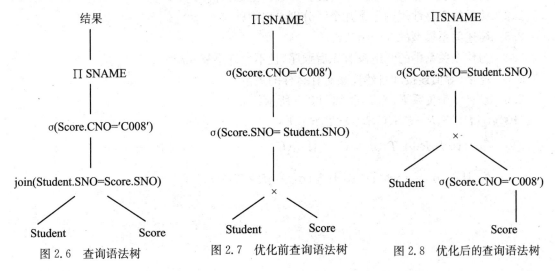

图 2.6　查询语法树　　　　图 2.7　优化前查询语法树　　　　图 2.8　优化后的查询语法树

本 章 小 结

关系数据库系统是本书的重点,里面涉及的关系运算理论是关系数据库查询语言的理论基础。只有掌握了关系运算理论,才能深刻理解查询语言的本质和熟练使用查询语言。

本章首先讨论了关系模型的基本概念,介绍了一些基本术语、关系的基本理论和关系模式、关系数据库的概念。然后讨论了关系的 3 种完整性约束:实体完整性、参照完整性和用户定义完整性。

接下来,描述了关系数据语言的相关概念,介绍了 3 类关系数据语言:关系代数、关系演算(元组关系演算和域关系演算)和具有关系代数和关系演算双重特点的语言,使读者对关系语言有个总体的了解。

本章重点介绍了关系代数这种查询语言,举例分析了关系代数的几种基本的运算操作以及实例,了解了关系代数运算的特点。

最后,讨论了关系演算及关系系统的查询优化。在关系演算中,又针对具体的元组关系演算和域关系演算分别给出了查询、更新等几种语句的用法和实例。在最后的关系系统查询优化中,分析了查询优化的重要性及查询优化的一些方法。

在本章中,读者应该熟练掌握关系代数来表达查询,并掌握关系演算语言的基本用法。

习 题

2.1 名词解释:
关系,关系模式,关系模型,元组,域,码,主码,外码。

2.2 关系的完整性规则是哪几个? 分别给出规则。

2.3 简述关系模型的 3 个组成部分。

2.4 为什么关系中的元组没有先后顺序,且不允许重复元组?

2.5 连接、等值连接和自然连接有什么样的关系?

2.6 设有 4 个关系 R,S,T,U 如图 2.9 所示:
计算:① $R \cup S, R - S, R \cap S, U \div T, R \times T$

② $R \bowtie T, R \underset{3>1}{\bowtie} T, \sigma_{C<'3'}(U), \Pi_{4,3}(U)$

③ $\Pi_{1,3}(\sigma_{D<'4'}(S \bowtie U)), \Pi_{4,2}(\sigma_{B>'5'}(R \times T))$

R

A	B	C
7	8	5
4	7	9
5	5	3

S

A	B	C
7	8	5
7	9	1
5	4	2

T

C	D
5	3
3	7

U

A	B	C	D
1	4	5	3
1	4	3	7
5	4	2	1

图 2.9

2.7　设有一个学生借书 SJB 数据库,包括 S,B,SJB 3 个关系模式:

S(SNO, SNAME, SAGE, SSEX, SDEPT)

B(BNO, BNAME, BWRI, BPUB, BQTY, BPRI)

SJB(SNO, BNO, BT, ST, QTY, FEE)

学生表 S 由学生号(SNO)、学生名(SNAME)、年龄(SAGE)、性别(SSEX)、系部(SDEPT)组成;

图书表由图书号(BNO)、图书名(BNAME)、作者(BWRI)、出版社(BPUB)、数量(BQTY)、价格(BPRI)组成;

学生借阅表由学生号(SNO)、图书号(BNO)、借阅时间(BT)、归还时间(HT)、借出数量(QTY)、欠费情况(FEE)组成。

S 表

SNO	SNAME	SAGE	SSEX	SDEPT
S1	李明	18	男	计算机系
S2	王建	18	男	计算机系
S3	王丽	17	女	计算机系
S4	王小川	19	男	数理系
S5	张华	20	女	数理系
S6	李晓莉	19	女	数理系
S7	赵阳	21	女	外语系
S8	林路	19	男	建筑系
S9	赵强	20	男	建筑系

B 表

BNO	BNAME	BWRI.	BPUB	BQTY	BPRICE
B1	数据通信	赵甲	南北出版社	一 10	28
B2	数据库	钱乙	大学出版社	5	34
B3	人工智能	孙丙	木华出版社	7	38
B4	中外建筑史	李丁	木华出版社	4	52
B5	计算机英语	周戊	大学出版社	7	25
B6	离散数学	吴已	木华出版社	2	28
B7	线性电子线路	郑庚	南北出版社	3	34
B8	大学物理	王辛	南北出版社	4	28

SJB 表

SNO	BNO	BT	HT	QTY	FEE
S1	B1	08/04/2008	12/09/2008	1	3.5
S1	B2	10/07/2008	11/07/2008	1	0
S1	B3	10/07/2008		1	
S2	B2	09/04/2008	11/07/2008	1	0
S3	B4	09/04/2008	12/31/2008	1	2.7
S3	B3	06/11/2008	09/08/2008	2	0
S4	B2	09/11/2008	12/10/2008	1	0
S4	B1	09/11/2008		1	
S5	B5	09/06/2008	12/31/2008	1	0
S6	B7	05/14/2008	05/31/2008	1	0
S7	B4	05/27/2008	09/16/2008	1	11.2
S7	B7	09/18/2008	10/26/2008	1	0
S9	B8	11/21/2008	12/31/2008	1	0
S9	B8	11/27/2008		1	

试用关系代数、ALPHA 语言、QBE 语言完成下列查询并给出结果：

① 检索 S1 学生的借书情况。

② 检索计算机系学生的借书情况。

③ 检索学生李明借的图书的书名和出版社情况。

④ 检索李明借的数据库原理书欠费情况。

⑤ 检索至少借了王小川同学所借的所有书的学生号。

⑥ 检索 12 月 31 号归还的图书情况。

⑦ 检索木华出版社出版的 30 元以下的图书情况。

第3章 Oracle 数据库

Oracle 公司是世界上最著名的软件公司,也是最著名的数据库产品提供商之一,它的数据库管理系统命名为 Oracle,在世界范围内占有最大的市场份额。

3.1 Oracle 数据库基础

3.1.1 Oracle 简介

1979 年,硅谷的一个小公司推出了 Oracle,这是第一个与数据访问语言 SQL 结合的关系数据库。今天,Oracle 公司已是世界上数据库管理系统及相关产品的最大供应商。发布于 1986 年 8 月的 Oracle 第 5 版,是第一个真正的客户/服务器数据库系统。1992 年 Oracle 公司发布了高性能、高可靠性的 Oracle 7。Oracle 8i 是世界上第一个对象关系型数据库管理系统,Oracle 9i 是在 Oracle 8i 基础上发展起来的,而 Oracle 11g 是 Oracle 公司的最新产品。

3.1.2 Oracle 9i 产品结构及组成

在 Internet 信息时代,Oracle 公司作为数据库技术的领导者,积极地将最新技术提供给客户。Oracle 9i 中的"i"代表 Internet,意味着 Oracle 9i 支持 Internet 计算模型,提供了更多面向 Internet 的开发和部署的特性,更加有力地支持了 Internet 时代的应用和需求。

Oracle 9i 并非单一的数据库产品,它是将 Oracle 9i 数据库服务器、Oracle 9i 应用服务器(Oracle 9i AS)和 Oracle 9i Developer Suite 集成在一起的用于 Internet 的新一代智能化的、协同各种应用的软件基础构架,具有完整性、集成性和简单性等显著特点。下面着重介绍 Oracle 9i 最重要的几个软件和工具。

1. Oracle Server

称作 Oracle 数据库服务器,用于在多用户环境下可靠管理海量数据,并为用户提供存取数据的程序。Oracle Server 是 Oracle 数据库管理系统最核心的程序,它和 Oracle 提供的其他管理工具和组件,一同组成了 Oracle 9i 数据库管理系统。

Oracle 9i 数据库服务器具有多个版本。

① Oracle 标准版(Oracle Standard Edition),又常简称为 Oracle 服务器。这种产品适用于

部门级较小规模的应用,广泛应用于 Windows 操作系统平台。

② Oracle 企业版(Oracle Enterprise Edition)。这种产品适用于更大规模的企业级应用,广泛应用于各种操作系统平台,并具有高级管理、网络编程及数据仓库等特性。

③ Oracle 个人版(Personal Oracle)。个人版是企业版的单用户版,因此开发人员可以利用个人版开发编写应用程序,然后应用到多用户服务器上。

2. Oracle Universal Installer

Oracle Universal Installer(OUI)是用来安装、升级和卸载 Oracle 数据库及其相关程序的工具。

3. Oracle Database Configuration Assistant

Oracle Database Configuration Assistant(DBCA)是 Oracle DBA 管理工具包中的一个重要工具,可以通过图形用户界面来创建、修改和删除数据库。

4. Oracle SQL * Plus

Oracle SQL * Plus 提供存取访问 Oracle 数据库中数据和管理 Oracle 数据库系统的客户端软件。

5. Oracle Enterprise Manager

Oracle Enterprise Manager 称作 Oracle 企业管理器,简称为 OEM,是 Oracle 公司推出的功能强大的系统管理工具,它为异构环境下的集中管理提供了集成的解决方案。Oracle Enterprise Manager 使用图形化的控制台,结合其他管理工具,为管理 Oracle 产品提供了完善的系统管理平台。

3.1.3　Oracle 9i 数据库特点

Oracle 之所以成为市场最受欢迎的数据库管理系统之一,是因为它具有如下突出的优点:

① 支持大型数据库、多用户的高性能的事务处理。

② 实施安全性控制和完整性控制。

③ 具有可移植性、可兼容性和可连接性。

由于 Oracle 软件可在许多不同的操作系统平台上运行,因而在 Oracle 上所开发的应用具有很好的可移植性。Oracle 软件同国际标准或工业标准相兼容,所开发的应用系统可在当前的主流操作系统上运行。不同类型的计算机和操作系统皆可通过网络共享信息。

3.2　Oracle 数据库的体系结构

Oracle 数据库系统为具有管理 Oracle 数据库功能的计算机系统。Oracle 数据库服务器主要由数据库和实例两个部分组成。Oracle 数据库是安装在磁盘上的 Oracle 数据库文件和相关的数据库管理系统的集合,是 Oracle 用于保存数据的一系列物理结构和逻辑结构,而 Oracle 实例则是存取和控制数据库的软件机制,由服务器在运行过程中的内存结构和一系列进程所组成。每一个运行的 Oracle 数据库与一个 Oracle 实例(Instance)相联系。

Oracle 数据库系统的体系结构如图 3.1 所示。

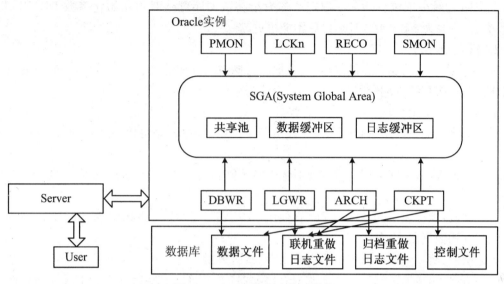

图 3.1　Oracle 数据库体系结构

3.2.1　Oracle 数据库的逻辑结构

逻辑结构是 Oracle 数据库体系结构的核心内容,是数据概念上的组织,如数据库和表,主要是面向用户的。Oracle 逻辑结构适用于不同的操作系统平台和硬件平台,不需要考虑物理实现方式。数据库逻辑结构包含数据块、区、段、表空间和模式。它们之间的关系如图 3.2 所示。

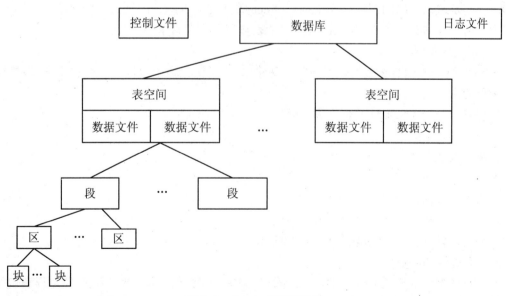

图 3.2　Oracle 的逻辑结构

1. 数据块(block)

数据块又称逻辑块或 Oracle 数据块,是 Oracle 最小的数据组织单位与管理单元,也即使用和分配空间的最小单位。Oracle 数据块的大小在数据库创建时由初始化参数 DB_BLOCK_SIZE 决定,一般为 8 KB 或 4 KB,以后不能再更改。

2. 区(extent)

区,比块高一级的逻辑存储结构,是数据库存储空间分配的最小逻辑单位,它由连续数据块所组成。每一次系统分配和回收空间都是以区为单位进行的。

3. 段(segment)

在区之上的逻辑数据库空间叫段。段由多个区组成,这些区可以是连续的,也可以是不连续的。

段有多种类型,不同类型的数据库对象拥有不同类型的段,在 Oracle 9i 中常见的有 5 种类型的段。

·数据段:保存表中的数据记录。在使用 CREATE TABLE 语句创建表的同时,Oracle 将为表创建它的数据段。

·索引段:每一个索引都有一索引段,存储索引数据。

·回滚段:是由 DBA 建立,用于临时存储要撤销的信息,这些信息用于生成读一致性数据库信息、在数据库恢复时使用、回滚未提交的事务。

·临时段:当一个 SQL 语句需要临时工作区时,由 Oracle 建立。当语句执行完毕,临时段的范围退回给系统。

·系统引导段:用于存储数据字典的信息。该段由 sql. bsq 脚本创建(该文件在 oracle_home\ora92\rdbms 下,其中 oracle_home 为读者的 oracle 安装目录),由系统管理,用户不可访问。

4. 表空间(table space)

表空间是最高一级的逻辑存储结构。Oracle 使用表空间来组织数据库。所以一个 Oracle 数据库是由一个或多个表空间组成的,而一个表空间只能隶属于一个数据库。

常用的表空间有:

·SYTEM 表空间:在创建数据库时自动建立,用于保存整个数据库的数据字典、系统回退段等重要的内存结构。

·SYSAUX:SYSTEM 的辅助表空间。

·回退段表空间。

·临时段表空间。

·数据表空间。

·索引表空间。

段以及它所包含的区都存放在表空间里,并且一个段只能与一个表空间相连。通过使用表空间,Oracle 将所有相关的逻辑结构和对象组合在一起。

5. 模式(schema)

Oracle 数据库的模式对象有表、视图、索引、聚集、序列、同义词、触发器、存储过程和包等结构,这些对象也是用户直接操作的对象。模式(schema)是将模式对象组织在一起的一个逻辑结构,它不直接与表空间或任何其他的逻辑存储结构相关联。

3.2.2　Oracle 数据库的物理结构

数据库的物理结构就是操作系统级的文件结构。Oracle 数据库的物理结构主要包括数据文件、日志文件、控制文件、参数文件和口令文件等。

Oracle 启动一个实例时,先从参数文件中读取控制文件的名字和位置。然后在装载数据库时,Oracle 打开控制文件,控制文件把 Oracle 引导到数据库文件的其余部分。最后在打开数据库时,Oracle 从控制文件中读取数据文件和日志文件的列表并打开其中每一个文件。

1. 数据文件

数据文件中存放了所有的数据信息。逻辑上存放在表空间中的数据,物理上存储在属于该表空间的数据文件上。数据文件有下列特征:

- 一个 Oracle 数据库有一个或多个物理的数据文件。
- 一个数据文件仅与一个表空间、一个数据库联系。
- 一个表空间(数据库存储的逻辑单位)由一个或多个数据文件组成。属于该表空间的数据文件的大小之和就是该表空间的大小。
- 每一个数据文件可以存有一个或多个表、视图、索引等信息。

数据文件中的数据在需要时可以读取并存储在 Oracle 内存储区中。为了提高性能,要写入的数据首先存储在内存,然后由 Oracle 后台进程 DBWR 决定如何将其写入到相应的数据文件。

2. 日志文件

日志文件有两种:(联机)重做日志文件和归档重做日志文件。其中归档重做日志文件是重做日志文件的脱机备份,用于数据库介质故障时的恢复。

重做日志的主要功能是记录对数据所作的更新,对数据库的更新发生以后,首先将这些记录存放在重做日志文件中,而不是数据文件中。当出现故障时,如果不能将更新的数据永久地写入数据文件,则可利用重做日志得到该更新,通过重做日志文件进行重做将数据还原到一致的状态。

日志文件有以下特点:

- 每一个数据库至少包含两个联机重做日志文件组。
- 日志文件组以循环方式进行写操作。
- 每一个日志文件成员对应一个物理文件。

Oracle 数据库有归档和非归档两种运行模式。以非归档模式运行时日志在切换时被直接覆盖,不产生归档日志,这是数据库默认的运行模式。数据库运行在归档模式时,在日志切换之前,由 ARCH 进程将日志信息写入磁盘,也就是自动备份在线日志。Oracle 数据库的 Redo 文件数量是有限的,所以 Oracle 以循环的方式向它们中写入。它顺序写满每一个 Redo 文件,当达到最后一个时,再循环回去开始填写第一个 Redo 文件。如果为了能恢复数据库而想保存日志文件,那么在它们被重新使用之前需要对其进行备份,将已经写满的联机重做日志文件拷贝保存到指定的位置,保存下来的联机重做日志文件的集合称为"归档重做日志",拷贝的过程称为"归档"。

重做日志文件主要是保护数据库以防止故障。为了防止重做日志文件本身的故障,Oracle允许镜像日志(mirrored redo log)文件,可在不同磁盘上维护两个或多个联机重做日志文件副本。

3. 控制文件

Oracle 实例加载数据库时,必须读取控制文件的内容,如果控制文件无效,则系统根本无法加载数据库。当数据库的物理组成更改时,Oracle 自动更改该数据库的控制文件。数据恢复时,也要使用控制文件。因此,控制文件记录了整个数据库的关键结构信息,它若被破坏,整个数据库将无法工作和恢复。

控制文件本身是一个较小的二进制文件,用于描述数据库的物理结构。该文件主要包含数据库名、数据库数据文件和日志文件的名字和位置、数据库建立日期和恢复数据库时所需的同步信息等内容,这些内容只能由 Oracle 本身来修改。

由于控制文件的重要性,默认系统安装时,Oracle 安装系统会自动建立三个完全相同内容的控制文件。

4. 参数文件

参数文件中设置了很多 Oracle 数据库的配置参数。当数据库启动时,Oracle 读取参数文件中的参数信息,然后才能装载和打开数据库。所以,参数文件主要用于初始 Oracle 实例的内存和进程设置,数据库的性能基本上是由这些参数决定的。该参数文件包含:

- 一个实例所启动的数据库名字。
- 在 SGA 中存储结构使用多少内存。
- 在填满在线日志文件后做什么。
- 数据库控制文件的名字和位置。
- 在数据库中专用回滚段的名字。

每一 Oracle 数据库有一个初始化参数文件(initialization parameter file),一般命名为init. ora。该参数文件是一个文本文件,可以用文本编辑器进行编辑。在修改该文件之前必须关闭数据库,修改的参数只有在重启数据库时才生效。后来建立的数据库,生成的参数文件名一般为 init<SID>. ora,其中<SID>为数据库实例的名字。所以 Oracle 在启动数据库时,查找参数文件的顺序为:spfile<SID>. ora、spfile. ora 和 init<SID>. ora。

5. 口令文件

口令文件用于识别授权的数据库用户。在手工创建数据库时,用命令"d:\oracle\ora92\bin\orapwd"建立,其中"d:\oracle\ora92"为 Oracle 安装目录。

3.2.3　Oracle 实例

启动数据库时首先需要在内存中创建它的一个实例,然后由实例加载并打开数据库。当用户连接数据库时,实际上是直接与实例交互,而由实例来访问物理数据库,实例在用户和数据库之间充当中间层的角色。

一个 Oracle 实例就是存取和控制 Oracle 数据库的软件机制。在数据库服务器上启动一数据库时,系统分配一个称为系统全局区(System Global Area)的内存区(简称 SGA)构成了 Oracle 的内存结构,然后启动若干个 Oracle 进程。该内存结构和 Oracle 进程合称一个 Oracle 数据库实例。

实例在操作系统中用 ORACLE_SID 来标识,在 Oracle 中用参数 INSTANCE_NAME 来标识,它们两个值是相同的。数据库与实例的关系是 $1:1$(非并行系统)或 $1:n$(并行系统)。在任何情况下,每个实例都只对应一个数据库。

3.2.4　Oracle 实例的内存结构

Oracle 实例启动以后,将在内存中创建一个内存结构。内存结构中存储着数据库运行过程中所要处理的一些数据,如应用数据、数据库字典信息、SQL 命令、程序代码、事务信息和其他的控制信息。

Oracle 数据库主要有软件代码区、系统全局区、程序全局区、排序区等内存结构。

1. 软件代码区

该区用于存储正在执行的或可以执行的程序代码,只读,在操作系统允许下可以被共享。

2. 系统全局区

Oracle 共享的内存区被称为系统全局区(SGA,Shared Global Area),数据库中所有用户共享保存在此区域的信息。它是占用内存最大的一个区域,同时也是影响数据库性能的重要因素。

当实例启动时,SGA 自动被分配;当实例关闭时,该区被回收。SGA 区有数据库高速缓存区、共享池、重做日志缓存区、大缓存池和其他各种信息组成。

(1) 数据库高速缓存区

该区域用来存放最近从磁盘读取的数据块,也用来存放尚未存入磁盘的修改。初始化参数文件中的 DB_CACHE_SIZE 参数决定了数据缓存区的大小。

(2) 共享池

用于存放 SQL 命令、PL/SQL 包和过程以及锁、数据字典、游标等信息的内存区,初始化文件中的 SHARED_POOL_SIZE 参数决定了共享池区的大小。

(3) 重做日志缓存区

用于在内存中保存写入到 Redo_Log 日志文件前的所有 Redo 信息。重做日志缓存区也像重做日志文件一样是循环使用的。初始化文件中的 LOG_BUFFER 参数决定了日志缓冲区的大小。

3. 程序全局区

程序全局区(Program Global Area,简称 PGA)是包含单个用户或服务器数据和控制信息的内存区域。在用户进程连接到 Oracle 并创建一个会话时由 Oracle 自动分配,不可共享,主要用于用户在编程时存储变量和数组。

4. 排序区

排序区是 Oracle 用来进行数据排序的内存区域。该区空间的大小受初始化参数 SORT_AREA_SIZER 的限制。

3.2.5　Oracle 实例的进程结构

进程是操作系统中执行一系列任务的一种机制。Oracle 有用户进程、服务器进程和后台进程。

1. 用户进程

这类进程建立与数据库的连接,向数据库发出各种服务请求,接收数据库的响应信息。应注意的是,用户进程不是实例的组成部分。用户进程必须通过服务器进程来访问数据库。

当用户运行应用程序(如 Pro ＊C 程序)或启动一个 Oracle 工具(如 SQL ＊Plus)时,Oracle 便为该用户建立一个用户进程来执行相应的任务。在专用服务器模式下,用户进程和服务器进程是一对一的关系;在共享服务器模式下,多个用户进程可以共享一个服务器进程。

2. 服务器进程

服务器进程由 Oracle 自身创建,用于处理与之相连的用户请求。在 Oracle 9i 中可以同时存在两种类型的服务器进程:一种是专用服务器进程,另一种是共享服务器进程。

3. 后台进程

当实例启动时,Oracle 会启动多个后台进程,每一个进程负责特定的任务。

常见的后台进程有下列几种。

(1) DBWR 进程(Database Writer,数据写入进程)

DBWR 负责将数据库缓存区写入数据库文件。通过初始化参数文件的 DB_WRITER_PROCESSES 参数来设置数据库写入进程的数量。如果创建了多个 DBWR 进程,这些进程的操作系统名称可能为 DBWn,其中 n 为 $0,1,2,\cdots$

(2) LGWR 进程(Log Writer,日志写入进程)

LGWR 将日志数据从日志缓冲区写入磁盘日志文件组。数据库遵循写日志优先原则,即在写数据之前先写日志。

(3) SMON 进程(System Moniter,系统监控进程)

SMON 在实例启动时执行实例恢复,并负责清理不再使用的临时段。

(4) PMON 进程(Process Monitor,进程监控)

PMON 在用户进程出现故障时进行恢复,负责清理内存区域和释放该进程所使用的资源。

(5) CKPT 进程(Check Point,检查点进程)

CKPT 用来发出检查点,实现数据文件、控制文件和重做日志文件的同步,减少实例恢复所需要的时间。参数 LOG_CHECKPOINT_TIMEOUT 用于指定检查点执行的最大间隔时间(以秒为单位)。如果该参数设为 0,将禁用基于时间的检查点。

(6) RECO 进程(Recovery,恢复进程)

RECO 用于分布式数据库维持在分布式环境中的数据的一致性。参数 DISTRIBUTED_TRANSACTIONS 设置必须大于 0,若设为 0,RECO 进程不会启动。

(7) ARCH(Archiver,归档进程)

当数据库运行在归档模式下,要启动 ARCH 进程,需要将参数 ARCHIVELOG_LOG_START 设置为 TRUE,否则 ARCH 进程不会被启动。这时,当联机重做日志文件全部被写满

后,数据库将被挂起,等待 DBA 进行手工归档。参数 LOG_ARCHIVE_MAX_PROCESSESS
用来设置 ARCH 的最大数。

(8) LCKn(Lock,锁进程)

LCKn 在并行服务器中用于多个实例间的封锁,进程的个数由 GC_LCK_PROCS 参数
决定。

(9) Dnnn(Dispatcher,调度进程)

Dnnn 存在于多线程服务器体系(Multi-Threaded Server,MTS,即共享服务器模式)结构
中,负责将用户进程连接到服务器进程,再把结果返回给用户进程。

3.3　Oracle 数据库的使用

3.3.1　Oracle 9i 的安装

此处是在 Windows XP(sp2)下安装 Oracle 9i,设安装在 D:\oracle 目录下。

双击 Oracle 9i 第一张光盘的 setup. exe,随后将使用 Oracle Universal Installer 来进行
Oracle 9i 的安装。安装过程如图 3.3 至图 3.19 所示。

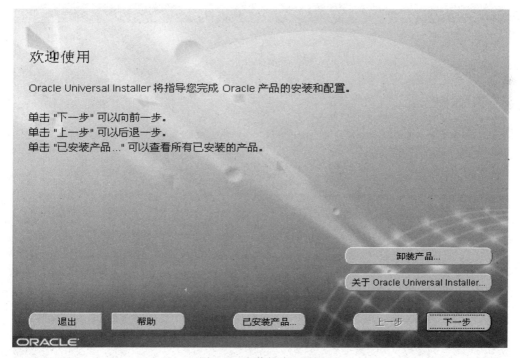

图 3.3　安装的欢迎界面、

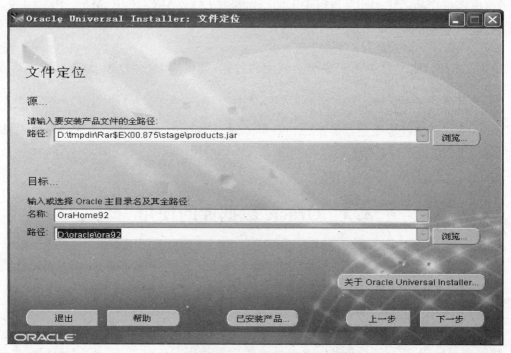

图 3.4　选择安装目录

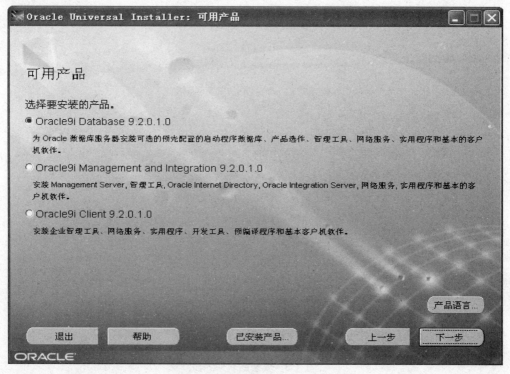

图 3.5　选择要安装的 Oracle 产品

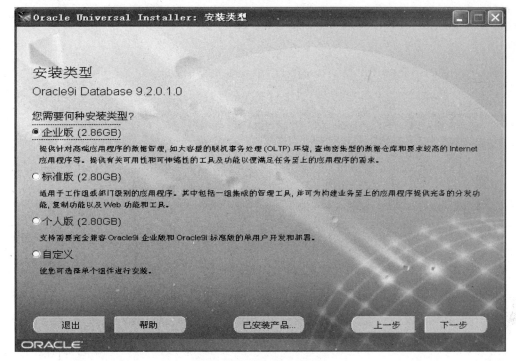

图 3.6　选择要安装的版本

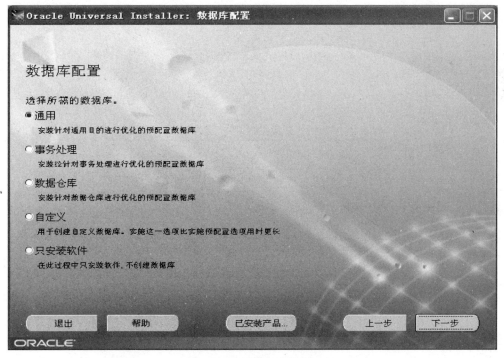

图 3.7　选择数据库的类型

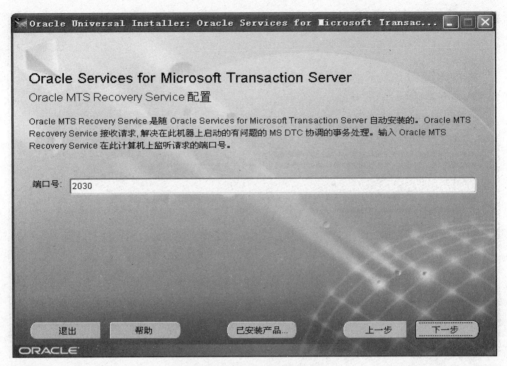

图 3.8　配置 Oracle 的监听端口

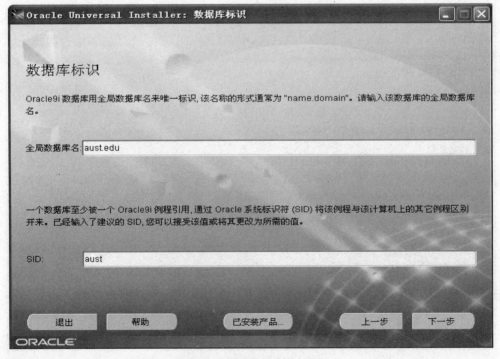

图 3.9　设置数据库的标识

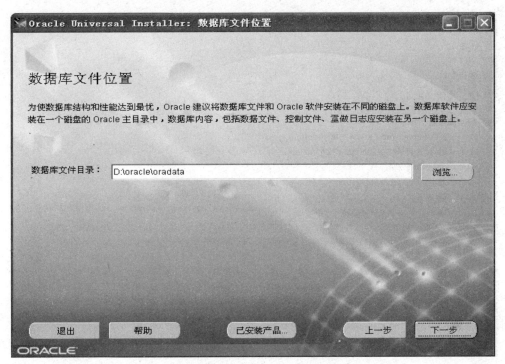

图 3.10　选择数据库文件目录

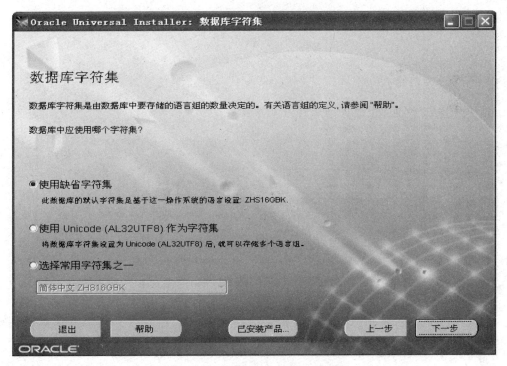

图 3.11　选择数据库使用的字符集

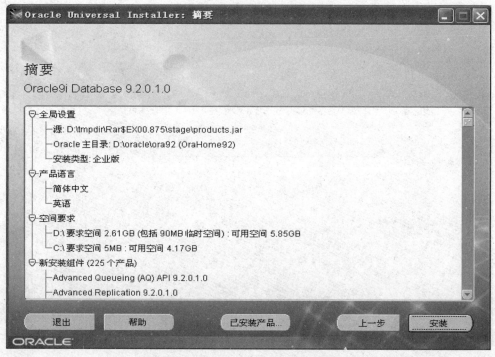

图 3.12 显示要安装的 Oracle 的基本信息

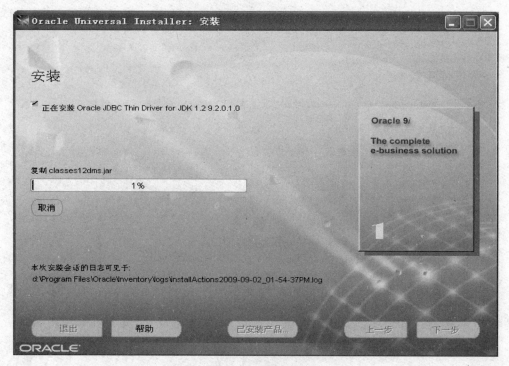

图 3.13 安装过程

　　这个过程较长,需要等待,并且需要选择允许修改注册表。当安装到 17% 和 46% 的时候, 安装系统会提示需要插入第二张和第三张光盘或给出具体的位置,如图 3.14 和 3.15 所示。

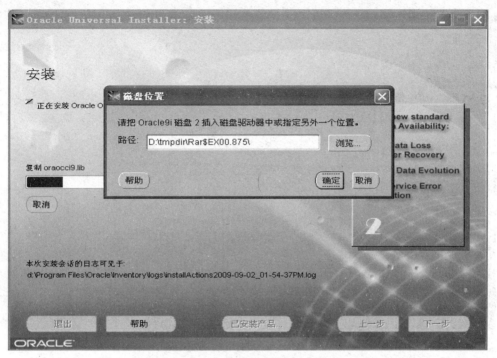

图 3.14　安装到 17% 的时候提示插入第二张光盘

图 3.15　安装到 46% 的时候提示插入第三张光盘

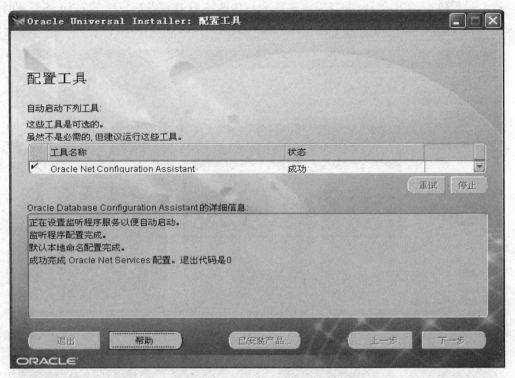

图 3.16　配置可选工具

如图 3.17 所示安装环节等待的时间较长,如果交换分区小的话,可能时间更长。

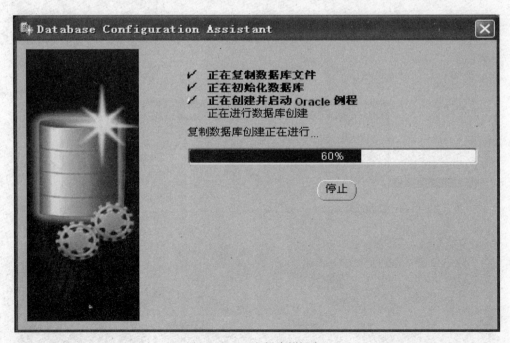

图 3.17　正在创建数据库

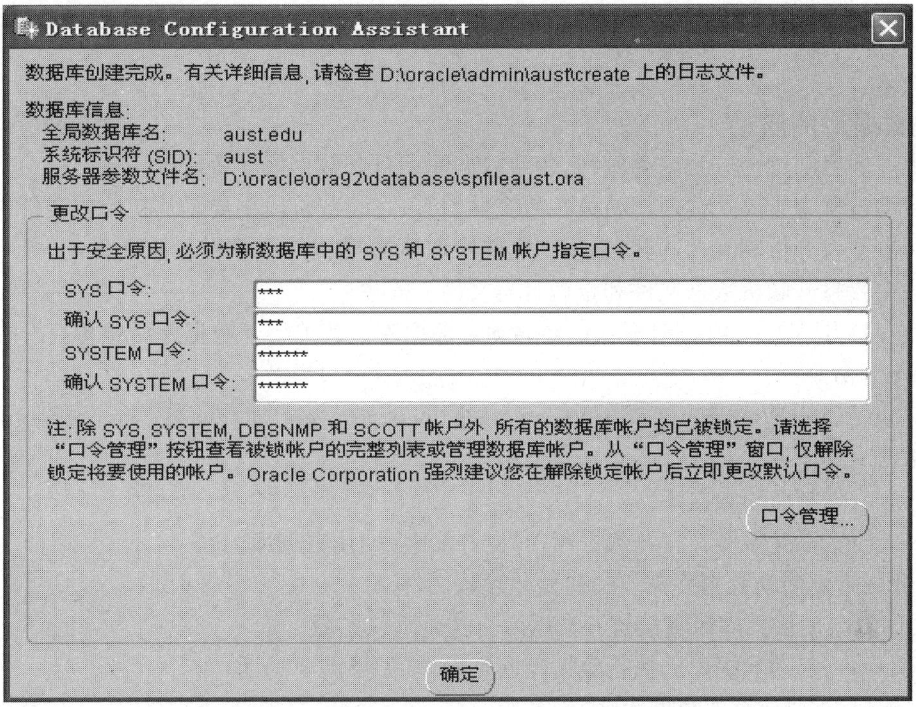

图 3.18　给系统的 sys 和 system 账户配置口令

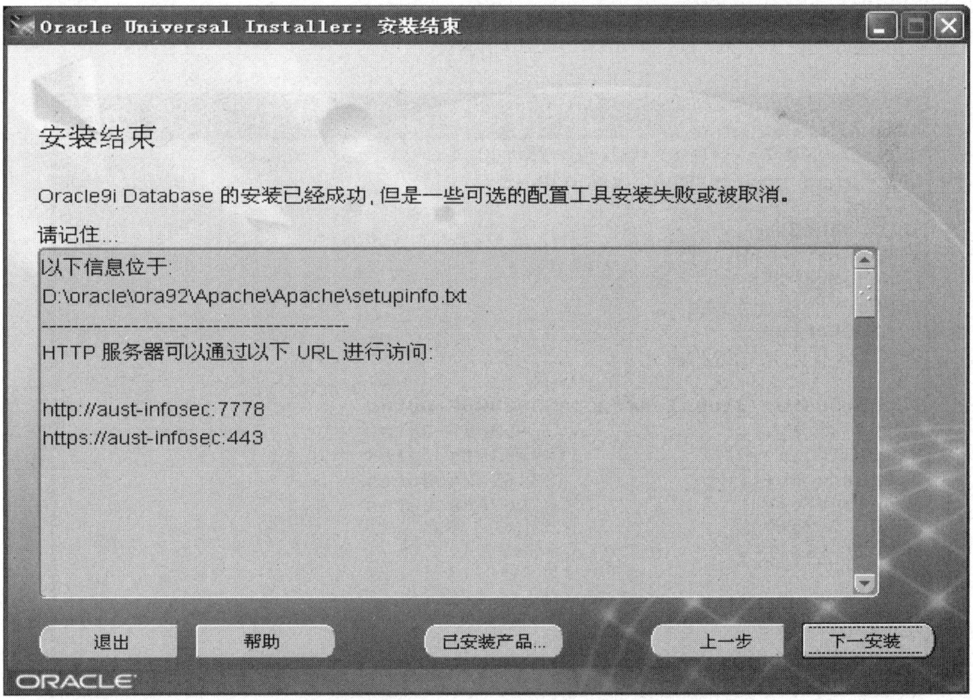

图 3.19　安装成功

3.3.2 数据库的启动与关闭

1. 数据库的启动

数据库的启动过程分为启动例程、装载数据库和打开数据库3个阶段。

在启动过程中主要是读入初始化参数文件内容;在装载阶段主要是从初始化文件中找到控制文件位置并打开控制文件,同时从控制文件中取得数据文件和重做日志文件的名字;打开数据库阶段主要打开联机数据文件和重做日志文件。

其实在打开 SQL＊Plus 时默认已经启动了数据库。若关闭了数据库后想再打开数据库就要用 startup 命令:

Startup［force］［restrict］［pfile＝filename］［open［recover］［database］｜mount｜nomount］其中各参数含义如下:

- Force:强制启动数据库。
- Restrict:以受限模式打开数据库,只允许 DBA 使用数据库。
- Pfile:指定启动数据库需要的初始化参数文件。
- Open:启动数据库后直接打开数据库。这是默认参数。
- Recover:启动数据库后执行数据库恢复操作(如果需要的话)。
- Database:要启动的数据库名。
- Mount:表示只装载数据库而不打开数据库。
- Nomount:只启动了例程。

数据库的启动过程和关闭过程如图 3.20 所示。

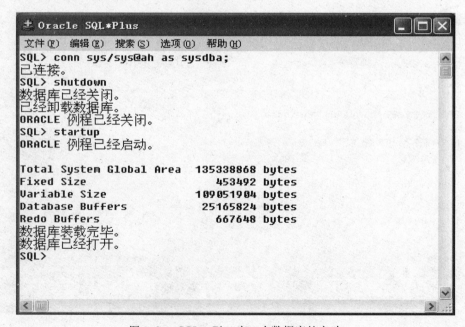

图 3.20   SQL＊Plus 窗口中数据库的启动

2. 关闭数据库

要关闭数据库,必须首先以 SYSOPER 或 SYSDBA 身份连接数据库。

关闭数据库的命令如下:

Shutdown [normal|transactional|immediate|abort]

各参数的含义如下:

· Normal:普通模式关闭数据库。在数据库关闭之前,Oracle 将等待所有当前连接的用户断开与数据库的连接,关闭数据库后不允许新的连接。

· Transactional:以事务型模式关闭数据库。在数据库关闭之前,等待所有事务完成,并断开所有当前的数据库连接,关闭数据库后不允许新的连接和启动新的事务。

· Immediate:以立即模式关闭数据库。数据库关闭时回滚没有提交的事务,解除所有的数据库连接,关闭数据库后不允许新的连接和启动新事务。

· Abort:终止模式关闭数据库。当数据库不正常并不能用其他模式关闭数据库时或需要立即关闭数据库时使用该模式。该模式不回滚未提交的事务,强行解除所有的数据库连接,关闭数据库后不允许新的连接和启动新事务。采用该模式关闭数据库,在数据库下一次启动时将需要进行例程的恢复。

3.3.3　数据库的创建与管理

1. 创建数据库

创建数据库有两种方法。其一利用 database configuration assistant 来创建;其二利用 DBA 身份在 SQL * Plus 下进行创建。

(1) 利用 database configuration assistant 创建数据库

按下示步骤操作:

【开始】|【程序】|【configuration and migration tools】|【database configuration assistant】即可出现 database configuration assistant 窗口,根据向导进行操作。

利用向导创建数据库共 8 步:

① 选择执行的操作:创建数据库,按"下一步"。

② 选择模板:new database,按"下一步"。

③ 指定数据库的名称:ahut. edu,sid 为 ahut,按"下一步"。

④ 指定数据库特性,采用默认值,按"下一步"。

⑤ 指定数据库的操作方式,采用默认的专用服务器模式,按"下一步"。

⑥ 指定初始化参数,采用默认值,按"下一步"。

⑦ 指定数据库的存储参数,采用默认值,当然也可以指定数据库的存储位置,按"下一步"。

⑧ 创建选项,选择创建数据库。按"完成",等待数据库的创建。数据库的创建大概需要 40 分钟左右的时间。当然如果机器配置好些的话,需要等待的时间会短些。创建数据库的过程如图 3.21 所示。

(2) 利用 SQL * Plus 进行创建

在 SQL * Plus 中创建数据库需要 DBA 身份。

图 3.21　利用 DBCA 创建数据库

手工创建数据库需要先做一些准备工作。例如，要创建 abc 数据库，步骤如下：

① 手工创建相关目录

D:\oracle\admin\abc

D:\oracle\admin\abc\adhoc

D:\oracle\admin\abc\bdump

D:\oracle\admin\abc\cdump

D:\oracle\admin\abc\exp

D:\oracle\admin\abc\pfile

D:\oracle\admin\abc\udump

D:\oracle\admin\abc\create

D:\oracle\oradate\abc

D:\oracle\oradate\abc\archive

② 手工创建初始化参数文件 d:\oracle\admin\abc\pfile\initabc. ora，内容可以 copy 别的实例 initsid. ora 文件后修改。

Service＝abcXDB

Instance_name＝abc

Db_domain＝"　　"

Db_name＝abc

Control_files 行中，将涉及路径的地方改成

d:\oracle\oradata\abc\control01. ctl

d:\oracle\oradata\abc\control02. ctl

d:\oracle\oradata\abc\control03. ctl

background_dump_dest=d:\oracle\admin\abc\bdump

core_dump_dest=d:\oracle\admin\abc\cdump

user_dump_deat=d:\oracle\admin\abc\udump

保存文件。注意,在复制其他的 init. ora 文件时,一定要确保是 ora 文件类型。否则在启动 Oracle 的例程时会出现无法读取参数文件的错误。initabc. ora 的图标和文件类型如图 3.22 所示。

图 3.22　initabc. ora 文件的类型及图标

③ 手工创建 d:\oracle\ora92\database\initabc. ora 文件,文件内容为:

ifile= /home/oracle/admin/web/pfile/initweb. ora。

这一步可以将 d:\oracle\admin\abc\pfile\initabc. ora 复制过来,然后将原来的文件内容删除,写上上面的一条语句保存即可。

④ 使用下面的命令在命令窗口创建数据库 abc 的口令文件,注意它的大小写。

【开始】|【运行】,输入 CMD,即可打开命令窗口。

在命令窗口需要用命令

d:\oracle\ora92\bin\orapwd file=d:\oracle\ora92\database\PWDabc. ora password= abc entries=5

注意:此处的 password 设置的是系统用户 sys 的密码。

⑤ 通过 oradim. exe 命令,在服务里生成一个新的实例管理服务,启动方式为手工。

现在注册表中添加 HERY_LOCAL_MACHINE\SOFTWARE\ORACLE\HEMEO 添加字符串:ORACLE_SID=abc,注意大小写。

然后在命令窗口输入命令:

D:\oracle\ora92\bin\oradim − new − sid abc − startmode manual − pfile "d:\oracle\admin\abc\pfile\initabc. ora"

⑥ 在命令窗口输入 sqlplus /nolog 启动 oracle 的 SQL PLUS,此时 SQL PLUS 在命令窗口内。

⑦ 连接数据库:conn sys/abc as sysdba。

⑧ Startup nomount。

⑨ 使用 create database 命令创建数据库 abc。

Create database 命令的格式如下:

Create database database_name

[maxinstances n]——指定系统允许同时装载和打开实例的数目，n 一般为 1。

[maxloghistory n]——指定可以自动归档的最大日志文件的数目。

[maxlogfiles n]——指定日志文件组的总数。

[maxlogmembers n]——指定每个日志文件组中日志文件的数目。

[maxdatafiles n]——指定数据文件的数目。

[archivelog|noarchivelog]——指定新建数据库的模式为归档或非归档。

[controlfile reuse]——按初始化参数文件中的 control_files 的值创建控制文件；若同名则覆盖原来的文件。

[logfile[group n]('path\file_name')[size n[k|m][resue]],…n]——指定重做日志文件组及组成员日志文件名称和位置。

[undo tablespace undo_name datafile 'path\file_name'[size n[k|m]] [reuse] [autoextend][off|on [next n[k|m]] maxsize [unlimited|n[k|m]]]]——撤销表空间创建的数据文件名称和位置及自动扩展性。

Default temporary tablespace temp_name [tempfile 'path\file_name'[size n[k|m]] [reuse][autoextend] [off|on [next n[k|m]] maxsize [unlimited|n[k|m]]]]创建临时表空间及数据文件。

[datafile 'path\file_name'[size n[k|m]] [reuse][autoextend][off|on [next n[k|m]] maxsize [unlimited|n[k|m]]]]——system 表空间创建的数据文件名称和位置。

[default tablespace 默认表空间名称 datafile 'path\file_name'[size n[k|m]] [reuse] [autoextend] [off|on [next n[k|m]] maxsize [unlimited|n[k|m]]]]——默认表空间创建的数据文件的名称和位置。

[character set charset]——指定使用的数据库字符集。

[national character set charset]——指定国家字符集。

在此处使用的 create database 命令如下：

    create database abc
    controlfile reuse
    datafile 'd:\oracle\oradata\abc\system1.dbf' size 100m autoextend
        on next 100m maxsize unlimited
    default temporary tablespace temp1 tempfile 'd:\oracle\oradata\abc\temp1.dbf'
        size 100m reuse autoextend on next 100m maxsize unlimited
    undo tablespace UNDOTBS1
        datafile 'd:\oracle\oradata\abc\undo1.dbf' size 100m reuse autoextend
        on next 100m maxsize unlimited extent management local
    logfile group 1 ('d:\oracle\oradata\abc\redo1.log') size 100m reuse,
        group 2('d:\oracle\oradata\abc\redo2.log') size 100m reuse,
        group 3('d:\oracle\oradata\abc\redo3.log') size 100m reuse
    character set al32utf8;

　　　　　create user sys identified by oracle；

　　　　　create user system identified by oracle；

输入完后回车稍等就可以创建成功。

2. 使用 OEM 数据库的管理

　　OEM（Oracle Enterprise Manager，Oracle 企业管理器）是一个用于管理 Oracle 的图形化管理工具。OEM 由控制台、管理服务器、保存所有数据信息的资料档案库、不同的管理实用程序和需要管理的实际数据库组成。

　　【开始】|【程序】|【Oracle-OracleHome92】|【Enterprise Manager Console】即可出现 OEM。单击要管理的数据库，在右边输入用户名、密码，选择登录的身份，即可登录到数据库，对数据库进行管理。OEM 窗口如图 3.23 所示。

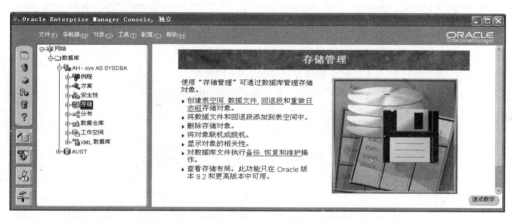

图 3.23　OEM 窗口

3.3.4　Oracle 的卸载

在 Windows XP 下卸载 Oracle 的过程如下：

①【开始】|【设置】|【控制面板】|【性能和维护】|【管理工具】|【服务】，停止所有 Oracle 服务。如 OracleMTSRecoveryService、OracleOraHome92Agent、OracleOraHome92clientcache、OracleOraHome92HTTPServer、OracleOraHome92PagingServer、OracleOraHome92SNMPPeerEncapsulator、OracleOraHome92SNMPPeerMasterAgent、OracleOraHome92TNSListener、OracleService 数据库名称（数据库名称为读者建立的数据库名，可能有好几个）。

②【开始】|【程序】|【Oracle Installation Products】|【Universal Installer】，卸载所有 Oracle 产品，但 Universal Installer 本身不能被删除。

③【开始】|【运行】，运行 regedit。在注册表中要进行以下删除操作。

·选择 HKEY_CLASSES_ROOT，滚动这个列，删除所有 Oracle 入口，如以 Oracle、Ora 开头的。

·选择 HKEY_LOCAL_MACHINE\SOFTWARE，删除 Oracle 目录。

·选择 HKEY_LOCAL_MACHINE\SYSTEM\ControlSet001\Services，删除所有

Oracle 项。

 ·选择 HKEY _ LOCAL _ MACHINE \ SYSTEM \ ControlSet002 \ Services，删除所有 Oracle 项。

 ·选择 HKEY_LOCAL_MACHINE\SYSTEM\CurrentControlSet\Services，删除所有 Oracle 项。

 ·选择 HKEY_LOCAL_MACHINE\SYSTEM\CurrentControlSet\Services\Eventlog\Application，删除所有 Oracle 项。

 ④【开始】|【设置】|【控制面板】|【性能和维护】|【系统】|【高级 】|【环境变量】，删除环境变量 CLASSPATH 和 PATH 中有关 Oracle 的设定。

 ⑤ 删除 C:\Program Files 目录下的 Oracle 文件夹。

 ⑥ 删除 D:\Oracle 文件夹。此时可能有如 oci. dll 等文件删除不掉，就要在重启后自己删除。

 ⑦ 从桌面上、程序菜单中，删除所有有关 Oracle 的组和图标。

 ⑧ 如有必要，删除所有 Oracle 相关的 ODBC 的 DSN。

以上的步骤，如果有些删除不了的话，就重启计算机再继续删除。

3.4 SQL ＊ Plus 初步操作

 SQL ＊ Plus 工具是 Oracle 自带的 SQL 语言工具产品，属于 Oracle 系统的组成部分，在运行 Oracle 的所有机器和操作系统上，它的使用方式都是相同的。SQL ＊ Plus 中的 Plus 表示 Oracle 公司对标准 SQL 语句功能进行了扩充。

3.4.1 SQL ＊ Plus 的登录与退出

1. 登录 SQL ＊ Plus

登录到 SQL ＊ Plus 的操作过程如下：

 ①【开始】|【程序】|【Oracle－OracleHome92】|【Application Development】|【SQL Plus】，即可运行 SQL ＊ Plus，出现 Oracle 登录窗口。

 ② 按提示要求输入"用户名称"、"口令"和"主机字符串"，如图 3.24 所示。

 ③ 单击【应用】按钮，如果输入正确，SQL ＊ Plus 将显示它的版本号、日期和版权信息以及已与 Oracle 连接上的信息，如图 3.25 所示。

 在 DOS 命令行方式下，登录 SQL ＊ Plus 的语法如下：

sqlplus ＜用户名＞/＜口令＞@＜数据库连接符＞

 注意：在运行该命令时，确保当前路径在％Oracle_home％\ora92\bin 下。

2. 退出 SQL ＊ Plus

当想停止工作并离开 SQL ＊ Plus 时，可以在 SQL ＊ Plus 命令提示符下输入 EXIT 或

QUIT 命令。

　　　　SQL> EXIT［RETURN］　或　SQL> QUIT［RETURN］

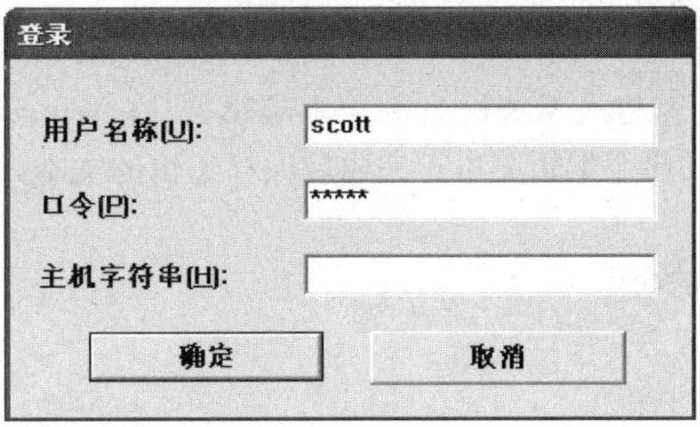

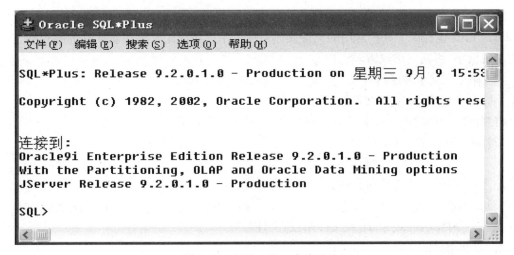

图 3.24　Oracle 登录

图 3.25　SQL＊Plus 成功登录

3.4.2　SQL＊Plus 命令

SQL＊Plus 有许多命令,下面对常用的命令作一简单介绍。

1. 显示表的结构命令

　　命令格式:DESC　<表名>

该命令可以列出指定表的基本结构,一般包括各字段名称以及类型、长度、是否非空等信息。

2. 缓冲区操作命令

　　在 SQL＊Plus 中,有一块内存存储了刚刚执行完的命令,称之为缓冲区。缓冲区是可以编辑或再次运行的。

　　一般可对缓冲区进行如下操作:

　　(1) 显示当前缓冲区行

命令格式：l ＜n＞

显示第 n 行内容，如果没有 n，则显示全部的行。

（2）编辑当前缓冲区内容

　　命令格式：ed

将当前缓冲区中的内容装入系统缺省的文本编辑器（在 Windows 平台上一般为记事本 Notepad），用文本编辑器的命令编辑文本。完成后保存编辑的文本，然后退出。该文本保存到当前的缓冲区。

（3）执行当前缓冲区的命令

　　命令格式：r 或/

（4）清除当前缓冲区内容

　　命令格式：clear buffer

3. 文件操作命令

在实际操作中，经常需要将当前缓冲区的内容存入磁盘或将磁盘上的文件调入缓冲区，为此 SQL＊Plus 也提供了一些常用的文件操作命令。不过在使用时要注意文件的路径和文件名不要出现汉字，否则会出现错误。

（1）保存当前缓冲区内容

　　命令格式：save ＜文件路径\文件名＞

将当前缓冲区的内容以文件方式存盘，默认扩展名为. sql。

（2）调入存盘的 sql 文件

　　命令格式：get ＜文件路径\文件名＞

注意：此时的文件路径和文件名之中不能有汉字。

（3）运行命令文件

　　命令格式：@或 start ＜文件路径\文件名＞

4. 其他操作命令

（1）求助命令

　　命令格式：help ＜求助主题＞

激活 Oracle 内部的帮助部件。

（2）执行操作系统命令

　　命令格式：get ＜操作系统命令＞

在 SQL＊Plus 中执行一条操作系统命令。

5. 常用的 show 命令

- 显示当前环境变量的值：Show all。
- 显示当前在创建函数、存储过程、触发器、包等对象的错误信息：Show error。
- 显示初始化参数的值：show PARAMETERS［parameter_name］。
- 显示数据库的版本：show REL［EASE］。
- 显示 SGA 的大小：show SGA。
- 显示当前的用户名：show user。

本 章 小 结

通过本章的学习，能够熟悉 Oracle 公司以及 Oracle 9i 产品，对 Oracle 的一些基本概念有所了解，对 Oracle 体系结构有所认识，为后续知识的学习和具体数据库对象的实践提供一个最基本的平台。本章中有一些实践性的内容，可以加深对 Oracle 相关概念的理解。

习　　题

3.1　简述 Oracle 数据库服务器的组成。

3.2　简述 Oracle 逻辑数据库与物理数据库的构成。

3.3　何谓 Oracle 的实例？

3.4　Oracle 内存分为哪几个区域？

3.5　自己动手创建数据库 abc。

第 4 章　关系数据库标准语言 SQL

SQL 是结构化查询语言（Structured Query Language）的缩写，其功能包括数据查询、定义、操纵和控制四个方面。SQL 是关系数据库的标准语言。是一种介于关系代数和关系演算之间的语言。

本章重点介绍 SQL 语言完成核心功能的 9 个动词，SQL 的事务处理以及嵌入式 SQL 的使用。

4.1　SQL 语言概述

SQL 是 1974 年在 IBM 的关系数据库 SYSTEM R 上实现的语言。这种语言由于其功能丰富、方便易学受到用户欢迎。因此，被众多数据库厂商采用。经不断修改、完善，SQL 最终成为关系数据库的标准语言。

1986 年 10 月，美国国家标准局（ANSI：American National Standard Institute）的数据库委员会 X3H2 把 SQL 批准为关系数据库语言的美国标准，并公布了 SQL 标准文本（SQL_86）。1987 年，国际标准化组织（ISO：International Organization for Standardization）也通过了此标准。此后，ANSI 又于 1989 年公布了 SQL 89，1992 年制定的 SQL 92 是新的 SQL 标准，简称 SQL2。2000 年，公布了新的标准 SQL 99，亦称 SQL3。目前，SQL4 标准正在讨论制订过程之中。

由于历史的原因，结构化查询语言 SQL 一般读作"sequel"，也可读作"S·Q·L"。

在 SQL 成为国际标准后，各数据库厂商纷纷推出自己符合 SQL 标准的 DBMS 或与 SQL 的接口软件。大多数数据库也都用 SQL 作为数据存取语言，使不同的数据库系统之间的互操作有了可能，这个意义十分重大，因而有人把 SQL 的标准化称为是一场革命。

SQL 成为国际标准后，它在数据库以外的领域也受到了重视。在 CAD、人工智能、软件工程等领域，SQL 不仅作为数据检索的语言规范，还成为检索图形、声音、知识等信息类型的语言规范。SQL 已经成为并将在今后相当长时间里继续担当数据库领域以至信息领域中的一个主流语言。

SQL 标准的制定使得几乎所有的数据库厂家都采用 SQL 语言作为其数据库语言。但各家又在 SQL 标准的基础上进行扩充，形成自己的语言。

4.1.1 SQL 语言的特点

SQL 语言功能丰富而且强大,语言简洁,易学易用。其主要特色包括以下几点。

1. 语言功能的一体化

SQL 语言集数据定义语言 DDL、数据操纵语言 DML、数据控制语言 DCL 功能为一体,语言风格统一,可以独立完成数据库生命周期中的全部活动。

而非关系数据库系统的语言分为 DDL、DML、DCL 等子语言,修改模式需要先停止数据库运行,再转储数据,修改模式,编译修改了的模式以后再重新装入数据库,使得修改模式非常不方便。

2. 模式结构的一体化

在关系模型中实体和实体间的联系均用关系表示,这种数据结构的单一性,使得对数据库数据的增加、删除、修改、查询等操作只需使用一种操作符。而非关系数据库系统各操作一般需两种操作符。

3. 高度非过程化

使用 SQL 语言操作数据库,只需提出"做什么",无需指明"怎样做"。用户不必了解存取路径。存取路径的选择和 SQL 语句的具体执行由系统自己完成,从而简化了编程的复杂性,提高了数据的独立性。

4. 面向集合的操作方式

SQL 语言在元组集合上进行操作,操作结果仍是元组集合。查找、插入、删除和更新都可以是对元组集合操作。

5. 两种使用方式、同一语法结构

SQL 语言既是自含式语言(交互式语言),又是嵌入式语言。作为自含式语言,可作为联机交互式使用,每个 SQL 语句可以独立完成其操作;作为嵌入式语言,SQL 语句可嵌入到高级程序设计语言中使用。

6. 语言简洁、易学易用

SQL 是结构化的查询语言,语言简单,完成数据定义、数据操纵和数据控制的核心功能只用了 9 个动词。语法简单,接近英语口语,因此容易学习,使用方便。

4.1.2 SQL 数据库的体系结构

SQL 支持数据库的三级模式结构,如表 4.1 所示。模式与基本表相对应,外模式与视图相对应,内模式对应于存储文件。基本表和视图都是关系。

表 4.1 SQL 数据库与传统数据库的术语对照表

SQL	传统的 RDBMS
基本表(Base Table)	关系模式
视图(View)	外模式
存储文件(Stored File)	内模式(存储模式)
行(Row)/ 列(Column)	元组/属性

1. 基本表

基本表是模式的基本内容。每个基本表都是一个实际存在的关系。

2. 视图

视图是外模式的基本单位,用户通过视图使用数据库中基于基本表的数据(基本表也可作为外模式使用)。

一个视图虽然也是一个关系,但是它与基本表有着本质的区别。任何一个视图都是从已有的若干关系导出的关系,它只是逻辑上的定义,实际并不存在。在导出时,给出一个视图的定义(从哪几个关系中,根据什么标准选取数据,组成一个什么名称的关系等),此定义存放在数据库(数据字典)中,但没有真正执行此定义(并未真正生成此关系)。当使用某一视图查询时,将实时从数据字典中调出此视图的定义;根据此定义以及现场查询条件,从规定的若干关系中取出数据,组织成查询结果,展现给用户。因此,视图是虚表,实际并不存在,只有定义存放在数据字典中。

3. 存储文件

存储文件是内模式的基本单位。每一个存储文件存储一个或多个基本表的内容。一个基本表可有若干索引,索引也存储在存储文件中。存储文件的存储结构对用户是透明的。

4.1.3 SQL 语言的组成

SQL 完成数据定义、数据操纵和数据控制的核心功能只用了 9 个动词:Create、Drop、Alter、Select、Delete、Insert、Update、Grant、Revoke,如表 4.2 所示。

SQL 语言作为数据库语言,有它自己的词法和语法结构,并有其专用的语言符号,不同的系统稍有差别,但主要的符号都相同。下面给出本章主要的语言符号:

｛ ｝:大括号中的内容为必选参数,其中可有多个选项,各选项之间用竖线分隔,用户必须选择其中的一项。

[ ]:方括号中的内容为可选项,用户根据需要选用。

∣:竖线表示参数之间"或"的关系。

"…":省略号表示重复前面的语法单元。

< >:尖括号表示下面有子句定义。

[,…]:表示同样选项可以重复 1 到 n 遍。

表 4.2 SQL 语言的动词

类别	功能	动词
数据定义	创建定义	CREATE
	删除定义	DROP
	修改定义	ALTER
数据操纵	数据查询	SELECT
	数据插入	INSERT
	数据更新	UPDATE
	数据删除	DELETE
数据控制	授予权限	GRANT
	收回权限	REVOKE

下面将介绍 SQL 语句的基本格式和使用。各厂商的 RDBMS 实际使用的 SQL 语言,与标准 SQL 语言都有所差异及扩充。因此,具体使用时,应参阅实际系统的有关手册。

4.2 SQL 的数据定义

4.2.1 SQL 的数据定义语句

关系数据库系统支持三级模式结构,其模式、外模式和内模式中的基本对象有基本表、视图和索引。因此 SQL 的数据定义功能包括定义基本表、定义视图和定义索引,如表 4.3 所示。

表 4.3 SQL 的数据定义语句

操作对象	操 作 方 式		
	创建	撤销	修改
表	CREATE TABLE	DROP TABLE	ALTER TABLE
视图	CREATE VIEW	DROP VIEW	
索引	CREATE INDEX	DROP INDEX	

视图是基于基本表的虚表,索引依附于基本表。因此,SQL 标准中没有修改视图和索引的命令,用户如果想修改视图或索引定义,只能先将它们删除掉,然后再重建。(注:有些关系数据库产品允许直接修改视图定义。)

注意:

① 关于数据库的创建等操作不属于 SQL 语言标准的规定内容,各厂商的 RDBMS 的具体操作有所不同。

② 视图的定义将在本章 4.5 节单独介绍。

4.2.2　SQL 语言的基本数据类型

SQL 语言与其他计算机语言一样,有自己的词法和语法,关系模式中所有的属性列必须指定数据类型,不同的系统支持的数据类型稍有差别。但主要数据类型大部分系统都支持,如CHAR(n)、VARCHAR2(n)、BOOLEAN、NUMBER(p, s)、DATE 等。

这里以 Oracle 系统提供的数据类型为例进行介绍。在 Oracle 9i 中定义了标量(SCALAR)、LOB、复合(COMPOSITE)和引用(REFERENCE)四种数据类型。

1. 标量(SCALAR)类型

合法的标量类型与数据库的列所使用的类型相同,此外它还有一些扩展。它又分为 7 个组:数字、字符、行、日期、行标识、布尔和可信。

(1) 数字

• NUMBER(P, S):"P"是精度,最大 38 位,"S"是刻度范围,可在 84～127 间取值。

NUMBER 是以十进制格式进行存储的,范围是 1.0E130～9.99E125。它便于存储,但是在计算上,系统会自动地将它转换成为二进制进行运算。例如:NUMBER(5,2)可以用来存储表示－999.99～999.99 间的数值。

"P"、"S"在定义时可以省略,例如:NUMBER(5)、NUMBER 等。

如果数值取值超出了"P"、"S"位数限制就会被截取多余的位数。如:NUMBER(5,2),在一行数据中的这个字段输入 575.316,则真正保存到字段中的数值是 575.32;NUMBER(3,0),输入 575.316,真正保存的数据是 575。

• BINARY_INTENER:范围是－214 748～2 147 483 647,用来描述不存储在数据库中,但是需要用来计算的带符号的整数值。它以 2 的补码二进制形式表示。循环计数器经常使用这种类型。

• PLS_INTEGER:和 BINARY_INTENER 唯一区别是在计算当中发生溢出时,BINARY_INTENER 型的变量会被自动指派给一个 NUMBER 型而不会出错,PLS_INTEGER 型的变量将会发生错误。

注意:NUMBER 可以描述整数或实数,而 PLS_INTEGER 和 BINARY_INTENER 只能描述整数。

(2) 字符

大多数情况下存储结构会用字符类型定义。因为字符类型比其他数据类型可以存储更广泛的符号,它可以用来存储字母符号、数字符号以及各种特殊字符。

• CHAR(n):n 个字节,具体值由"n"决定。用于存储定长字符串,如果长度没有确定,缺省值是 1。

CHAR 类型存储的每一个字符占用一个字节。括号内的 n 指明了要存储长度为 n 个字节的固定长度且非 Unicode 的字符数据。"n"必须是一个介于 1 和 2 000 之间的数值。存储大小为 n 个字节。如果实际输入不足 n 个字节,系统会自动在后面添加空格来填满设定的空间。

• VARCHAR2(n):用于描述变长的字符型数据。最大为 n 个字节。

"n"必须是一个介于 1 和 4 000 之间的数值,没有缺省值。存储大小为输入数据的字节的实际长度,而不是 n 个字节。所输入的数据字符长度可以为零。一般情况下,使用 VARCHAR2(n)可以节省不少使用空间。

* NCHAR:国家字符集,用来存储 Unicode 字符集的定长字符型数据,长度<=1 000 字节,使用方法和 CHAR 相同。
* NVARCHAR2:国家字符集,用来存储 Unicode 字符集的变长字符型数据,长度<=1 000字节,使用方法和 VARCHAR2 相同。
* LONG:用来存储最大长度为 2GB 的变长字符数据。用于不需要作字符串搜索的长串数据。

LONG 是一种较老的数据类型,将来会逐渐被 BLOB、CLOB、NCLOB 等大的对象数据类型取代。

（3）行

行包括 RAW 和 LONG RAW 两种类型。用来存储二进制数据,不会在字符集间转换。

* RAW:类似于 CHAR,声明方式 RAW(n),"n"为长度,以字节为单位,长度≤2 000 字节。
* LONG RAW:类似于 LONG,作为数据库列最大存储 2GB 字节的数据。

（4）日期

* DATE:范围从公元前 4712 年 1 月 1 日到公元 4712 年 12 月 31 日。

用来存储时间信息,默认格式:DD-MON-YY。存储固定长的日期和时间值,如:'01-1-04'表示 2004 年 1 月 1 日。

（5）行标识

* ROWID:与数据库 ROWID 伪列类型相同,能够存储一个行标识符,可以将行标识符看作数据库中每一行的唯一键值。可以利用 ROWIDTOCHAR 函数来将行标识转换成为字符。

（6）布尔

* BOOLEAN:仅仅可以表示 TRUE、FALSE 或者 NULL。

（7）可信

MLSLABEL:可以在 TRUSTED ORACLE 中用来保存可变长度的二进制标签。在标准 ORACLE 中,只能存储 NULL 值。

2. LOB 类型

大对象（LOB:Large Object）数据类型用于存储类似图像、声音等大型数据对象,LOB 数据对象可以是二进制数据也可以是字符数据,其最大长度不超过 4 GB。主要有:

* BLOB:和 LONG RAW 相似,用来存储无结构的二进制数据。
* CLOB:用来存储字符型数据。
* NCLOB:用来存储定宽多字节字符数据。
* BFILE:它用来允许 Oracle 对数据库外存储的大型二进制文本进行只读形式的访问。

3. 复合(COMPOSITE)类型

标量类型是经过预定义的,利用这些类型可以衍生出一些复合类型。主要有记录和表。

（1）记录

记录可以看作是一组标量的组合结构,它的声明方式如下:

TYPE record_type_name IS RECORD
　　　(filed1 type1［NOT NULL］［:＝expr1］
　　　……
　　　filedn typen［NOT NULL］［:＝exprn］)；

其中,record_type_name 是记录类型的名字。引用时必须定义相关的变量,记录只是 TYPE,不是 VARIABLE。

（2）表

表,不是物理存储数据的表,在这里是一种变量类型,也称为 PL/SQL 表,它类似于 C 语言中的数组,在处理方式上也相似。它的声明方式如下:

TYPE table_type_name IS TABLE OF scalar_type INDEX BY BINARY_INTENER；

其中,table_type_name 是类型的名字,scalar_type 是一种标量类型的类型声明。引用时也必须定义相关的变量。表和数组不同,表有两列:KEY 和 VALUE,KEY 就是定义时声明的 BINARY_INTENER,VALUE 就是定义时声明的 scalar_type。

除了记录和表之外,还有对象类型、集合(嵌套表和 VARRAYS)等类型。

4. 引用(REFERENCE)类型

引用类型有两种,分别是 REF CURSOR 和 REF object_type 类型。REF CURSOR,也就是游标,将在以后的章节中详细介绍。REF object_type 类型指向一个对象。

4.2.3　基本表的创建、修改和撤销

1. 创建基本表

（1）语句格式

基本格式:

CREATE TABLE ＜表名＞（ ＜列名＞　＜数据类型＞［＜列级完整性约束条件＞］
　　　　　　　　　［,＜列名＞　＜数据类型＞［＜列级完整性约束条件＞]]…
　　　　　　　　　［,＜表级完整性约束条件＞］）；

创建基本表的同时通常还可以定义与该表的完整性有关的完整性约束条件,这些完整性约束条件被存入数据字典中,当用户操作表中数据时由 DBMS 自动检查该操作是否违背这些完整性约束条件。如果完整性约束条件涉及该表的多个属性列,则必须定义在表级上,若仅涉及该表的一个属性列则既可以定义在列级也可以定义在表级。

完整的格式请参阅具体的 RDBMS 的 CREATE TABLE 的介绍,在实际使用中,常采用下面的形式定义基本表及其完整性约束条件。

CREATE TABLE ［所有者.］表名
（列名 数据类型［缺省值］［NOT NULL］
［,列名 数据类型［缺省值］［NOT NULL]]…
［,UNIQUE(列名［,列名]…)]
［,［CONSTRAINT ＜约束名＞］PRIMARY KEY (列名[,列名]…)]
［,［CONSTRAINT ＜约束名＞］FOREIGN KEY (列名[,列名]…)

REFERENCES 表名(列名 [，列名]…)] [ON DELETE CASCADE|ON DELETE
　　SET NULL |ON DELETE RESTRICTED]

　　[，CHECK (条件)]) ;

(2) 说明

① <表名>:规定了创建的基本表的名称。在一个数据库中,不允许有两个基本表同名
(应该更严格地说,任何两个关系都不能同名,这就把视图也包括了)。

② 每一列的定义形式是:<列名> <数据类型> [<列级完整性约束条件>]

两列内容之间用西文逗号隔开。

- <列名>:规定了该列(属性)的名称。一个表中不能有两列同名。

- <数据类型>:规定了该列的数据类型。各具体 DBMS 所提供的数据类型是不同的。

- <列级完整性约束条件>:该列上数据必须符合的条件。最常见的有:

　　NOT NULL　　　该列值不能为空

　　NULL　　　　　该列值可以为空

　　UNIQUE　　　　该列值取值唯一,不能有相同者

　　DEFAULT　　　　该列上某值未赋值时的缺省值

③ <表级完整性约束条件>:对整个表的一些约束条件,常见的有定义主码、外码、各列上
数据必须符合的特定条件等。

④ 为了修改和删除约束,需要在定义约束时对约束进行命名,可在约束前加上关键字
CONSTRAINT 和该约束的名称。如果用户没有为约束命名,Oracle 将自动为约束命名。

⑤ 若带 ON DELETE CASCADE 选项,表示当父表中的行被删除时,删除子表中相依赖
的行。若带 ON DELETE SET NULL,表示转换相依赖的外键为空。若带 ON DELETE
RESTRICTED,表示如果父表中的行在子表中引用,则它不能被删除。

⑥ 在使用 Check 约束时,应注意以下情况不可以使用:

- 涉及 CURRVAL, NEXTVAL, LEVEL 和 ROWNUM 伪列。

- 调用 SYSDATE, UID, USER 和 USERENV 函数。

- 涉及其他行中其他值的查询。

⑦ SQL 只要求语句的语法正确就可以,对格式不作特殊规定。一条语句可以放在多行,字
和符号间有一个或多个空格分隔。一般每个列定义单独占一行(或数行),每个列定义中相似的
部分对齐(这不是必需的),从而增加可读性,一目了然。

例 4.1　建立一个"学生"表 S,它由学号 Sno、姓名 Sname、性别 Sex、年龄 Age、专业名
Spec、所在系名 Sdept 共 6 个属性组成。

```
CREATE TABLE S
    (Sno   CHAR(5),
    Sname   VARCHAR2(8) NOT NULL UNIQUE,
        / * 列级完整性约束条件:Sname 取值唯一,不许为空值 */
    Sex   CHAR(2)   CHECK (Sex IN ('男','女')),
    Age   NUMBER(3)   CHECK(Age BETWEEN 12 AND 60),
    Spec   VARCHAR2(16),
```

```
Sdept    VARCHAR2(16),
CONSTRAINT Sno_pk PRIMARY KEY(Sno));    /＊定义 Sno 列为主码＊/
```

执行后,数据库中就新建立了一个名为 S 的表,此表尚无元组(即为空表)。但此表的定义及各约束条件都自动存放进数据字典。

例 4.2　建立一个"课程"表 C,它由课号 Cno、课名 Cname、任课教师 Teacher 三个属性组成。

```
CREATE TABLE C
    (Cno    CHAR(2) PRIMARY KEY,
    Cname    VARCHAR2(20),
    Teacher    VARCHAR2(8));
```

例 4.3　建立一个"选修"表 SC,它由学号 Sno、课号 Cno、成绩 Grade 三个属性组成。

```
CREATE TABLE SC
    (Sno    CHAR(5),
    Cno    CHAR(2),
    Grade NUMBER(3),
    CONSTRAINT SC_pk PRIMARY KEY(Sno,Cno),
        /＊定义 Sno,Cno 列主键＊/
    CONSTRAINT Sno_fk FOREIGN KEY(Sno) REFERENCES S(Sno),
        /＊定义外键＊/
    CONSTRAINT Cno_fk FOREIGN KEY(Cno) REFERENCES C(Cno),
    CONSTRAINT Ck1 CHECK(Grade＞=0 and Grade＜=100));
        /＊定义列级约束条件:Grade 在 0 到 100 之间取值＊/
```

执行后,数据库中又新建了名为 C 和 SC 两个表。

注意:在执行上述新建表的操作之前,应先在具体的 RDBMS 中完成相应数据库的创建。

2. 修改基本表

基本表的结构是可以随环境的变化而修改的,即根据需要增加、修改或删除其中一列(或完整性约束条件),增加或删除表级完整性约束等。

(1) 语句格式

```
ALTER TABLE ＜表名＞
    ［ADD (＜列名＞ ＜数据类型＞［默认值］［＜完整性约束＞])
    ［DROP COLUMN (＜列名＞)]
    ［MODIFY ［COLUMN]( ＜列名＞ ＜数据类型＞［默认值])］
    ［ADD CONSTRAINT ＜完整性约束名＞ ＜完整性约束＞]
    ［ DROP PRIMARY KEY|UNIQUE (列名)|CONSTRAINT ＜完整性约束名＞
        ［CASCADE]]
```

(2) 说明

ADD:为表增加一新列,具体规定与 CREATE TABLE 的类似,但新列必须允许为空(除非有默认值)。

DROP COLUMN:在表中删除一个原有的列。

MODIFY [COLUMN](<列名> <数据类型>[默认值]):修改表中原有列的定义。

ADD CONSTRAINT:增加新的表级约束。

DROP CONSTRAINT:删除原有的表级约束。

例 4.4　将表 S 的 Age 的数据类型改为数值型。

　　ALTER TABLE S MODIFY (Age NUMBER);

例 4.5　在表 S 中增加新属性列"出生日期"Birthday,类型为日期时间型。

　　ALTER TABLE S ADD Birthday DATE;

例 4.6　删除例 3 中创建的约束 Ck1。

　　ALTER TABLE SC DROP CONSTRAINT Ck1 ;

例 4.7　删除例 5 中添加的列 Birthday。

　　ALTER TABLE S DROP COLUMN Birthday ;

（3）重命名表

DDL 语句还包括 RENAME 语句,该语句被用于改变表、视图序列或同义词的名字。

语法:

　　RENAME 旧名 TO 新名;

例 4.8　将 SC 表重新命名为 Detail_SC 表。

　　RENAME SC TO Detail_SC;

3. 撤销基本表

（1）语句格式

　　DROP TABLE <表名> [CASCADE CONSTRAINTS];

（2）说明

此语句一执行,指定的表即从数据库中删除(表被删除,表在数据字典中的定义也被删除),此表上建立的索引和视图也被自动删除(有些系统对建立在此表上的视图的定义并不删除,但也无法使用了)。任何未决的事务被提交,只有表的创建者或具有 DROP ANY TABLE 权限的用户才能删除。

如果要删除表中包含有被其他表外键引用的主码或唯一性约束列,并且希望在删除该表的同时删除其他表中相关的外键约束,需要使用 CASCADE CONSTRAINTS 子句。

例 4.9　删除学生表 S。

　　DROP TABLE S;

4. 截断基本表

通过 TRUNCATE TABLE 语句可以截断基本表,该语句被用于从表中删除所有的行,并且释放该表所使用的存储空间。在使用 TRUNCATE TABLE 语句时,不能回退已删除的行。

语法:

　　TRUNCATE TABLE <表名>;

注意:只有表的所有者或者有 DELETE TABLE 系统权限的用户来截断表。

DELETE 语句也可以从表中删除所有的行,但它不能释放存储空间。TRUNCATE 命令

更快一些,用 TRUNCATE 语句删除行比用 DELETE 语句删除同样的行快一些,原因如下:

- TRUNCATE 语句是数据定义(DDL)语句。并且不产生回滚信息。
- 截断一个表不触发表的删除触发器。

如果表是一个引用完整性约束的父表,在发布 TRUNCATE 语句之前没有禁用约束,则无法完成该表的截断操作。

例 4.10 将表 Detail_SC 删除,并释放其存储空间。

TRUNCATE TABLE Detail_SC ;

5. 添加注释到表中

语法:

COMMENT ON TABLE <表名>| COLUMN <表名.列名> IS′注释文本′;

说明:用 COMMENT 语句给一个列、表、视图或快照添加一个最多 2K 字节的注释。注释被存储在数据字典中,并且可以通过下面的数据字典视图查看 COMMENTS 列:

- ALL_COL_COMMENTS
- USER_COL_COMMENTS
- ALL_TAB_COMMENTS
- USER_TAB_COMMENTS

例 4.11 为 SC 表添加注释"选课表"。

COMMENT ON TABLE SC IS′选课表′;

可以通过设置注释为空串(″)的办法,从数据库中删除一个注释。

例 4.12 删除 SC 表的注释。

COMMENT ON TABLE SC IS″;

4.2.4　索引的创建和撤销

索引是数据库的对象之一,它对数据库的操作效率有着很重要的影响。好的索引可以大大提高对数据库的检索效率,提高查询速度,在检索数据时起到了至关重要的作用。

1. 索引的创建

在一个基本表上,可建立若干索引。索引的建立和删除工作由 DBA 或表的属主(建表人)负责。用户在查询时并不能选择索引,选择索引的工作由 DBMS 自动进行。

索引的使用是有代价的。因为维护索引是一个复杂的算法,需要一定的时间。当对基本表进行插入、删除和修改记录操作时,同时要对索引进行维护。因此,索引的存在会影响基表更新操作的效率。因此,以下几种情况应创建索引:

- 一个列包含一个大范围的值。
- 一个列包含很多的空值。
- 一个或多个列经常同时在一个 WHERE 子句中或一个连接条件中被使用。
- 表很大,并且经常的查询期望取回少于 5% 的行。

与此相对应的,以下几种情况不建议创建索引:

- 表很小。

- 存在不经常在查询中作为条件被使用的列。
- 大多数查询期望取回多于 5% 的行。
- 表经常被更新。
- 被索引的列作为表达式的一部分被引用。

索引的创建有两种方式：自动和手动。自动方式即在一个表的定义中，当定义一个 PRIMARY KEY 或 UNIQUE 约束时，一个唯一索引被自动创建。手动方式，是指用户在列上创建索引来加速对行的访问。手动创建索引的语句格式如下：

（1）语句格式

    CREATE [UNIQUE] INDEX <索引名>

        ON <表名> (列名[ASC|DESC][，列名[ASC|DESC]]…)；

（2）说明

① 本语句为指<表名>建立一个索引，索引名为<索引名>。

② 本语句建立索引的排列方式为：首先以第一个列的值排序；该列值相同的记录，按下一列的值排序；以此类推。

③ 每个列名后都可指定 ASC(升序)或 DESC(降序)。若不指定，默认为 ASC(升序)。

④ 可选项 UNIQUE 的含义是：规定索引的每一个索引值只对应于表中唯一的记录。

例 4.13　为学生课程数据库中的学生表 S 和选修表 SC 两个表建立索引。其中表 S 按 sno 升序建立唯一索引，表 SC 按 sno 升序和 cno 降序建立唯一索引。

    CREATE UNIQUE INDEX S_idx ON S(Sno)；

    CREATE UNIQUE INDEX SC_idx ON SC(Sno ASC，Cno DESC)；

2. 索引的撤销

索引太多，索引的维护开销也将增大。因此，不必要的索引应及时删除。

（1）语句格式

    DROP INDEX <索引名>；

（2）说明

本语句将删除指定的索引。该索引在数据字典中的描述也将被删除，但基本表仍然存在。

例 4.14　删除 S 表的 S_idx 索引。

    DROP INDEX S_idx；

4.3　SQL 的数据查询

查询是数据库应用的核心内容。SQL 语言的 SELECT 查询命令功能丰富，使用方法灵活，可以满足用户的任何要求。使用 SELECT 语句时，用户不需指明被查询关系的路径，只需要指出关系名，查询什么，有何附加条件即可。

SELECT 既可以在基本表关系上查询，也可以在视图关系上查询。因此，下面介绍的语句中的关系既可以是基本表，也可以是视图。读者目前可把关系专指为基本表，到介绍视图操作时,再把它与视图联系起来。

4.3.1 SELECT 语句的基本格式

1. 语句格式

SELECT 语句的一般格式为:

> SELECT [ALL|DISTINCT] <目标列表达式>
>   [[AS]<别名>] [, <目标列表达式> [[AS]<别名>],…]
> FROM <关系名> [<关系别名>][, <关系名> [<关系别名>],…]
> [WHERE <条件表达式>]
> [GROUP BY <用于分组的列名>] [HAVING <对组再选择的条件表达式>]
> [ORDER BY <用于排序的列名>[ASC|DESC][, <用于排序的列名>
>   [ASC|DESC]],…];

其含义是,根据 WHERE 子句的<条件表达式>,从 FROM 子句指定的关系(基本表或视图)中找出满足条件的元组,再按 SELECT 子句中的<目标列表达式>,选出元组中的属性值形成结果表。如果有 GROUP 子句,则会将结果按<用于分组的列名>的值进行分组,该属性值相等的元组为一个组。通常会在每组中使用集函数。如果 GROUP 子句带 HAVING 短语,则只有满足指定条件的组才能输出。如果有 ORDER 子句,则查询结果按<用于排序的列名>的值的升序或降序排序。

SELECT 语句既可完成简单的单表查询,也可以完成多表查询甚至是复杂的嵌套查询。

2. 说明

(1) ALL|DISTINCT

如果从关系中查询出符合条件的元组,但输出部分属性值,结果关系中就可能有重复元组存在。选择 DISTINCT,则每组重复元组只输出一条元组;选择 ALL,则所有重复元组全部输出,默认为 ALL。

(2) <目标列表达式>

一般地,每个目标列表达式本身将作为结果关系列名,表达式的值作为结果关系中该列的值。一个目标列表达式的一般格式为:

a) [<关系名>.]<属性列名>

若被查询各关系中,只有一个关系有该属性,则关系名可省略。

b) [<关系名>.] *

若结果关系的各列正好是某被查询的关系的所有属性时,则可用此格式。若被查询的关系只有一个,则上述关系名也可省略。

c) 不含有任何被查询关系中属性名的表达式

最极端时,该表达式只由一个常量组成,则该列的列名和各元组的分量都为此常量。

d) [<关系名>.]<目标列表达式>

表达式中可以对目标列施加算术运算和函数运算。各实际 RDBMS 提供的函数不尽相同,但一般都提供如下的集函数:COUNT()、MAX()、MIN()、SUM()、AVG()等。

(3) <别名>

a) 对目标列表达式可以起别名

没有此别名时,一个目标列表达式即为结果关系中此列的列名。当此目标列表达式是一个被查询关系的某列名时,这是没问题的。但当此目标列表达式是一个有着＋、－、＊、/等符号的表达式时,此列名将会使列的含义含糊。特别地,当此目标列表达式包含有函数时,情况更是如此。为此,SQL 提供了由用户另外为目标列表达式规定列名的手段,就是这里的＜别名＞。

当没有此＜别名＞时,目标列表达式即为结果关系中该列的列名;当给出一个＜别名＞时,结果关系中该列的列名即为此＜别名＞(但结果关系中各元组在此列上的分量仍为该目标列表达式的值)。

注意:在 SELECT 列表中的列名后面指定别名,列名和别名之间使用"AS"保留字或使用空格分开。默认情况下,别名标题用大写字母显示。如果别名中包含空格或者特殊字符(如＃或＆),或者大小写敏感,将别名放在双引号("")中。

b) 使用连字运算符

使用连字运算符"||",可以进行列与列之间,列与算术表达式之间或者列与常数值之间的连接,来创建一个字符表达式。连字运算符两边的列被合成一个单个的输出列。

例 4.15　Select Sname||Sdept AS "student" FROM S;

注意:在例子中,Sname 和 Sdept 被连接合并到一个单个的输出列,并且被指定为列别名student。

c) 使用文字字符串

文字字符串是包含在 SELECT 列表中的一个字符串,一个数字或者一个日期,并且不是列名或者别名。对每个返回行打印一次。任意格式文本的文字字符串能够被包含在查询结果中,并且作为 SELECT 列表中的列处理。

日期和字符文字必须放在单引号中,数字不需要。

例 4.16　Select Sname||'is long to '||Sdept AS "student" FROM S;

(4) FROM ＜关系名＞[＜关系别名＞][,＜关系名＞[＜关系别名＞]]…

此子句指明了被查询的各关系的关系名。有时,一个关系会被查询两次,这时就需要把先后查询的同一关系区分开来。使用＜关系别名＞即可达到此目的。

(5) WHERE ＜查询条件表达式＞。本子句给出查询条件。常用的查询条件如表 4.4 所示。

表 4.4　常用的查询条件

查询条件	谓　　词
比　　较	＝,＞,＜,＞＝,＜＝,＜＞,NOT＋上述比较运算符
确定范围	BETWEEN… AND … ,NOT BETWEEN … AND …
确定集合	IN ,NOT IN
字符匹配	LIKE ,NOT LIKE
空　　值	IS NULL ,IS NOT NULL
多重条件	AND,OR

条件表达式常见形式如下:

　　a) <属性名>θ<属性名>,<属性名>θ<常量>

θ为比较运算符,比较条件成立,条件表达式值为真,否则为假。

　　b) <属性名> [NOT] BETWEEN <常量1> AND <常量2>

其中,<常量1>为下限,<常量2>为上限。无[NOT]时,属性值在<常量1>和<常量2>之间,条件表达式值为真,否则为假;有[NOT]时,则相反。

　　c) <属性名> [NOT] IN (<常量清单>)

无[NOT]时,属性值在<常量清单>中,条件表达式值为真,否则为假;有[NOT]时,则相反。

　　d) <属性名> [NOT] LIKE <含有通配符的字符串> [ESCAPE'<换码字符>']

通配符有"％"和"_"两种:"％"表示任意长度(0到n个)的字符串,"_"表示任意单个字符。

无[NOT]时,值与该字符串匹配,条件表达式值为真,否则为假;有[NOT]时,则相反。

若通配符"％"和"_"本身就是字符串内容的一部分,则可增加短语 ESCAPE 解释之。

　　e) <属性名> IS [NOT] NULL

无[NOT]时,属性值为 NULL,条件表达式值为真,否则为假;有[NOT]时,则相反。

　　f) <条件表达式> [AND|OR <条件表达式>]…

其中,各<条件表达式>本身为逻辑值(真或假)。

特别注意,WHERE 子句中不能用集函数作为条件表达式。

　　(6) GROUP BY <用于分组的列名> [HAVING <对组再选择的条件表达式>]

把查询所得元组根据 GROUP BY 中<用于分组的列名>进行分组。在这些列上,对应值都相同的元组分在同一组;若无 HAVING 子句,则各组分别输出;若有 HAVING 子句,只有符合条件的组才输出。

一般地,当 SELECT 的<目标列表达式>有集函数时,才使用 GROUP 子句。

　　(7) ORDER BY <用于排序的列名> [ASC|DESC]

有了 ORDER BY 子句后,SELECT 语句的查询结果表中各元组将排序输出:首先按第一个<用于排序的列名>值排序;值相同者,再按下一个<用于排序的列名>值排序,以此类推。

若某列名后有 DESC,则以该列名值排序时为降序排列;有 ASC,则以该列名值排序时为升序排列,默认为升序排列。排序时,空值一般作为最大值处理(注:也有的系统将空值作为最小值处理)。

注:ORDER BY 子句放在 SELECT 语句的最后。

3. 应用举例

本章部分示例给出结果,其数据库由 4.2.2 小节定义的三个表(学生表 S,课程表 C,成绩表 SC)组成,假设各表的数据下表 4.5 所示:

表 4.5(a)　学生表 S

Sno	Sname	Sex	Age	Spec	Sdept
00101	李勇	男	20	计算机软件	计算机系
00202	刘诗晨	女	19	信息管理	信息系
01301	李勇敏	女	19	计算机应用	计算机系
01302	贾向东	男	22	计算机应用	计算机系

| 表 4.5(b)　课程表 C ||| 表 4.5(c)　成绩表 SC |||
Cno	Cname	Teacher
1	数据库	程军
2	离散数学	刘兵
3	管理信息系统	王丹
4	操作系统	王丹
5	数据结构	刘兵
6	数据处理	张诚
7	C 语言	张诚

Sno	Cno	Grade
00101	1	92
00101	2	88
01301	2	86
01301	4	78
01301	5	55

（1）简单查询

选择表中的全部列或部分列，这就是投影运算。

a）查询表中的若干列

· 选择表中的指定列

例 4.17　查询全体学生的姓名、学号、所学专业、所在系。

  SELECT Sname，Sno，Spec，Sdept FROM S；

· 选择全部列

例 4.18　查询全体学生的详细情况。

  SELECT ＊ FROM S；

该查询等价于：

  SELECT Sno，Sname，Sex，age，Spec，Sdept FROM S；

· 使用列表达式

例 4.19　查询全体学生的姓名以及他们的出生年份。

  SELECT Sname，2010－Age AS "Year of Birth" FROM S；

Sname	Year of Birth
李勇	1990
刘诗晨	1991
李勇敏	1991
贾向东	1988

注意：使用 AS ＜别名＞，在显示时列名便以该别名来显示，AS 可省略。

选择表中的若干元组，这就是选择运算。

b）消除取值重复的行

例 4.20　查询学生所在系。

  SELECT Sdept FROM S；

查询结果为：

  Sdept

　　　　　　——

　　　　　　计算机系

　　　　　　信息系

　　　　　　计算机系

　　　　　　计算机系

　　从以上查询结果可以发现,结果出现了许多重复的值,为了消除重复的行,可使用以下查询语句:

　　　　　　SELECT DISTINCT Sdept FROM S;

　　查询结果为:

　　　　　　Sdept

　　　　　　——

　　　　　　计算机系

　　　　　　信息系

　　c) 比较大小

　　例 4.21　查询所有年龄在 22 岁以下的学生姓名及其年龄。

　　　　　　SELECTS name,Age FROM S WHERE Age<22;

　　d) 确定范围

　　例 4.22　查询所有年龄在 20~25 岁(包括 20 岁和 25 岁)间的学生的姓名、专业和年龄。

　　　　　　SELECT Sname,Spec,Age FROM S WHERE Age BETWEEN 20 AND 25;

　　e) 确定集合

　　例 4.23　查询成绩为 80,85 或 90 的学生的学号。

　　　　　　SELECT Sno FROM SC WHERE Grade IN (80,85,90);

　　f) 字符匹配

　　例 4.24　查询所有不姓"王"的学生的姓名。

　　　　　　SELECT Sname FROM S WHERE Sname NOT LIKE ′王％′;

　　g) 涉及空值的查询

　　例 4.25　查询缺少成绩的学生的学号和相应的课程号。

　　　　　　SELECT Sno,Cno FROM SC WHERE GRADE IS NULL;

　　h) 多重条件查询

　　例 4.26　查询所有年龄为 18 岁的女学生的学号、姓名、专业。

　　　　　　SELECT Sno,Sname,Spec FROM S WHERE Age=18 AND Sex=′女′;

　　i) 对查询结果排序

　　例 4.27　查询全体学生情况,查询结果按所在系的系名升序排列,若是同一系的,则按专业名升序排列,若又是同一专业的,则按年龄降序排列。

　　　　　　SELECT ＊ FROM S ORDER BY Sdept,Spec,Age DESC;

　　（2）连接查询

　　若一个查询同时涉及两个以上的关系,则称之为连接查询。连接查询是关系数据库中最主要的查询,包括等值连接查询、自然连接查询、非等值连接查询、自身连接查询、外连接查询和复合条件连接查询。

连接查询中用来连接两个表的条件称为连接条件或连接谓词,其一般格式为:

[<表名 1>.]<列名> <比较运算符> [<表名 2>.]<列名 2>

其中比较运算符主要有:=,<>,<,>,<=,>=。

当连接运算符为"="时,称为等值连接。使用其他运算符称为非等值连接。连接谓词中的列名称为连接字段。连接条件中的各连接字段类型必须是可比的,但不必是相同的。

此外,连接谓词还有:[NOT] IN ([不在]列表),[NOT] BETWEEN([不]介于之间),[NOT] LIKE(模式[不]匹配)。

连接运算中有两种特殊情况,一种为广义笛卡儿积(连接),另一种为自然连接。广义笛卡儿积是不带连接谓词的连接。两个表的广义笛卡儿积是两表中元组的交叉乘积,其连接结果会产生一些没有意义的元组,所以这种运算实际很少使用。若在等值连接中把目标列中重复的属性列去掉则为自然连接。

a) 广义笛卡儿积(连接)

例 4.28　求出学生表 S 和课程表 C 的广义笛卡儿积。

　　SELECT S. * , C. * FROM S, C;

b) 等值连接

例 4.29　查询每个学生基本情况以及他们学习课程的情况。

　　SELECT S. * , SC. *

　　　FROM S, SC

　　WHERE S. Sno=SC. Sno;

查询结果为:

Sno	Sname	Sex	Age	Spec	Sdept	Sno	Cno	Grade
00101	李勇	男	20	计算机软件	计算机系	00101	1	92
00101	李勇	男	20	计算机软件	计算机系	00101	2	88
01301	李勇敏	女	19	计算机应用	计算机系	01301	2	86
01301	李勇敏	女	19	计算机应用	计算机系	01301	4	78
01301	李勇敏	女	19	计算机应用	计算机系	01301	5	55

c) 自然连接

例 4.30　用自然连接完成例 29。

　　SELECT S. Sno, Sname, Sex, Age, Spec, Sdept, Cno, Grade

　　　FROM S, SC

　　WHERE S. Sno=SC. Sno;

查询结果为:

Sno	Sname	Sex	Age	Spec	Sdept	Cno	Grade
00101	李勇	男	20	计算机软件	计算机系	1	92
00101	李勇	男	20	计算机软件	计算机系	2	88

01301	李勇敏	女	19	计算机应用	计算机系	2	86
01301	李勇敏	女	19	计算机应用	计算机系	4	78
01301	李勇敏	女	19	计算机应用	计算机系	5	55

d) 自身连接

连接操作不仅可以在两个表之间进行,也可以是一个表与其自身进行连接,称为表的自身连接。

例 4.31　查询所有选修"1"号课程并且成绩高于"00101"学生成绩的学生的学号、成绩。

SELECT X. Sno, X. Grade

FROM SC X, SC Y

WHERE X. Grade>Y. Grade

　　AND X. Cno='1' AND Y. Cno='1' AND Y. Sno='00101';

e) 外连接

在通常的连接操作中,只有满足连接条件的元组才能作为结果输出。这时有些用户需要的信息,在结果中就无法出现,这时就需要使用外连接(Outer Join)。不同的数据库有不同的表示方式,在 Oracle 9i 之前的传统的表示方法为,在连接谓词的某一边加符号"(+)",如左外连接就在"="右侧加符号"(+)",右外连接就在"="左侧加符号"(+)"。在 Oracle 9i 之后还可以使用如下方式表示外连接:

SELECT 参数列表 FROM 表名 1 {LEFT|RIGHT|FULL} OUTER JOIN 表名 2 ON 连接条件

其中,左外连接的含义是位于左外连接左侧的表中的数据全部显示,而位于右侧的表中的数据如果没有匹配的值,则为空;右外连接刚好与左外连接相反,其含义是位于右外连接右侧的表中的数据全部显示,而位于左侧的表中的数据如果没有匹配的值,则为空;全外连接则是左右外连接的组合。

注意:传统的 Oracle 语法中没有全外连接。

例 4.32　查询每个学生以及他们的学习课程的情况,若某个学生没有选课,则只输出其基本情况信息,其选修课信息为空。

SELECT S. Sno, Sname, Sex, Age, Spec, Sdept, Cno, Grade

FROM S, SC

WHERE S. Sno=SC. Sno(+);

或者为:

SELECT S. Sno, Sname, Sex, Age, Spec, Sdept, Cno, Grade

FROM S LEFT OUTER JOIN SC ON S. Sno=SC. Sno;

查询结果为:

Sno	Sname	Sex	Age	Spec	Sdept	Cno	Grade
00101	李勇	男	20	计算机软件	计算机系	1	92
00101	李勇	男	20	计算机软件	计算机系	2	88
00202	刘诗晨	女	19	信息管理	信息系	NULL	NULL

01301	李勇敏	女	19	计算机应用	计算机系	2	86
01301	李勇敏	女	19	计算机应用	计算机系	4	78
01301	李勇敏	女	19	计算机应用	计算机系	5	55
01302	贾向东	男	22	计算机应用	计算机系	NULL	NULL

f) 复合条件连接

连接查询中,WHERE 子句中可以有多个连接条件,称为复合条件连接。

连接操作除了可以是两表连接、一个表与其自身连接外,还可以是两个以上的表进行连接,后者通常称为多表连接。

例 4.33　查询计算机系每个学生的学习成绩情况及其学号、姓名。

  SELECT S. Sno, Sname, Cno, Grade

  FORM S, SC

  WHERE S. Sno＝SC. Sno

   AND S. Sdept＝′计算机系′;

例 4.34　查询选修"数据库"并且成绩不及格的所有学生的学号、姓名。

  SELECT S. Sno, Sname

  FORM S, C, SC

  WHERE S. Sno＝SC. Sno

   AND C. Cno＝SC. Cno

   AND C. Cname＝′数据库′

   AND SC. Grade＜60;

(3) 分组查询

a) 集函数

为了增强检索功能,SQL 提供了许多集函数,主要有:

COUNT (〔DISTINCT|ALL〕 ＊)　　　统计元组个数

COUNT (〔DISTINCT|ALL〕 ＜列名＞)　统计一列中值的个数

SUM (〔DISTINCT|ALL〕 ＜列名＞)　　计算一列值的总和(此列必须是数值型)

AVG (〔DISTINCT|ALL〕 ＜列名＞)　　计算一列值的平均值(此列必须是数值型)

MAX (〔DISTINCT|ALL〕 ＜列名＞)　　求一列值中的最大值

MIN (〔DISTINCT|ALL〕 ＜列名＞)　　求一列值中的最小值

例 4.35　查询计算机系的学生人数。

  SELECT COUNT(＊) FORM S

  WHERE S. Sdept＝′计算机系′;

例 4.36　查询选修"2"号课程的学生人数和平均成绩。

  SELECT COUNT(sno), AVG(Grade) FORM SC

  WHERE SC. Cno＝′2′;

b) 对查询结果分组

例 4.37　查询各门课程的课程号及相应的学生人数和平均成绩。

  SELECT Cno, COUNT(distinct sno), AVG(Grade)

FORM SC

GROUP BY Cno；

例 4.38　查询开设专业数少于 3 个的系名及专业数。

SELECT Sdept，COUNT(distinct Spec)

FORM S

GROUP BY Sdept

HAVING COUNT(distinct Spec)＜3；

4.3.2　嵌套查询

1. 嵌套查询的含义

在 SQL 语言中，一个 SELECT-FROM-WHERE 语句称为一个查询块。将一个查询块嵌套在另一个查询块的 WHERE 子句或 HAVING 短语的条件中的查询称为嵌套查询。上层的查询块称为外层查询或父查询，下层查询块称为内层查询或子查询。SQL 语句允许多层嵌套查询。即一个子查询还可以嵌套其他子查询。需特别指出的是，子查询的 SELECT 语句中不能使用 ORDER BY 子句。ORDER BY 子句只能对最终的查询结果排序。

求解嵌套查询的一般方法是由里向外，逐层处理。即子查询在它的父查询处理前先求解，子查询的结果作为其父查询查找条件的一部分。

有了嵌套查询后，SQL 的查询功能就变得更丰富多彩。复杂的查询可以用多个简单查询嵌套来解决，一些原来无法实现的查询也因有了多层嵌套查询而迎刃而解。

2. 嵌套查询中的子查询的形式

嵌套查询时 WHERE 中＜查询条件表达式＞的格式有以下几种：

(1) 不相关子查询

若子查询的查询条件不依赖于父查询，则这类查询称为不相关子查询。子查询一般写在谓词之后。

a)＜属性名＞［NOT］IN（SELECT 子查询）

无［NOT］时，只要属性值在 SELECT 子查询结果中，条件表达式的值为真，否则为假；有［NOT］时，则相反。

b)＜属性名＞θ（SELECT 子查询）

当用户确切知道子查询结果为单值，可使用该形式。其中 θ 为比较运算符。

c)＜属性名＞θ［ANY|ALL］（SELECT 子查询）

使用 ANY 或 ALL 谓词时必须同时使用比较运算符。其语意为：

＞ANY	大于子查询结果中的某个值
＞ALL	大于子查询结果中的所有值
＜ANY	小于子查询结果中的某个值
＜ALL	小于子查询结果中的所有值
＞＝ANY	大于等于子查询结果中的某个值
＞＝ALL	大于等于子查询结果中的所有值

　　　　<=ANY　　小于等于子查询结果中的某个值

　　　　<=ALL　　小于等于子查询结果中的所有值

　　　　=ANY　　　等于子查询结果中的某个值

　　　　=ALL　　　等于子查询结果中的所有值

　　　　<>ANY　　不等于子查询结果中的某个值

　　　　<>ALL　　不等于子查询结果中的所有值

　　该类查询也可以用如下形式等价转换：<属性名>θ(使用集函数的 SELECT 子查询)。其
对应转换关系如表 4.6 所示。

表 4.6　ANY 或 ALL 谓词与集函数及 IN 谓词的等价转换关系

	=	<>	<	<=	>	>=
ANY	IN	无意义	<MAX	<=MAX	>MIN	>=MIN
ALL	无意义	NOT IN	<MIN	<=MIN	>MAX	>=MAX

　　d)［NOT］BETWEEN <下限> AND <上限>中的<下限>和<上限>也可以是子
查询。

　　这种情况下子查询结果必须为单值，作为边界。

　　(2) 相关子查询

　　查询条件表达式格式：［NOT］EXISTS (SELECT 子查询)

　　EXISTS 代表存在量词。在此格式中，子查询不返回任何数据，只产生逻辑值：无［NOT］
时，子查询查到元组，条件表达式值为真，否则为假；有［NOT］时，则相反。

　　此格式的子查询中，<目标列表达式>一般都用"＊"号(是其他的属性名也可以，但无实际
意义。因此，为了方便用户起见，一般用"＊")。

　　这类子查询的求解方式与前面是不同的(重复一遍，一般来说，子查询都在其父查询处理前
求解)。在这里，子查询的查询条件往往依赖于其父查询的某属性值。这类查询称为相关子查询。

　　求执行相关子查询的过程为：从外查询的关系中依次取一个元组，根据它的值在内查询进
行检查，若 WHERE 子句为真，将此元组放入结果表(为假，则舍去)。这样反复处理，直至外查
询关系的元组全部处理完为止。

　　3. 应用举例

　　例 4.39　查询与"李勇敏"学习同一专业的学生的学号和姓名。

　　　　SELECT Sno，Sname FROM S

　　　　WHERE Spec IN

　　　　(SELECT Spec FROM S WHERE Sname＝'李勇敏')；

　　例 4.40　查询其他系中比计算机系某一学生年龄小的学生学号、姓名和年龄。

　　　　SELECT Sno，Sname，Age FROM S

　　　　WHERE Age < ANY(SELECT Age FROM S WHERE Sdept＝'计算机系')

　　　　AND Sdept<>'计算机系'；

　　该查询等价于：

```
SELECT Sno，Sname，Age FROM S
WHERE Age ＜ (SELECT MAX(Age) FROM S WHERE Sdept='计算机系')
    AND Sdept<>'计算机系';
```

例 4.41 查询其他系中比计算机系所有学生年龄都小的学生学号、姓名和年龄。

```
SELECT Sno，Sname，Age FROM S
WHERE Age ＜ ALL(SELECT Age FROM S WHERE Sdept='计算机系')
    AND Sdept<>'计算机系';
```

该查询等价于：

```
SELECT Sno，Sname，Age FROM S
WHERE Age ＜ (SELECT MIN(Age) FROM S WHERE Sdept='计算机系')
    AND Sdept<>'计算机系';
```

例 4.42 查询所有学习"2"号课程的学生的学号、姓名。

```
SELECT Sno,Sname FROM S
WHERE EXISTS
    (SELECT  *
    FROM SC
    WHERE Sno=S. Sno
        AND Cno='2');
```

例 4.43 查询学习了全部课程的学生姓名。

```
SELECT Sname
FROM S
WHERE NOT EXISTS
    (SELECT  *
    FROM C
    WHERE NOT EXISTS
        (SELECT  *
        FROM SC
        WHERE Sno=S. Sno
            AND Cno=C. Cno));
```

例 4.44 查询至少学习了"00101"同学选修的全部课程的学生学号。

```
SELECT distinct Sno
FROM SC SC1
WHERE NOT EXISTS
    (SELECT  *
    FROM SC SC2
    WHERE SC2. sno='00101'
        AND NOT EXISTS
            (SELECT  *
```

FROM SC SC3

WHERE Sno＝SC1. Sno

　　AND Cno＝SC2. Cno））；

4.3.3　多个 SELECT 语句的集合操作

当需要将两个或者更多的 SELECT 语句结合起来,可以通过集合运算符来完成。Oracle 9i 支持下面 4 种类型的集合运算符。

* UNION ALL:集合并操作,将两个 SELECT 语句各自得到的结果集并为一个集,且不去掉重复行。
* UNION:集合并操作,将两个 SELECT 语句各自得到的结果集并为一个集,且去掉重复行。
* INTERSECT:集合交操作,将两个 SELECT 语句中的公共部分返回。
* MINUS:集合差操作,从第一个查询结果中去掉第二个查询结果中的内容,然后返回最后结果集。

例 4.45　查询"1"号课程成绩大于 90 分或者"2"号课程成绩大于 90 分的学生的学号。

SELECT Sno FROM SC WHERE Cno＝'1'AND Grade＞90

UNION

SELECT Sno FROM SC WHERE Cno＝'2'AND Grade＞90；

其结果不包括重复行。

例 4.46　查询计算机系的学生和年龄不小于 20 岁的学生的交集。

SELECT ＊ FROM S WHERE Sdept＝'计算机系'

INTERSECT

SELECT ＊ FROM S WHERE Age＞＝20 ；

对于本题,也可以用下列语句实现。

SELECT ＊ FROM S WHERE Sdept＝'计算机系'AND Age＞＝20；

例 4.47　查询计算机系的学生和年龄不小于 20 岁的学生的差集。

SELECT ＊ FROM S WHERE Sdept＝'计算机系'

MINUS

SELECT ＊ FROM S WHERE Age＞＝20；

对于本题,也可以用下列语句实现。

SELECT ＊ FROM S WHERE Sdept＝'计算机系'AND Age＜20；

4.4　SQL 的数据操作

创建表的目的是为了存储和管理、查询数据,实现数据存储的前提是向表中添加数据;实现表的管理经常要修改、删除表中的数据。SQL 提供了数据更新功能,包括 INSERT、DELETE、UPDATE 分别完成对表的插入、删除和更新操作。

4.4.1　插入数据

SQL 的数据插入语句 INSERT 通常有两种形式。一种是插入一个元组,另一种是插入子查询结果。后者可以一次插入多元组。

1. 插入单个元组

插入单个元组的 INSERT 语句的格式为:

　　　　INSERT INTO <表名> [(列名[,列名],…)]

　　　　VALUES(值[,值],…);

插入单个元组,按顺序在表名后给出表中每个列名,在 VALUES 后给出对应的每个列值(列值须为常量)。插入一个完整的新元组时,可省略表的列名。插入部分列值,必须在表名后给出要输入值的列名(但该表定义时,说明为 NOT NULL 且无默认值的列名必须给出),INTO 子句中没有出现的列,新记录在这些列上将取空值。

必须注意的是,在表定义时说明了 NOT NULL 的属性列不能取空值,否则会出错。如果 INTO 字句中没有指明任何列名,则插入的记录必须在每个属性列上均有值。

例 4.48　插入一个学生纪录(Sno:02001,Sname:李强,Sex:男,Age:21,Spec:信息管理,Sdept:信息系)到 S 表中。

　　　　INSERT INTO S VALUES('02001','李强','男',21,'信息管理','信息系');

例 4.49　插入一条学习纪录('01302','1',80)到 SC 表中。

　　　　INSERT INTO SC VALUES('01302','1',80);

例 4.50　插入另一条学习纪录('01302','2')到 SC 表中。

　　　　INSERT INTO SC(Sno, Cno) VALUES('01302','2');

注意:例 4.50 为隐式方法,该方法省略字段列表中的列 Grade,该条记录的 Grade 列取空值。它也可以用显式方法实现,即在 VALUES 子句中指定 NULL 保留字。

　　　　INSERT INTO SC VALUES('01302','2',NULL);

2. 插入子查询结果

子查询不仅可以嵌套在 SELECT 语句中,用以构造父查询的条件,也可以嵌套在 INSERT 语句中,用以生成要插入的批量数据。

插入子查询结果的 INSERT 语句的格式为:

　　　　INSERT INTO 表名 [(列名[,列名],…)] 子查询;

注意:在使用子查询的结果插入元组时,子查询的结果必须匹配待插入表中的列数,并和相应各列数据类型兼容。如果表格中存在某些列定义为 NOT NULL,那么子查询的结果在该列上必须有值,否则插入会失败。

例 4.51　求出每门课的平均分,并把结果存入数据库某一表中。

首先,在数据库中新建一表,其中一列存放课程号,一列存放相应的学生平均成绩。

　　　　CREATE TABLE Courseavg (Cno CHAR(2) NOT NULL,

Cavg NUMBER(5，2));

然后，对 SC 表按课程号分组求平均分，并把课程号和平均分存入上表中。

  INSERT INTO Courseavg(Cno，Cavg)

    SELECT Cno，AVG(Grade)

    FROM SC

    GROUP BY Cno；

4.4.2　修改数据

修改数据的 UPDATE 语句的格式为：

  UPDATE ＜表名＞

    SET 列名＝{表达式｜(子查询)}

      [，列名＝{ 表达式｜(子查询) }，…]

  [WHERE ＜条件表达式＞]；

语句功能是修改指定表中满足 WHERE 子句条件的元组。其中 SET 子句给出＜表达式＞的值用于取代相应的属性列值。如果省略 WHERE 子句，则表示要修改表中的所有元组。

  a) 修改某一个元组的值

例 4.52　将学号为"00101"同学的专业改为"计算机应用"。

  UPDATE S SET Spec＝′计算机应用′ WHERE Sno＝′00101′；

  b) 修改多个元组的值

例 4.53　将所有选修"2"号课程学生的成绩加 5 分。

  UPDATE SC SET Grade＝Grade＋5 WHERE Cno＝′2′；

  c) 带子查询的修改语句

例 4.54　将所有选修"数据库"课程学生的成绩置零。

  UPDATE SC

  SET Grade ＝ 0

  WHERE ′数据库′＝(SELECT cname FROM C WHERE Cno＝SC. Cno)；

4.4.3　删除数据

删除数据的 DELETE 语句的格式为：

  DELETE FROM ＜表名＞[WHERE ＜条件表达式＞]；

WHERE 子句中的条件表达式给出被删除元组应满足的条件；若不写 WHERE 子句，表示删除表中的所有元组，但表的定义仍存在。本语句将在指定＜表名＞中删除所有符合＜条件表达式＞的记录。

  (1) 删除某一个元组

例 4.55　删除学号为"01302"的学生纪录。

  DELETE FROM S WHERE Sno＝′01302′；

(2) 删除多个(全部)元组

　　例 4.56　删除课程表的所有纪录。

　　DELETE FROM C;

(3) 带子查询的删除语句

　　例 4.57　删除所有"王丹"老师所教课程的选修纪录。

　　DELETE FROM SC

　　WHERE ′王丹′＝(SELECT Teacher

　　FROM C WHERE Cno＝SC. Cno)；

4.4.4　更新操作与数据库的一致性

　　上述增删改语句一次只能对一个表进行操作。但有些操作必须在几个表中同时进行,否则就会产生数据的不一致性。

　　例 4.58　第一条语句删除 2 号课程。

　　DELETE FROM C WHERE Cno＝′2′;

　　第二条语句删除所有选修 2 号课程的选修纪录。

　　DELETE FROM SC WHERE Cno＝′2′;

　　第一条语句执行后,第二条语句尚未完成前,数据库中数据处于不一致状态。若此时突然断电,第二条语句无法继续完成,则问题就严重了。为此,SQL 中引入了事务概念,把这两条语句作为一个事务,要么全部都做,要么全部不做。有关事务的内容,将在其他章节中介绍。也可以使用参照完整性约束定义或触发器等手段来保证数据的一致性。

4.5　视　　图

　　视图(View)本质上是一个基于查询的逻辑表,视图中数据在物理上是不存在的,只有在操作(查询或更新)视图时,系统才执行视图定义中的子查询,产生视图数据。因此视图是虚表。这些数据存放在原来的基本表中。所以基本表中的数据变化,从视图中查询的数据也随之变化。从这个意义上讲,视图就像一个窗口,透过它可以看见数据库中自己感兴趣的数据及其变化。

　　视图一经定义,就可以和基本表一样被查询,被删除,我们也可以在一个视图上再定义新的视图,但对视图的更新(增加、删除、修改)操作则有一定的限制。

　　视图是数据库系统的一个重要机制。无论从方便用户的角度,还是从加强数据库安全的角度,视图都有着极其重要的作用。

　　用户使用视图时,其感觉与使用基本表是相同的。但有如下不同:

　　· 由于视图是虚表,所以 SQL 对视图不提供建立索引的语句。

　　· SQL 一般也不提供修改视图定义的语句(有此需要时,只要把原定义删除,重新定义一个新的即可,这样不影响任何数据)。

· 对视图中的数据做更新时是有些限制的。

4.5.1　定义视图

1. 语句格式
CREATE|[OR REPLACE] [FORCE|NOFORCE] VIEW ＜视图名＞[(＜列名＞
　　[,＜列名＞], …)]
　　　AS ＜子查询＞
[WITH CHECK OPTION [CONSTRAINT ＜约束名＞]]
[WITH READ ONLY]；

2. 说明
① OR REPLACE:表示如果视图已经存在则可以不删除原视图便可更改其定义并重新创建它。

② FORCE:创建视图,而不管基本表是否已经存在。

　　NOFORCE:只在基本表存在的情况下创建视图(此为默认值)。

③ 视图名:在当前数据库中产生的视图名称,一个视图可以参照当前数据库中的一个或多个表中的多个列。

④ 列名:指视图的列名。视图的列名或者都指定,或者都不指定。缺省情况下,视图的列名与子查询中的目标列名相同。但下列情况必须明确指定列名:

· 视图中的列来自不是单纯的属性名而是算术表达式、函数或常量;

· 查询子句中由于连接多个表,不同表中的列具有相同的列名;

· 视图中的列需要使用新的更合适的名称。

⑤ 其中＜子查询＞可以是任意复杂的 SELECT 语句,但不允许含有 ORDER BY 子句、DISTINCT 短语和 UNION 等语法成分。

⑥ [WITH CHECK OPTION]选项:表示今后对此视图进行 INSERT、UPDATE 和 DELETE 操作时,系统会自动检查视图是否符合原定义视图时子查询中的＜条件表达式＞。如果没有为 CHECK OPTION 的 CONSTRAINT ＜约束名＞命名,系统会自动为之命名,形式为 SYS_Cn。本语句执行后,此视图的定义即进入数据字典,但此时语句中的＜子查询＞并未执行,也即视图数据并未真正生成,只有以后对视图操作后才生成数据。所以说,视图是虚表。

⑦ WITH READ ONLY 用于确保在该视图中没有 DML 操作被执行。

⑧ 可以定义一个基于视图的视图,而不是基于基本表的视图。也可以创建引用几个视图或者视图和基本表组合的视图。

3. 不同种类的视图及示例
（1）行列子集视图

一个视图,如果只从单个基本表导出,且保留了原来的码,只是去掉了原基本表的某些行和非码属性,则该视图称为行列子集视图。这是最简单也是最重要的一类视图。

例 4.59　建立所有女学生的视图,并要求进行修改和插入操作时仍保证该视图只有女学生。

CREATE VIEW F_S
　　AS
　　SELECT Sno，Sname，Sex，Age，Sdept FROM S
　　WHERE Sex='女'
　　WITH CHECK OPTION；

（2）连接视图

若视图从多个基本表（或视图）导出，＜子查询＞必然是连接查询，该视图称为连接视图。

例 4.60　建立所有选修了"2"号课程的女学生的视图。

CREATE VIEW F_S1(Sno，Sname，Spec，Grade)
　　AS
　　SELECT S. Sno，Sname，Spec，Grade FROM S，SC
　　WHERE S. Sno＝SC. Sno AND S. Sex='女' AND SC. Cno='2'；

（3）带有表达式的视图

定义视图时，若设置了一些派生属性（这些属性是原基本表没有的，其值是用一个表达式对原基本表的运算而得到），则此视图称为带有表达式的视图，这些派生属性称为虚拟列。

例 4.61　建立一个反映学生出生年份的视图。

CREATE VIEW BIRTHDAY_S(Sno，Sname，Sbirthday)
　　AS
　　SELECT Sno，Sname，2010－Age FROM S；

（4）分组视图

定义视图时，若使用了集函数和 GROUP BY 子句的查询，则此视图称为分组视图。

例 4.62　将课程的课程号及其平均分定义一个视图。

CREATE VIEW C_G(Cno,Gavg)
　　AS
　　SELECT Cno，AVG(Grade) FROM SC GROUP BY Cno；

4.5.2　撤销视图

语句格式：

DROP VIEW ＜视图名＞；

此语句将把指定视图的定义从数据字典中删除。

一个关系（基本表或视图）被删除后，所有由该关系导出的视图并不自动删除，它们仍在数据字典中，但已无法使用，需显式使用 DROP VIEW 语句将它们一一删除。

例 4.63　删除视图 F_S1。

DROP VIEW F_S1；

4.5.3　视图的查询

对用户来说，对视图的查询与对基本表的查询是没有区别的，都使用 SELECT 语句对有关的关系进行查询工作。在查询时，用户不需区分是对基本表查询，还是对视图查询。SELECT语句中不需(也不可能)标明被查询的关系是基本表还是视图。

对 DBMS 来说，DBMS 执行对视图的查询时，首先进行有效性检查，检查查询的表、视图是否存在。如果存在，则从数据字典中取出视图的定义，把定义中的子查询和用户查询结合起来，转换成等价的对基本表的查询，然后对基本表执行修正了的查询。这一转换称为视图消解。最后，把查询结果(作为本次对视图的查询结果)向用户显示。

例 4.64　在女学生的视图中找出年龄大于 20 岁的学生。

SELECT Sno，Age FROM F_S WHERE Age>20；

本例转换后的查询语句为：

SELECT Sno，Age FROM S WHERE Age>20 AND Sex='女'；

一般情况下，对视图的查询是不会出现问题的。但有时视图消解过程不能给出语法正确的查询条件。对该视图查询时，会出现语法错误，此时，用户需自行把对该视图的查询转化为对基本表的查询。目前，大多数关系 RDBMS 对行列子集视图均能进行正确的视图消解。

4.5.4　视图的更新

1. 视图更新的含义及执行过程

更新视图是指通过视图来插入(INSERT)、删除(DELETE)和修改(UPDATE)数据。由于视图是不实际存储数据的虚表，因此，对视图的更新最终要转换为对基本表的更新(用户在感觉上确实是在对视图更新)。

例 4.65　将女学生视图 F_S 中学号为"00202"的学生姓名改为"刘诗妍"。

UPDATE F_S SET Sname='刘诗妍' WHERE Sno='00202'；

转换为对基本表的更新：

UPDATE S SET Sname='刘诗妍' WHERE Sno='00202' AND Sex='女'；

例 4.66　向女学生视图 F_S 中插入一个新记录，其中学号为"02003"，姓名为"李莉"，性别为'女'，年龄为"21"，系别为"计算机系"。

INSERT INTO F_S VALUES('00203'，'李莉'，'女'，21，'计算机系')；

转换为对基本表的插入：

INSERT INTO S(Sno，Sname，Sex，Age，Sdept) VALUES('00203'，'李莉'，'女'，21，'计算机系')；

例 4.67　删除女学生视图 F_S 中学号为"01301"的记录。

DELETE FROM F_S WHERE Sno='01301'；

转换为对基本表的删除：

DELETE FROM S WHERE Sno='01301'AND Sex='女'；

为了防止用户通过视图对数据进行增加、删除、修改时，有意无意地对不属于视图范围内的基本表数据进行操作，可在定义视图时加上 WITH CHECK OPTION 子句。这样在视图上增删改数据时，DBMS 会检查视图定义中的条件，若不满足条件，则拒绝执行该操作。

2. 视图的可更新性

不是所有的视图都是可更新的，因为有些视图的更新不能有意义地转化成相应基本表的更新,视图有可更新和不可更新之分。

例 4.68 将 C_G 视图中"1"号课程的平均成绩改为"85"分。

    UPDATE C_G SET Gavg=85 WHERE Cno='1';

该操作不能成功执行,因为该视图不可更新。

下面主要讨论视图的可更新性问题。

① 有些视图是各个已有的 RDBMS 都可更新的,这些视图就属于实际可更新的视图。如前面指出的行列子集视图就属于此类。

② 有些视图在理论上就是不可更新的,称为不可更新的视图。如分组视图。

③ 有些视图在理论上是可更新的,但特征较复杂,因此实际上还是不能更新,称为不允许更新的视图。

一般的 DBMS 都支持单表行列子集视图的更新,并有下列限制:

① 若视图的列由表达式或常数组成,则不允许更新。

② 若视图的列由集函数组成,则不允许更新。

③ 若视图定义中有 GROUP BY 子句,则不允许更新。

④ 若视图定义中有 DISTINCT 选项,则不允许更新。

⑤ 若视图定义中有伪列 ROWNUM 关键字,则不允许更新。

⑥ 若视图定义中有嵌套查询,且内外层 FROM 子句中的表是同一个表,则不允许更新。

⑦ 从不允许更新的视图导出的视图是不允许更新的。

⑧ 若视图是由两个以上基本表导出的连接视图,则不允许更新。

注意:不同的 DBMS 对视图的更新有不同的限制,使用时要参照具体的 DBMS 说明。

4.5.5   视图的作用

视图是 SQL 语句支持的三级模式结构中外模式的成份。因此,视图是数据库中数据的物理独立性和逻辑独立性的重要支柱。这在讨论三级模式结构时就已强调了。除此之外,视图还有其他作用,如:

- 视图能方便用户操作;
- 视图可对机密数据提供安全保护;
- 视图使用户以多种角度看待同一数据。

4.6   SQL 的数据控制

SQL 数据控制功能包括事务管理和并发控制,数据库的安全性和数据的完整性控制。

本节只介绍 SQL 语言的安全性控制功能,就是把数据库对象的操作和存取权限授予用户或从用户手中收回权限。DBMS 通过 SQL 的 GRANT 授权语句或 REVOKE 撤销语句,把指定的权限授予或撤销权限的指令存入数据字典中,在用户操作数据时,DBMS 根据数据字典中存入的授权情况,检查用户的操作的合法性。

数据库中的权限包括 CREATE、SELECT、INSERT、DELETE、UPDATE、INDEX、ALTER、REFERENCES、ALL 等操作命令。

4.6.1　授予权限语句 GRANT

目前 DBMS 大都采用自主存取控制保证数据库数据的安全性。通过授权使不同的用户对不同的数据对象有不同的存取权限。Oracle 中的权限分为系统权限和对象权限。

授予权限(GRANT)是指允许具有特定权限的用户有选择地、动态地把某些权限授予其他用户,必要时还可以收回这些权限。

授予用户权限的语句格式如下:

　　　GRANT { <权限表> | ALL } ON <操作对象>
　　　　　TO { <用户 1>[, <用户 2>, …] | PUBLIC }
　　[WITH GRANT OPTION] ;

参数说明:

ALL:将指定对象的所有权限授予用户。

PUBLIC:将指定的权限授予所有用户。

WITH GRANT OPTION:它使得被授权的用户具有授权权限,即被授权的用户有权力将得到的指定权限再授予其他用户。

1. 系统权限

系统权限是指可以执行数据库中的某些操作的权限。包括创建表、创建过程、创建视图和创建会话等。

为用户授予系统权限就是使得该用户具有执行这种操作的能力,授予系统权限的格式如下:

　　　GRANT { ALL[PRIVILEGES]| <系统权限 1> [, <系统权限 2>, …] }
　　　　　TO {<用户 1> [, <用户 2>,…]|PUBLIC}
　　[WITH ADMIN OPTION];

在上面 GRANT 语句中,如果使用参数 WITH ADMIN OPTION,则表示该用户可以将这种系统权限授予其他用户。如果没有 WITH ADMIN OPTION,则表示该用户不能将授予他的系统权限转授予其他用户。

例 4.69　把创建数据库和创建表的权限授给用户"U1"。

　　　GRANT CREATE DATABASE, CREATE TABLE TO U1 ;

例 4.70　把创建视图和创建表的权限授给用户"U2"。

　　　GRANT CREATE VIEW, CREATE TABLE TO U2 ;

2. 对象权限

对象权限是指在数据库中访问指定对象的权限。

在数据库对象创建以后,通常只有创建它的拥有者才可以访问该对象。拥有者可以把对象的访问权限授予其他的合法的数据库用户,其他用户才能访问该数据库对象。

　　对象权限是指对表、视图、用户定义函数和存储过程等的操作权限。

　　当在表或视图上授予对象权限时,对象权限列表可以包括下列这些权限中的一个或多个操作:SELECT、INSERT、DELETE、UPDATE、ALTER 或 ALL。

　　在存储过程上授予的对象权限只可以包括执行存储过程权限 EXECUTE。

　　在函数上授予的对象权限可以包括 EXECUTE 和 REFERENCES。

　　对象权限的管理与系统权限基本相同,也是采用 GRANT 语句来实现授权,但是语法规则稍有不同。授予对象权限的语句格式如下:

```
GRANT { ALL[PRIVILEGES]|<对象权限 1> [,<对象权限 2>,… ]|
    (<列名 1>[,<列名 2>,…])}
    ON {[<模式名>.]<数据库对象名>}
    TO {PUBLIC|<用户 1> [,<用户 2>,… ]}
[WITH GRANT OPTION ];
```

　　如果指定了 WITH GTANT OPTION 子句,则获得某种权限的用户还可以把这种权限再授予其他的用户。如果没有指定 WITH GRANT OPTION 子句,则获得某种权限的用户只能使用该权限,但不能传播该权限。

　　例 4.71　把对 S 表的查询权限及对属性 Sname、Age 修改的权限授予用户“U3”。

　　GRANT SELECT, UPDATE(Sname, Age) ON S TO U3;

　　例 4.72　把对 C 表的查询权限授给所有用户。

　　GRANT SELECT ON C TO PUBLIC;

　　例 4.73　把对 SC 表的全部操作权限授给用户“U4”和“U5”。

　　GRANT ALL ON SC TO U4, U5;

　　例 4.74　把对表 SC 的修改权限授予“U1”用户,并允许将此权限再授予其他用户。

　　GRANT UPDATE ON SC TO U1

　　WITH GRANT OPTION;

以后用户“U1”可将此权限再授予其他用户,如:

　　GRANT UPDATE ON SC TO U2 ;

注意:不同的 DBMS 的 GRANT 命令有所不同,使用时要参照具体的 DBMS 的说明。

4.6.2　撤销权限语句 REVOKE

授予的权限可以由 DBA 或其他授权者用 REVOKE 语句收回。

REVOKE 语句的一般格式为:

　　REVOKE <权限> ON <操作对象>

　　FROM {<用户 1>[,<用户 2>,…]| PUBLIC};

1. 收回系统权限

撤销语句权限如下描述:

　　REVOKE { ALL[PRIVILEGES]| <权限 1> [,<权限 2>,…] }

　　　　FROM {<用户 1>[,<用户 2>,…]| PUBLIC};

例 4.75　撤销"U1"创建数据库和创建表的权限。

REVOKE CREATE DATABASE, CREATE TABLE FROM U1；

注意：收回某个用户的系统权限之后，该对象授权出去的权限不会受到影响。

2. 收回对象权限

撤销对象权限如下描述：

REVOKE｛ ALL[PRIVILEGES]|＜对象权限 1＞［，＜对象权限 2＞，…]
　　　　［(＜列名 1＞[，＜列名 2＞，…]）]｝

　　ON｛[＜模式名＞.]＜数据库对象名＞｝

FROM｛＜用户 1＞[，＜用户 2＞，…]| PUBLIC ｝

[CASCADE CONSTRAINTS]

[FORCE]；

说明：CASCADE CONSTRAINTS 用于删除任何与该对象相关的约束和对象，例如，索引、触发器、权限、完整性约束等。FORCE 选项使用户定义的对象类型的 EXECUTE 权限被删除，依赖这些对象类型的表格也被删除。

例 4.76　收回所有用户对 C 表的查询权限。

REVOKE SELECT ON C FROM PUBLIC ；

例 4.77　收回"U6"用户对表 SC 的修改权限。

REVOKE UPDATE ON SC FROM U1 ；

注意：在收回对象权限时，与收回系统权限不同的是，当某个用户的对象权限被收回之后，该对象授权出去的权限也自动被收回。

DBA 拥有对数据库中所有对象的所有权限，并可以根据应用的需要将不同的权限授予不同的用户。用户对自己建立的基本表和视图拥有全部的操作权限，并且可以用 GRANT 语句把其中的某些权限授予其他用户。被授权的用户如果有"继续授权"的许可，还可以把获得的权限再授予其他用户，所有授予出去的权力在必要时又都可以用 REVOKE 语句收回。

4.7　SQL 的事务处理

4.7.1　事务的概念

所谓事务（Transaction）是用户定义的一个数据库操作序列，这些操作要么全做要么全不做，是一个不可分割的逻辑单位。例如，在关系数据库中，一个事务可以是一条 SQL 语句、一组 SQL 语句或整个程序。事务是恢复和并发控制的基本单位。

Oracle 中事务的开始可以既由用户显式控制，即通过 SET TRANSACTION 开始一个事务；也可以隐式开始，即当第一条 SQL 开始执行时，或是前一个事务结束以后的第一条 SQL 语句，一个新的事务就开始了。而事务的结束一般是使用 COMMIT 或 ROLLBACK 来标识。

COMMIT 表示提交,即提交事务的所有操作。具体地说就是将事务中所有对数据库的更新写回到磁盘上的物理数据库中去,事务正常结束;ROLLBACK 表示回滚,即在事务运行的过程中发生了某种故障,事务不能继续执行,系统将事务中对数据库的所有已完成的操作全部撤销,滚回到事务开始时的状态。这里的操作指对数据库的更新操作。

1. 事务提交(COMMIT)

(1) 事务提交的一般格式为:

    COMMIT 或 COMMIT WORK;

说明:

① 提交命令用于提交自上次提交以后对数据库中数据所作的改动。

② WORK 为可选项,加 WORK 是为了加强语句的可读性,两者的意义完全相同。

在 Oracle 数据库中,为了维护数据的一致性,系统为每个用户分别设置了一个工作区。对表中数据所作的增、删、改操作都在工作区中进行,在执行提交命令之前,数据库中的数据(永久存储介质上的数据)并没有发生任何改变,用户本人可以通过查询命令查看对数据库操作的结果,但是网络上的其他用户并没有看到你对数据库所作的改动。

提交命令就是使对数据的改变永久化。

(2) 事务的提交方式

① 显式提交:

使用 COMMIT 命令提交所有未提交的更新操作。

② 隐式提交:

DDL 命令以及 CONNECT、EXIT、GRANT、REVOKE 等命令隐含 COMMIT 操作,只要使用这些命令,系统就会进行提交。

③ 自动提交(SET AUTO ON,默认为 OFF):

如果使用了 SET 命令设置自动提交环境,则每次执行一条 INSERT、UPDATE、DELETE 命令,系统就会立即自动提交。

例 4.78 在 SC 表中插入一条数据,并提交。

    INSERT INTO SC(Sno, Cno, Grade) VALUES('10001', '2', 85);
    SELECT * FROM SC WHERE Cno='2';
    COMMIT;

说明:

① 第一条 SQL 产生的时候,一个新的事务也就开始了。

② 执行完第二条语句后,事务并没有结束,所以只有当前正在操作的用户可以看到数据的修改,其他的用户是看不到数据的修改的。同时该条记录被数据库自动锁定,使得其他的用户不能修改和删除该条语句。此时如果我们另外打开一个 SQL * Plus 查询表中的数据的话,将会发现看不到刚才插入进去的数据。

③ 第三条语句向数据库发出了 COMMIT 命令,此时结束当前事务,所做的修改也就永久地写入了数据库中。同时对当前的锁定自动解除,任一个连接到当前数据库的用户看到数据库中记录的修改,并可以对其进行修改和删除。此时如果下面还有 SQL 语句,则意味着下一个事务即将开始。

2. 事务回退(ROLLBACK)

当我们在执行 SQL 语句出现错误时,通常会希望通过一个显式的指令来撤销当前的修改,ROLLBACK 提供了这样一个功能,其一般格式如下:

ROLLBACK;或 ROLLBACK WORK;

说明:

① 在尚未对数据库提交的时候,可以用事务回退命令 ROLLBACK,将数据库回退到上次 COMMIT 后的状态。

② 一旦事务已经提交,就不能再使用事务回退命令进行回退了。

例 4.79　修改 SC 表中 Sno 为"10001"的学生的 Cno 为"3",并撤销本次修改。

```
UPDATE SC SET Cno='3'
WHERE Sno='10001';
SELECT * FROM SC WHERE Sno='10001';
ROLLBACK;
```

说明:

① 第一条 SQL 产生的时候,一个新的事务也就开始了。

② 执行完第二条语句后,事务并没有结束,所以只有当前正在操作的用户可以看到数据的修改,其他的用户是看不到数据的修改的。同时该条记录被数据库自动锁定,使得其他的用户不能修改和删除该条语句。此时如果我们另外打开一个 SQL * Plus 查询表中的数据的话,将会发现看不到刚才插入进去的数据。

③ 第三条语句向数据库发出了 ROLLBACK 命令,此时结束当前事务,所做的修改也被取消。同时对当前的锁定自动解除,任一个连接到当前数据库的用户看到数据库中记录的修改,并可以对其进行修改和删除。此时如果下面还有 SQL 语句,则意味着下一个事务即将开始。

注意:

① 如果应用程序或服务器发生严重故障时,一般 Oracle 会自动地撤销,即隐式地执行 ROLLBACK。

② 如果用户和数据库的连接忽然中断(PL/SQL 内部的 SQL 语句或 SQL 块的执行情况忽然中断),而此时没有使用 COMMIT 或者 ROLLBACK 来终止当前的事务时,Oracle 会隐式地执行 ROLLBACK。

例 4.80　综合实例。

```
DELETE FROM SC WHERE Sno='00101';
SELECT * FROM SC WHERE Sno='00101';
ROLLBACK;
SELECT * FROM SC WHERE Sno='00101';
INSERT INTO SC (Sno, Cno, Grade) VALUES('10002', '3', 85);
SAVEPOINT INSERT_POINT;
INSERT INTO SC (Sno, Cno, Grade) VALUES('10003', '2', 95);
ROLLBACK TO INSERT_POINT;
COMMIT;
```

3. 保存点(SAVEPOINT)

Oracle 不仅允许回退整个未提交的事务,还可以利用"保存点"机制回退一部分事务。

在事务的执行过程中,可以通过建立保存点将一个较长的事务分割为几个较小的部分。利用保存点,用户可以在一个长事务中的任意时刻保持当前的工作,随后用户可以选择回退保存点之后的操作,但是保留保存点之前的操作。比如,在一个事务中包含很多条语句,在成功执行了 10 000 条语句之后建立了一个保存点,如果在 10 001 条语句插入了错误的数据,用户可以通过回退到保存点,将事务的状态恢复到刚刚执行完第 10 000 条语句之后的状态,而不必撤销整个事务。

保存点的格式如下:

SAVEPOINT <保存点名称>;

在定义了一个保存点后,就可以利用下面的语法将一个事务撤销到该保存点:

ROLLBACK TO SAVEPOINT <保存点名称>;

例 4.81 对 SC 表插入四条记录并设置四个保存点,测试保存点的使用。

INSERT INTO SC(Sno, Cno, Grade) VALUES('20001', '04', 85);
SAVEPOINT A;
INSERT INTO SC(Sno, Cno, Grade) VALUES('20002', '03', 95);
SAVEPOINT B;
INSERT INTO SC(Sno, Cno, Grade) VALUES('20003', '03', 80);
SAVEPOINT C;
INSERT INTO SC(Sno, Cno, Grade) VALUES('20004', '01', 90);
SAVEPOINT D;
SELECT * FROM SC
ROLLBACK TO SAVEPOINT B;
SELECT * FROM SC;
COMMIT WORK;
SELECT * FROM SC;

说明:

① 第一条 SQL 的产生隐式代表一个新的事务的开始。

② 此段程序中设置了 4 个保存点 A、B、C、D。

③ 第一次执行 SELECT * FROM SC,将会出现如下结果:

Sno	Cno	Grade
20001	04	85
20002	03	95
20003	03	80
20004	01	90

④ 执行 ROLLBACK TO SAVEPOINT B 时将事务回滚到保存点 B,此时再执行:

SELECT * FROM SC;

将会出现如下结果:

Sno	Cno	Grade
20001	04	85
20002	03	95

⑤ 执行 COMMIT WORK 命令标志着当前事务的结束,此时再执行 SELECT * FROM SC,将会出现如下结果:

Sno	Cno	Grade
20001	04	85
20002	03	95

通过上面的实例可得出如下结论,事务回滚到保存点 B 的位置,下面的 INSERT 语句全部被撤销。即执行 ROLLBACK TO SAVEPOINT B 时,保存点 B 与 ROLLBACK TO SAVEPOINT B 之间的语句的执行全部被取消,且之间的 SQL 语句所占有的系统资源与拥有的锁都被自动释放。但是当前的事务并没有结束,只是撤销到保存点 B,我们还可以再次撤销到其他的保存点。

事务和程序是两个概念。一般地讲,程序可包括多个事务。由于事务是并发控制的基本单位,所以下面的讨论均以事务为对象。

4.7.2　事务的特性

事务具有 4 个特性:原子性(Atomicity)、一致性(Consistency)、隔离性(Isolation)和持续性(Durability)。这个 4 个特性也简称为 ACID 特性。

1. 原子性

事务是数据库的逻辑工作单位,事务中包括的诸操作要么都做,要么都不做。

2. 一致性

事务执行的结果必须是使数据库从一个一致性状态变到另一个一致性状态。因此当数据库只包含成功事务提交的结果时,就说数据库处于一致性状态。如果数据库系统运行中发生故障,有些事务尚未完成就被迫中断,这些未完成事务对数据库所做的修改有一部分已写入物理数据库,这时数据库就处于一种不正确的状态,或者说是不一致的状态。例如,某公司在银行中有 A,B 两个账号,现在公司想从账号 A 中取出 1 万元,存入账号 B。那么就可以定义一个事务,该事务包括两个操作,第 1 个操作是从账号 A 中减去 1 万元,第 2 个操作是向账号 B 中加入 1 万元。这两个操作要么全做,要么全不做。全做或者全不做,数据库都处于一致性状态。如果只做一个操作则用户逻辑上就会发生错误,少了 1 万元,这时数据库就处于不一致性状态。可见一致性与原子性是密切相关的。

3. 隔离性

一个事务的执行不能被其他事务干扰。即一个事务内部的操作及使用的数据对其他并发事务是隔离的,并发执行的各个事务之间不能互相干扰。

4. 持续性

持续性也称永久性(Permanence),指一个事务一旦提交,它对数据库中的数据的改变就应该是永久性的。接下来的其他操作或故障不应该对其执行结果有任何影响。

保证事务 ACID 特性是事务处理的重要任务之一。事务 ACID 特性也可能遭到破坏,因素有:

① 多个事务并发运行时,不同事务的操作交叉执行;

② 事务在运行过程中被强行停止。

在第一种情况下,数据库管理系统必须保证多个事务的交叉运行不影响这些事务的原子性。在第二种情况下,数据库管理系统必须保证被强行终止的事务对数据库和其他事务没有任何影响。这些是数据库管理系统中恢复机制和并发控制机制的责任。

4.7.3　SQL 对事务的支持

ANSI(American National Standards Institute,美国国家标准委员会)发布的 SQL 92 标准已经明确了对事务的支持。各个 DBMS 除了都支持表示事务结束的 COMMIT 和 ROLLBACK 语句外,各个不同的 DBMS 在其他具体的事务实现中还是有一些差异。

4.8　嵌入式 SQL 的应用

前面介绍 SQL 语句时,都是作为独立的数据语言,以交互的方式使用的。而更常用的方式是用某种编程语言(例如:C、PASCAI、COBOL 等)编写程序,但程序中的某些函数或某些语句是 SQL 语句。这种方式下使用的 SQL 语言称为嵌入式 SQL(Embedded SQL),编程语言称为宿主语言(或主语言)。

在交互式和嵌入式两种不同的使用方式下,SQL 语言的语法结构相同。这是因为宿主语言环境并不直接执行 SQL 语言语句,SQL 语言语句仍是由具体的 RDBMS 负责执行和处理的。

由于 SQL 是非过程的、面向集合的数据操纵语言,它大部分语句的使用都是独立的,与上下文条件无关。在事务处理中,常常需有流程控制,即需要程序根据不同的条件执行不同的任务,如果单单使用 SQL 语言,很难实现这类应用。而普通的编程语言一般都提供变量定义和流程控制,可以方便地实现上下文相关和流程控制。另一方面,普通的编程语言在涉及数据库操作时,不能高效地进行数据的存取。所以,嵌入式 SQL 的使用,结合了编程语言的过程性和 SQL 语言的数据操纵能力,可提高数据库应用程序的效率。

DBMS 有两种方法处理嵌入式 SQL 语言:预编译和扩充编译程序法。预编译是指由 DBMS 的预编译器对源程序进行扫描,识别出其中的 SQL 语句,把它们转换为宿主语言调用语句,使宿主语言编译器能够识别,最后由编译器将整个源程序编译为目标码。而扩充编译程序法是指修改和扩充宿主语言的编译程序,使其能够直接处理 SQL 语句。

目前使用较多的是预编译方法。其中关键的一步,是将嵌有 SQL 语句的宿主语言源代码通过预编译器变成纯宿主语言源代码。RDBMS 除了提供 SQL 语言接口外,一般都提供一批用宿主语言编写的 SQL 函数,供应用程序调用 DBMS 的各种功能,如建立与 DBMS 的连接及连接的环境、传送 SQL 语句、执行 SQL 语句、返回执行结果和状态等,这些函数组成 SQL 函数库。预编译器将 SQL 语句编译成宿主语言对 SQL 函数的调用,从而把嵌有 SQL 的宿主语言源代码变成纯宿主语言源代码,在编译连接后执行。

使用嵌入式 SQL 必须解决以下几个问题:

① 预编译器不能识别和接受 SQL 语句,因此,嵌入式程序中,应有区分 SQL 语句与宿主语言语句的标记。

② DBMS 和宿主语言程序(程序工作单元)如何进行信息传递。

③ 一条 SQL 语句原则上可产生或处理一组记录(集合),而宿主语言一次只能处理一个记录,必须协调这两种处理方式。

各个 DBMS 在实现嵌入式 SQL 时,对不同的宿主语言,所用的方法基本上是相同的。嵌入式 SQL 的确切语法依赖于宿主语言,宿主语言不同,在实现嵌入式 SQL 时也各有不同,主要体现在对上述三个问题的解决方法上。

下面介绍嵌入式 SQL 及如何解决这几个问题。

4.8.1　区分 SQL 语句与宿主语言语句

一般地,对嵌入的 SQL 语句加前缀 EXEC SQL,而结束标志则随宿主语言的不同而不同。下面以 SQL 语句嵌入 C 语言为例,说明实现嵌入式 SQL 的一般方法。

在 C 语言中嵌入的 SQL 语句以 EXEC SQL 开始,以分号“;”结尾:

　　EXEC SQL ＜SQL 语句＞ ;

例 4.82　在 C 语言程序中,删除学生表 S。

　　EXEC SQL DROP TABLE S;

嵌入式 SQL 语句按照功能的不同,可分为可执行语句和说明性语句。宿主语言程序中,任何允许说明性编程语句出现的地方,都可以出现说明性 SQL 语句;任何可出现可执行编程语句的地方,都允许出现可执行 SQL 语句。其中,可执行 SQL 语句又可以分为数据定义、数据控制和数据操纵 3 种。

注意:

① 不同的宿主语言的区分手段各有不同,具体使用要阅读该语言的使用说明。

② 目前一些可视化设计语言和工具,一般采用调用 SQL 函数库中的相关 SQL 函数的方式。

③ 为了方便说明,下面的示例程序中,嵌入语句块以 EXEC SQL 开始,用分号“;”作为结束标志。

4.8.2　嵌入式 SQL 与宿主语言间的信息传递

凡在 SQL 语句中使用的、用于与宿主语言交换数据的变量,称为宿主变量,简称主变量。主变量也必须用开始和结束标识符括起来进行声明。只有这样声明的主变量才能用于 SQL 与宿主语言交换数据,所以主变量是 SQL 语句和宿主语言共享的变量。主变量是宿主语言的变

量,所以主变量的说明必须遵从宿主语言的规定,但主变量类型必须是两种语言都能处理的。主变量的声明格式:

> EXEC SQL BEGIN DECLARE SECTION;
> 　　＜SQL 宿主变量说明＞;
> EXEC SQL END DECLARE SECTION;

1. 主变量

当 SQL 语句引用主变量时,主变量前应加适当的标记,以区别于数据库对象名(如:列名、表名、视图名等),因此主变量可与数据库变量同名。宿主语言自身语句引用主变量时,不需加标记。

通过主变量,宿主语言可向 SQL 语句提供参数,如指定向数据库中插入(或修改)的数据;另一方面,SQL 语句可对主变量赋值或设置状态信息,返回给应用程序,使应用程序得到 SQL 语句的结果和状态。

在嵌入式程序中,所有的主变量,除系统定义的外,都必须加以说明。

以传统的 C 语言环境中使用嵌入式 SQL 为例:

- 当 SQL 语句引用主变量时,主变量前应加":";
- 说明放在两个嵌入式 SQL 语句之间。

例 4.83　在 C 语言中嵌入一段 SQL,其中包括定义主变量。

> EXEC SQL BEGIN DECLARE SECTION;
> 　　CHAR Sno(5);
> 　　CHAR Cno(1);
> 　　INT Vgrade;
> EXEC SQL END DECLARE SECTION;

注意:不同的宿主语言的采用手段有所不同,具体使用要阅读该语言的使用说明。

2. SQL 通信区

在主变量中,有一个系统定义的主变量,叫 SQLCA(SQL Communication Area:SQL 通信区)。SQLCA 是一全局变量,供应用程序和 DBMS 通信之用。SQLCA 变量不需加以说明,只需在嵌入的可执行 SQL 语句前加 INCLUDE 语句就能使用。其格式为:

> EXEC SQL INCLUDE SQLCA;

SQLCA. SQLCODE 是 SQLCA 的一个分量,属于整数类型,是供 DBMS 向应用程序报告 SQL 语句的执行情况。每执行一条 SQL 语句,返回一个 SQLCODE 代码。因此在应用程序中,每执行一条 SQL 语句后,都应测试 SQLCODE 的值,用来了解该 SQL 语句的执行情况,并执行相应的操作。

注意:不同的系统,SQLCODE 代码值的含义可能不完全相同。一般约定:

- SQLCODE ＝ 0,表示语句执行成功,无异常情况;
- SQLCODE 为负整数,表示 SQL 语句执行失败,具体负值表示错误的类别;
- SQLCODE 为正整数,表示 SQL 语句已执行,但出现了例外情况。

3. 指示变量

一个主变量可以附带一个指示变量。指示变量也是一种主变量,它跟在某个主变量之后,用来"指示"该主变量的取值情况。由于主变量不能直接接受空值(NULL),指示变量常常用来描述它所指的主变量的空值情况。

指示变量是一个短整数。若指示变量为 0,说明有关字段值非空,并且将此值置入相应的主变量中;若指示变量为负,说明有关字段值为空(NULL)。此时,若主变量为输出主变量,即由 SQL 语句对指示变量赋值(或设置状态信息),返回给应用程序,空值将不置入主变量中,因为有些宿主语言并不能处理空值;若主变量为输入主变量,即由应用程序对指示变量赋值,给 SQL 语句引用,则相应的字段置空。

例 4.84　使用指示变量,将所有选修"2"号课程的学生成绩置空。

　　Gid=-1;

　　EXEC SQL UPDATE SC SET Grade=:Vgrade:Gid WHERE Cno='2';

指示变量其他用法同主变量,也应进行说明。

4.8.3　游标

1. 游标的概念和使用

当查询结果为一组记录时,不能把提取的元组集合直接传递到应用程序中,必须先放到某种缓冲存储空间,这称为游标 CURSOR。因此,游标是系统为用户的查询结果开辟带指针的数据缓冲区,存放 SQL 的查询结果,每个游标有一个单独的名字。

定义游标,是把该游标与相应的 SELECT 语句相关联,用于存放该 SELECT 语句的查询结果;打开游标,是执行对应的 SELECT 语句,把查询结果放到游标缓冲区中;通过 FETCH 函数(或操作)和主变量从游标缓冲区的查询结果集合中逐一取出每条记录。

由于 SELECT 语句是基于集合操作的。无法将结果关系直接交给过程化的宿主语言程序(如 C 程序),游标正是在这两者之间架起的一座桥梁。

游标指针示意如图 4.1 所示:

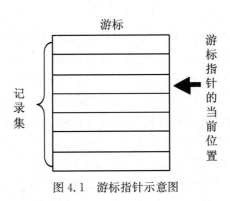

图 4.1　游标指针示意图

从概念上讲,游标由两部分内容组成:
- 记录集:游标内 SELECT 语句的执行结果。
- 游标位置:游标指针的当前位置。

2. 游标操作的主要步骤

使用游标要遵循如下的操作过程：

- 用 DECLARE 语句声明游标，并定义游标类型和属性。
- 调用 OPEN 语句打开和填充游标。
- 执行 FETCH 函数(或语句)读取游标中的单行数据。
- 如果需要，修改游标基表中的当前行数据。
- 执行 CLOSE 语句关闭游标。
- 执行 DEALLOCATE 语句删除游标，并释放它所占用的所有资源。

下面简要介绍主要步骤。

（1）声明游标

用 DECLARE 语句为一条 SELECT 语句定义游标，其格式为：

EXEC SQL DECLARE 游标名 CURSOR FOR ＜SELECT 语句＞；

其中的 SELECT 语句，既可以是简单查询，也可以是连接查询或嵌套查询，它的结果集是一个新的关系。当游标向前"推进"(Fetch)时，可以依次指向该新关系的每条记录。声明游标仅仅是一条说明性语句，此时 DBMS 并不执行 SELECT 指定的查询操作。

例 4.85 声明一个游标 SC_cursor，使其所生成的结果集包括 SC 表中的所有行和列。

EXEC SQL DECLARE SC_cursor CURSOR FOR SELECT ＊ FROM SC；

（2）打开游标

使用 OPEN 语句，将打开指定游标。其一般格式为

EXEC SQL OPEN ＜游标名＞；

打开游标，将执行相应的 SELECT 语句，把满足查询条件的所有记录，从表中取到缓冲区中。此时游标被激活，指针指向结果集中的第一条记录。

例 4.86 打开上例生成的 SC_cursor 游标。

EXEC SQL OPEN SC_cursor；

（3）推进游标指针并取当前记录

使用 FETCH 语句，将缓冲区中的当前记录取出送至主变量供宿主语言进一步处理。同时，把游标指针向前推进一条记录。其语句的一般格式为：

EXEC SQL FETCH ＜游标名＞ INTO ＜主变量名列表＞；

主变量名列表由逗号分开，并与 SELECT 语句中的目标列表达式一一对应。

例 4.87 推进游标指针并将当前数据存放在例 4.83 定义的主变量中去。

EXEC SQL FETCH SC_cursor INTO :Sno，:Cno，:Vgrade；

推进游标的目的是为了取出缓冲区中的下一条记录。因此 FETCH 语句通常用在一个循环结构语句中，逐条取出结果集中的所有记录进行处理。可通过 SQLCA. SQLCODE 的返回值反映记录已被取完。

不同 DBMS 的 FETCH 语句的用法可能会有些不同。目前大部分的商用 RDBMS 都对 FETCH 语句进行了扩充，允许向不同方向以指定的步长移动游标指针。

（4）关闭游标

用 CLOSE 语句可关闭游标，但是，被关闭的游标可以用 OPEN 语句重新初始化，与新的查

询结果相联系。关闭游标的一般格式为：

　　　EXEC SQL CLOSE ＜游标名＞；

　　例 4.88　关闭例 4.85 说明的游标 SC_cursor。

　　　EXEC SQL CLOSE SC_cursor；

执行 DEALLOCATE 语句可删除游标，释放游标占用的所有系统资源。

3. 需要和不需要使用游标的 SQL 语句

嵌入式 SQL 语句，有些可直接嵌入宿主语言，而不需要使用游标。

（1）不需要使用游标的语句有：

- 声明性语句；
- 数据定义语句；
- 数据控制语句；
- INSERT 语句；
- 查询结果为单记录的 SELECT 语句；
- 对满足条件的当前记录（或记录集），一次性进行修改或删除的 UPDATE 和 DELETE 语句（有些书上把 UPDATE 或 DELETE 语句这种使用形式称为非 CURRENT 形式）。

（2）需要使用游标的 SQL 语句有：

- 查询结果为多条记录的 SELECT 语句；
- 对满足条件的结果集中记录分别进行修改或删除的 UPDATE、DELETE 语句。也称为 CURRENT 形式的 UPDATE、DELETE 语句。

对满足条件的记录，进行一次性处理，不需要使用游标。如果只想修改或删除其中的某条（或某几条）记录，则需要使用带游标的 SELECT 语句，首先查出满足条件的结果集，然后再从中找出需要修改或删除的记录，再修改或删除之。

用 UPDATE 语句或 DELETE 语句修改或删除游标指向的记录时，要用 WHERE CURRENT OF ＜游标名＞子句来指明游标指针指向的记录。

在定义游标时，如果是为使用游标的 UPDATE 语句声明游标，在 SELECT 语句中要用 FOR UPDATE OF ＜列名＞指明检索出的数据在指定列是可修改的。但是为使用游标的 DELETE 语句定义游标时，则不必使用该子句。

具体应用示例可参考相关资料。

本 章 小 结

通过本章的学习，能够掌握并熟练运用 SQL 核心功能所用到的 9 个动词：CREATE、DROP、ALTER、SELECT、DELETE、INSERT、UPDATE、GRANT、REVOKE；掌握 SQL 的数据查询、数据定义、数据操作和数据控制功能；掌握视图的概念，使用方法；掌握 SQL 的事务处理以及在 Oracle 下如何进行各种事务处理；对嵌入式 SQL 有所了解。

习　题

4.1　SQL 语言有什么特点？

4.2　试指出 SQL 语言中基本表和视图的区别与联系分别是什么？

4.3　列约束和表约束的区别是什么？

4.4　笛卡儿积和并操作的区别是什么？

4.5　哪些视图是可以更新的？哪些视图是不可以更新的？请各举一例说明。

4.6　事务的特性是什么？

4.7　嵌入式 SQL 语言需解决的几个问题是什么？怎么解决？

4.8　什么是游标？使用游标有哪几个步骤？

4.9　嵌入式 SQL 语言在什么情况下需要使用游标？什么情况下不需要使用游标？

4.10　已知有 3 个关系如下：

图书（总编号、分类号、书名、作者、出版单位、单价）

读者（借书证号、单位、姓名、性别、职称、地址、借阅册数）

借阅（借书证号、总编号、借书日期）

用 SQL 语句完成以下各项操作：

① 创建借阅基本表，同时指定主码和外码。（注意：借书证号为字符型，宽度为 3；总编号为字符型，宽度为 6；借书日期为日期时间型）。

② 给读者表增加约束"性别只能为男或女"。

③ 为图书表按总编号降序创建唯一索引。

④ 查找"清华大学出版社"的所有图书及单价，结果按单价降序排列。

⑤ 查找单价在 17 元以上已借出的图书。

⑥ 查找藏书中比"清华大学出版社"的所有图书单价都高的图书总编号。

⑦ 统计藏书中各个出版单位的册数和价值总和，显示册数在 5 本以上的出版单位、册数和价值总和。

⑧ 查找借阅了借书证号为"006"的读者所借所有图书的读者借书证号、姓名和地址。

⑨ 在借阅基本表中插入一条借书证号为"008"，总编号为"010206"，借书日期为"2000 年 12 月 16 日"的记录。

⑩ 将"高等教育出版社"的图书单价增加 5 元。

⑪ 删除所有作者为"张三"的图书借阅记录。

⑫ 创建"计算机系"借阅"清华大学出版社"图书的读者视图。

⑬ 授予张军对借阅表有 SELECT 的权力，对其中借书日期有更新的权力。

4.11　已知有 4 个关系如下，请用 SQL 语言完成下面各项操作：

供应商表 S：由供应商代码（SNO）、供应商姓名（SNAME）、供应商所在城市（CITY）组成。

零件表 P：由零件代码（PNO）、零件名（PNAME）、颜色（COLOR）、重量（WEIGHT）组成。

　　工程项目表 J：由工程项目代码（JNO）、工程项目名（JNAME）、所在城市（CITY）组成。

　　供应情况表 SPJ：由供应商代码（SNO）、零件代码（PNO）、工程项目代码（JNO）、供应数量（QTY）组成。

　　① 分别创建上面 4 个基本表，同时指定主码和外码。

　　② 检索供应商代码为′S1′供应商供应的零件号。

　　③ 检索没有使用天津供应商生产的红色零件的工程号 JNO。

　　④ 检索出各个工程项目使用的零件数量。

　　⑤ 检索上海厂商供应的所有零件代码，并且按照重量从大到小显示出来。

　　⑥ 检索出供应商姓名头两个字为"浦东"的供应商的信息。

　　⑦ 把全部红色零件的颜色改成蓝色。

　　⑧ 从零件表中删除零件号是′P2′的记录。

　　⑨ 将（′S2′，′J6′，′P4′，200）插入供应情况关系。

　　⑩ 授予用户"王明"对零件表有 INSERT 的权限，并允许该权限传播。

　　⑪ 创建一删除触发器，当在零件表中删除零件记录时，将供应情况表的对应的供应信息删除。

第5章 Oracle 存储过程与触发器

SQL 语句提供了数据操纵的能力,但不支持结构化编程,当要实现复杂的应用时,需要数据库管理系统提供过程化的编程支持。Oracle 利用 PL/SQL(Procedure Language/Structure Query Language,过程语言)来进行结构化编程。PL/SQL 将 SQL 的数据操纵和过程化编程语言的流程控制结合起来,是 SQL 的扩展。在 PL/SQL 中,最重要的是存储过程和触发器。

5.1 基 本 概 念

PL/SQL 程序的基本结构单元是块,一个 PL/SQL 程序包含了一个或多个块,每个块都可以划分为声明、执行和异常处理 3 个部分,完成一个逻辑操作。PL/SQL 是一种过程语言,所以 PL/SQL 也同其他的编程语言一样有常量、变量和控制流程语句。

5.1.1 PL/SQL 程序块

1. PL/SQL 程序块的组成

PL/SQL 程序块由 3 部分组成:

(1) 声明部分

这部分包含变量和常量的声明和初始化,由 declare 开始,若不需要,可省略。此处声明的变量只能在该块中使用,当该块执行结束时,声明的内容就不存在了。

(2) 执行部分

这部分是 PL/SQL 块中的指令部分,由关键字 begin 开始,所有的可执行语句都放在这一部分,其他的 PL/SQL 块也可以放在这一部分。

(3) 异常处理部分

这一部分是可选的,主要处理异常或错误。

因此 PL/SQL 程序块的语法如下:

```
[declare
    声明语句块;]
begin
    执行语句块;
[exception
```

　　异常的处理块;]
　　end;
　　　/
　注意:
　① PL/SQL 块中的每一条语句都必须以分号结束,SQL 语句可以多行,但分号表示该语句的结束。
　② 一行中可以有多条 SQL 语句,它们之间以分号分隔。
　③ 每一个 PL/SQL 块由 begin 或 declare 开始,以 end 结束。
　④ 注释有单行注释(—注释内容)和多行注释(/ ＊注释内容＊/)两种。
　⑤ 执行部分使用的变量和常量必须首先在声明部分声明,执行部分至少包括一条可执行语句。NULL(空语句,什么操作也不做)是一条合法的可执行语句;事务控制语句 commit 和 rollback 可以在执行部分使用;所有的 SQL 数据操作语句都可以用于执行部分;而数据定义语言(Data Definition Language)不能在执行部分中使用。
　⑥ 在执行部分中可以使用另一个 PL/SQL 程序块,这种程序块称为嵌套块。
　⑦ PL/SQL 块不直接显示输出的结果,而是提供其他的方法进行输出。select 语句可以使用包括 into 子句将结果输出到变量,还可以使用 dbms_output 和 utl_files 的系统程序包提供的方法进行输出。
　⑧ "/"表示 PL/SQL 程序编写完毕,提交系统进行编译。

2. PL/SQL 块的命名和匿名

　PL/SQL 程序有两种:命名的程序块和匿名程序块。

　匿名块直接在 SQL ＊Plus 下书写。打开 SQL ＊Plus 后先用 set serveroutput on 命令将显示开关打开,这样若在 PL/SQL 中使用 dbms_output 中的方法进行输出时直接在 SQL ＊Plus 窗口中显示结果。命名的 PL/SQL 程序有存储过程和函数两种,本章在 5.2 节主要讲述存储过程的相关知识。

　匿名程序块的编辑和执行如图 5.1 所示。

图 5.1　匿名 PL/SQL 程序

3. PL/SQL 块的执行

SQL ＊Plus 中匿名的 PL/SQL 块的执行是在 PL/SQL 块后输入"/"来执行。执行命名的程序块必须使用 execute 关键字。如果在另一个命名程序块或匿名程序块中执行命名的 PL/SQL 程序,那么就不需要 execute 关键字。

5.1.2 PL/SQL 的变量、常量与字符集

1. 变量

(1) 变量的声明

声明变量的语句格式如下:

    变量名 数据类型 [NOT NULL][:=初始值];

如:a varchar2(10) : =′abc′;b date;c number(10);

注意:

① 声明变量时可给变量强制加上 NOT NULL 约束,此时变量在声明时必须赋初值。

② PL/SQL 支持的数据类型如表 5.1 所示。

表 5.1 PL/SQL 常用的数据类型

名　称	使用格式	含　义	示　例
char	char(max_length)	用于描述定长的字符型数据,长度≤2000 字节	a char(9);a : =′abc′;
varchar2	varchar2(max_length)	用于描述变长的字符型数据,长度≤4000 字节	b varchar2(10);b : =′aaaa′;
number	number(p,s)	用来存储整型或者浮点型数值	c number(9,2);c : =10.23;
date		用来存储日期数据	d date; d = to_date (′2009-09-02′);
raw	raw(l)	存储变长的二进制数据,长度≤2000 字节	e raw(5);
long raw	long raw(l)	存储变长的二进制数据,长度≤2GB	f long raw(10);
rowid		存储表中行的物理地址(二进制表示),固定的 10 个字节	g rowid;
boolean		用来存储 true、false 和 null	h boolean;

③ 为了减少程序的修改,编程时使用%type、%rowtype 方式声明变量,使变量声明的类型与表中的保持同步,随表的变化而变化,这样的程序在一定程度上具有更强的通用性。%type,%rowtype 的使用方式就是出现在变量声明中的数据类型的地方。

    %type 的使用方式有两种:

      · 表名.列名%type

      · 已定义的变量或常量名%type

    %rowtype 的使用方式有两种:

- 表名%type
- 已定义的记录类型变量名%rowtype

如：a t2. name%type；

　　b t2%rowtype；

此时 t2 表必须存在。变量 a 的类型和 t2 表中 name 字段的类型相同，变量 b 的类型是 t2 表的一行。使用 b 变量时，可以通过 b. 字段名来访问。%type 和%rowtype 的使用方法如图5.2 所示。

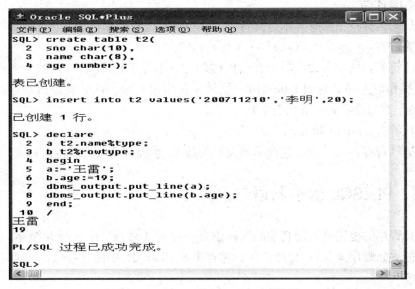

图 5.2　%type 和%rowtype 的使用

（2）变量的赋值

给变量赋值有 3 种方式：

a）通过赋值语句给变量赋值

　　c：=12；a：='abced'；

b）通过键盘输入给变量赋值

　　B：=&b；

运行时系统会提示用户输入 b 的值，通过键盘输入的值将存入 b 变量。

c）通过 select into 给变量赋值

　　select name into name1 from t2 where name='王雷'；

注意：只有在该查询返回一行的时候该语句才可以成功，否则就会抛出异常。

2. 常量

声明常量的语句格式如下：

常量名 constant 数据类型：=初始值；

　　如：d constant char(10)：='abcd'；

注意：

① 常量的值在声明时赋值后在程序内部不能被改变；

② 常量和变量都可被定义为 SQL 和用户定义的数据类型。

3. 有效字符集

变量、常量、过程、函数、包和触发器的命名,可使用字符包括:

① 所有的大写和小写英文字母;

② 数字 0~9;

③ 符号:_(下划线)、$ 和 ♯。

注意:PL/SQL 标识符的最大长度是 30 个字符,以字母开头,不区分字母的大小写。

4. 运算操作符

PL/SQL 的运算符主要有算术运算符、关系运算符、逻辑运算符和字符串运算符。

算术运算符有:＋、－、＊、/(除)和 ＊＊(乘方或幂)。

关系运算符有:＜、＜＝、＞、＞＝、＝、!＝或＜＞(不等于)。比较特殊的关系运算符还有:is null(如果操作数为 null 返回 true)、like(比较字符串值)、between(验证值是否在范围之内)和 in(验证操作数在设定的一系列值中)。

逻辑运算符有:and、or 和 not。

字符串运算符有:＋、－、‖(连接不同类型的数据,系统自动做类型转换)。

5.1.3　PL/SQL 的控制语句

PL/SQL 程序的控制语句同其他的编程语言一样有 3 种:顺序、选择和循环。顺序就是按照书写语句的先后顺序来执行,比较简单。重点来看 PL/SQL 中的选择结构和循环结构。

1. 选择

(1) IF 语句

IF 语句有 4 种表达方式:单分支 IF、双分支 IF、多分支 IF 和 IF 的嵌套。

a) 单分支 IF

　　　　if 条件表达式 then

　　　　　　语句块;

　　　　end if;

该结构的执行过程是:若条件为真则执行 then 后的语句;否则执行 end if 后的语句。

注意:end if 要分开写。

b) 双分支 IF

　　　　if 条件表达式 then

　　　　　　语句块 1;

　　　　else

　　　　　　语句块 2;

　　　　end if;

该结构的执行流程是:若条件为真执行 then 后的语句块,否则执行 else 后的语句块。

c) 多分支 IF

　　　　if 条件 1 then

```
        语句块 1;
    elsif 条件 2 then
        语句块 2;
    〔elsif 条件 3 then
        语句块 3;
        …
    elsif 条件 n then
        语句块 n;
    〕
    else
        语句块 n+1;
    end if;
```

该结构的执行过程为:如果 if 后的条件成立,执行 then 后面的语句,否则判断 elsif 后面的条件,条件成立执行第二个 then 后面的语句,以此类推,否则执行 else 后的语句。

注意:elsif 不是 elseif。

d) IF 的嵌套

```
    if 条件 1 then
        if 条件 12 then
            语句块 1;
        else
            语句块 2;
        end if;
    else
        语句块 3;
    end if;
```

注意:

① 在 IF 结构嵌套的时候必须是完整地嵌入一个 IF 结构。

② 该结构的执行流程是:判断条件 1 为真,接下来继续判断条件 12 是否为真,为真则执行语句块 1,否则执行语句块 2;如果条件 1 为假,执行 else 后的语句块 3。

IF 结构的程序示例,如图 5.3 和 5.4 所示。图中的窗口是通过 SQL * Plus 窗口"编辑"菜单下的"编辑程序"中的"调用编辑程序"得到的。这样在书写的时候复制和修改程序时比较方便。当关闭窗口时自动将程序调入 SQL * Plus 来执行。在使用编辑器编辑程序时,SQL * Plus 暂不能执行其他操作,编辑程序窗口关闭后回到 SQL * Plus 中可以继续执行。另外也可以定义编辑程序所使用的编辑器。

(2) CASE 语句

CASE 语句的基本格式如下:

```
    case 变量
        when 变量值 1 then 语句 1;
```

```
when 变量值 2  then 语句 2;
when 变量值 3  then 语句 3;
       …
when 变量值 n  then 语句 n;
else 语句 n+1;
end case;
```

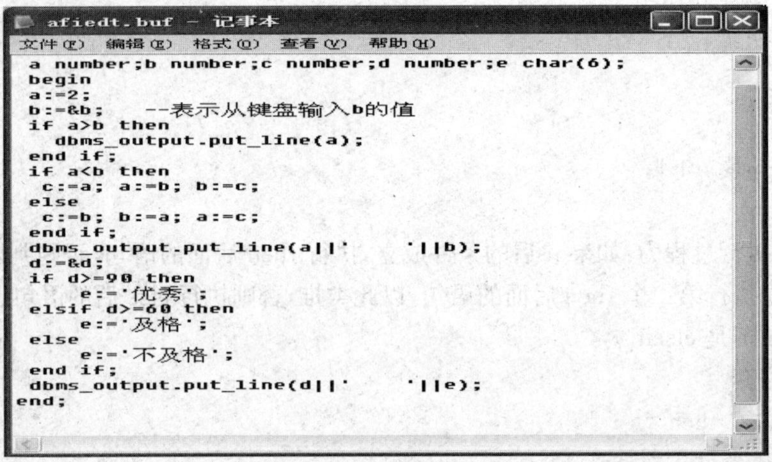

图 5.3　IF 结构实例

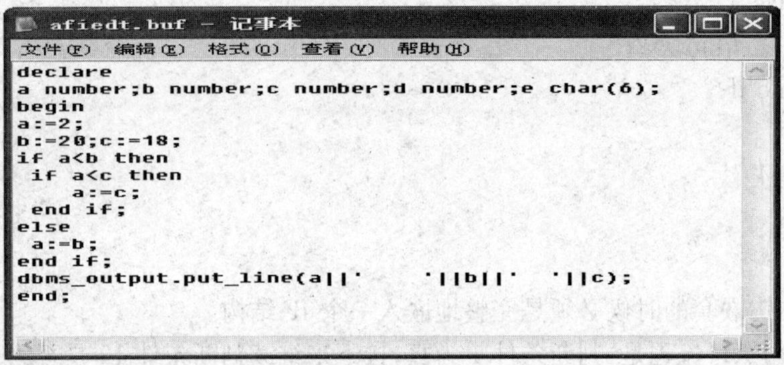

图 5.4　IF 结构的嵌套

CASE 语句的功能:首先设定变量作为条件,然后顺序检查表达式,一旦从中找到与条件匹配的表达式值,执行相应 then 后面的语句,执行完成后转到 end case 语句后面继续执行程序中的其他语句。CASE 结构和多分支 IF 结构的 PL/SQL 程序如图 5.5 所示。

2. 循环

(1) LOOP 循环控制语句

LOOP 循环语句是其中最基本的一种,格式如下:

```
loop
    语句块;
    [exit when <条件>];
```

end loop;

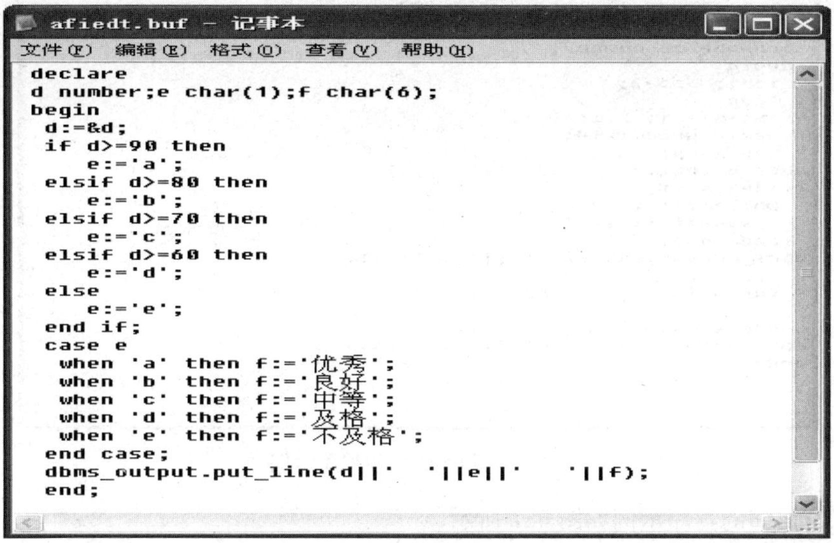

```
afiedt.buf - 记事本
文件(F)  编辑(E)  格式(O)  查看(V)  帮助(H)
declare
d number;e char(1);f char(6);
begin
 d:=&d;
 if d>=90 then
    e:='a';
 elsif d>=80 then
    e:='b';
 elsif d>=70 then
    e:='c';
 elsif d>=60 then
    e:='d';
 else
    e:='e';
 end if;
 case e
  when 'a' then f:='优秀';
  when 'b' then f:='良好';
  when 'c' then f:='中等';
  when 'd' then f:='及格';
  when 'e' then f:='不及格';
 end case;
 dbms_output.put_line(d||'   '||e||'   '||f);
 end;
```

图 5.5　CASE 结构程序

这种循环语句是没有终止的,需要人为控制,才能终止运行此循环结构。一般可以通过加入 exit 语句来终结该循环。

(2) WHILE…LOOP 循环控制语句

WHILE…LOOP 循环控制语句的格式如下:

　　while 条件 loop

　　　　语句块;

　　end loop;

WHILE…LOOP 的执行过程是:如果条件为 true,执行循环体内的语句,否则结束循环,执行 end loop 后面的语句。

(3) FOR…LOOP 循环控制语句

FOR…LOOP 循环控制语句的格式如下:

　　for 计数器变量 in [reverse] 初始值…终值 loop

　　　　语句块;

　　end loop;

LOOP 和 WHILE 循环的循环次数都是不确定的,FOR 循环的循环次数是固定的,计数器变量以步长为 1 从初始值取到终值的所有值,每取一个执行一遍循环体。如果使用了 reverse,则计数器变量以步长为-1 从初始值取到终值的所有值,每取一个执行一遍循环体。

LOOP 循环控制的程序示例如图 5.6 所示。

3. 跳转

GOTO 语句的格式是: goto label;

程序执行到 goto 语句时,会立即转到由标签标记的语句(使用<<标签>>声明)处继续执行。PL/SQL 中对 goto 语句有一些限制,对于块、循环、IF 语句而言,从外层跳转到内层是非

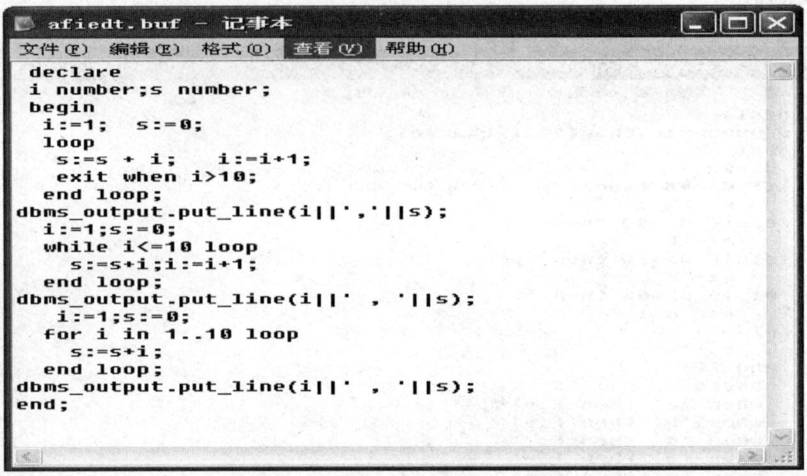

图 5.6 LOOP 结构程序示例

法的。GOTO 语句的程序示例如图 5.7 所示。

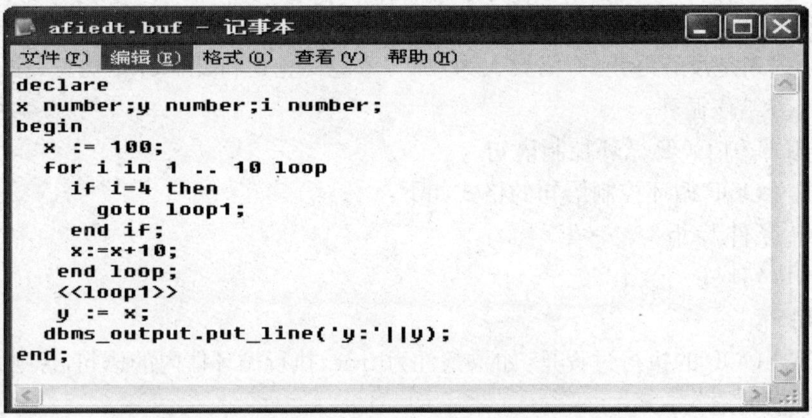

图 5.7 GOTO 结构程序示例

本程序的输出结果为"Y:130"。

4. PL/SQL 控制结构的嵌套

PL/SQL 控制结构的嵌套指的是在循环结构中可以有循环结构或选择结构;在选择结构中可以有选择结构或循环结构。在控制结构嵌套时要完整地嵌入一个结构,而不能出现交叉。下面的嵌套就是错误的。

```
if 条件 then
  loop
  end if;
end loop;
```

5.1.4　PL/SQL 中的异常

1. 异常基础知识

异常处理块中包含了与异常相关的错误发生及当错误发生时要进行执行和处理的代码。异常部分的语法如下：

```
exception
    when 异常名 1 then
        语句序列 1;
    when 异常名 2 then
        语句序列 2;
    when others then
        语句序列 n;
end;
```

异常名是在标准包中由系统预定义的标准错误,或是由用户在程序的说明部分自定义的异常,参见下面系统预定义的异常类型。

语句序列就是不同分支的异常处理部分。

凡是出现在 WHEN 后面的异常都是可以捕捉到的错误,其他未被捕捉到的错误,将在 WHEN OTHERS 部分进行统一处理,OTHERS 必须是 EXCEPTION 部分的最后一个异常处理分支。如要在该分支中进一步判断异常种类,可以通过使用预定义函数 SQLCODE( )和 SQLERRM( )来获得系统异常号和异常信息。

如果在程序的子块中发生了异常,但子块没有异常处理部分,则异常错误会传递到主程序中。

2. 系统预定义异常

Oracle 的系统异常很多,但只有一部分常见异常在标准包中予以定义。定义的异常可以在 EXCEPTION 部分通过标准的异常名来进行判断,并进行异常处理。常见的系统预定义异常如表 5.2 所示。

如果一个系统异常没有在标准包中定义,则需要在声明部分定义一个异常名称,语法如下：

异常名 EXCEPTION;

定义后使用 PRAGMA EXCEPTION_INIT 来将一个定义的错误同一个特别的 Oracle 错误代码相关联,就可以同系统预定义的错误一样使用了。语法如下：

PRAGMA EXCEPTION_INIT(错误名,− 错误代码);

表 5.2　Oracle 常见的系统预定义异常

异常名	异常标题	异常号	说明
ACCESS_INTO_NULL	ORA−06530	−6530	试图给没有定义的对象赋值
CASE_NOT_FOUND	ORA−06592	−6592	Case 中未包含相应的 when,并且没有设置 else

异常名	异常标题	异常号	说明
COLLECTION_IS_NULL	ORA－06531	－6531	集合元素未初始化
CURSOR_ALREADY_OPEN	ORA－06511	－6511	游标已打开
DUP_VAL_ON_INDEX	ORA－00001	－1	唯一索引对应的列上有重复的值
INVALID_CURSOR	ORA－01001	－1001	在不合法的游标上进行操作
INVALID_NUMBER	ORA－01722	－1722	内嵌的 SQL 语句不能将字符转换为数字
LOGIN_DENIED	ORA－01017	－1017	连接到 Oracle 数据库时,提供了错误的用户名或密码
NO_DATA_FOUND	ORA－01403	－1403	使用 select into 未返回行或应用索引表未初始化的元素
NOT_LOGGED_ON	ORA－01012	－1012	PL/SQL 程序在没有连接 Oracle 数据库的情况下访问数据
PROGRAM_ERROR	ORA－06501	－6501	PL/SQL 内部问题,可能需要重装 PL/SQL 系统包
ROWTYPE_MISMATCH	ORA－06504	－6504	宿主游标变量与 PL/SQL 游标变量的返回类型不兼容
SELF_IS_NULL	ORA－30625	－30625	使用对象类型时,在 null 对象上调用对象方法
STORAGE_ERROR	ORA－06500	－6500	内存溢出错误
SUBSCRIPT_BEYOND_COUNT	ORA－06533	－6533	元素下标超过嵌套表或 VARRAY 的最大值
SUBSCRIPT_OUTSIDE_LIMIT	ORA－06532	－6532	使用嵌套表或 VARRAY 时,将下标指定为负数
SYS_INVALID_ROWID	ORA－01410	－1410	无效的 ROWID 字符串
TIMEOUT_ON_RESOURCE	ORA－00051	－51	Oracle 在等待资源时超时
TOO_MANY_ROWS	ORA－01422	－1422	执行 select into 时,结果集超过一行
VALUE_ERROR	ORA－06502	－6502	赋值时,变量长度不足以容纳实际数据
ZERO_DIVIDE	ORA－01476	－1476	除数为 0

3. 自定义异常

异常不一定必须是 Oracle 返回的系统错误,用户可以在自己的应用程序中创建可触发及可处理的自定义异常。

程序设计者可以利用引发异常的机制来进行程序设计,用户自己定义异常类型,可以在声明部分定义新的异常类型,定义的语法是:

错误名 EXCEPTION;

用户定义的异常不能由系统来触发,必须由程序显式地触发,触发的语法是:

RAISE 错误名;

用户自定义异常示例如图 5.8 所示。

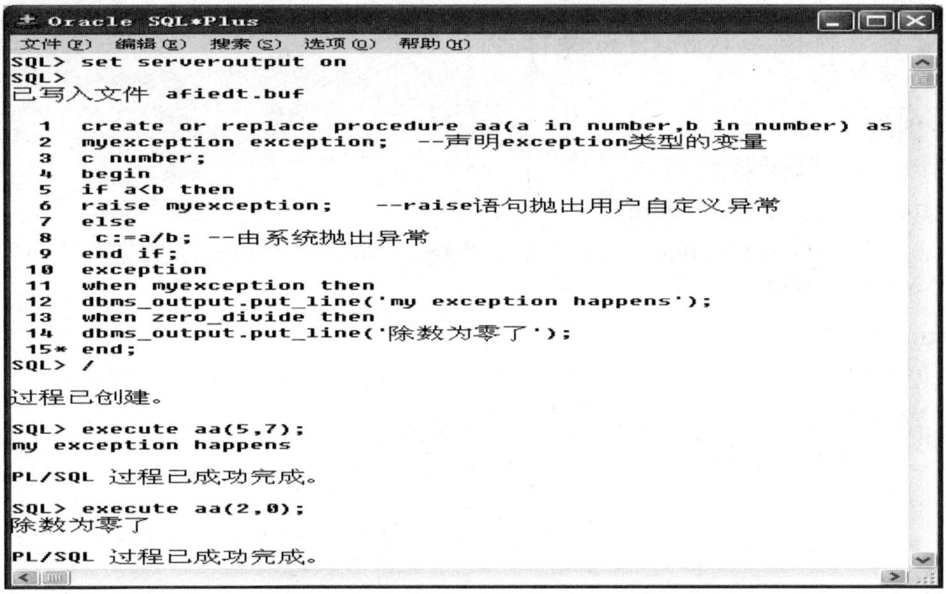

```
Oracle SQL*Plus
文件(F) 编辑(E) 搜索(S) 选项(O) 帮助(H)
SQL> set serveroutput on
SQL>
已写入文件 afiedt.buf

  1  create or replace procedure aa(a in number,b in number) as
  2  myexception exception;  --声明exception类型的变量
  3  c number;
  4  begin
  5  if a<b then
  6  raise myexception;   --raise语句抛出用户自定义异常
  7  else
  8   c:=a/b; --由系统抛出异常
  9  end if;
 10  exception
 11  when myexception then
 12  dbms_output.put_line('my exception happens');
 13  when zero_divide then
 14  dbms_output.put_line('除数为零了');
 15* end;
SQL> /

过程已创建。

SQL> execute aa(5,7);
my exception happens

PL/SQL 过程已成功完成。

SQL> execute aa(2,0);
除数为零了

PL/SQL 过程已成功完成。
```

图 5.8　用户自定义异常示例

5.2　Oracle 存储过程

5.2.1　存储过程基本知识

存储子程序是指被命名的 PL/SQL 块，以编译的形式存储在数据库服务器中，可以在应用程序中进行调用。PL/SQL 中的存储子程序包括存储过程和(存储)函数两种。通常，存储过程用于执行特定的操作，不需要返回值；而函数则用于返回特定的数据。在调用时，存储过程可以作为一个独立的表达式被调用，而函数只能作为表达式的一个组成部分被调用。本节主要讲述存储过程。存储过程由 PL/SQL 来完成，因此在存储过程内可以包含变量、常量的声明初始化、分支或循环控制语句和 SQL 语句。存储过程可以接收参数、输出参数、返回单个或多个结果集以及返回值。

存储过程具有以下优点：

- 可以在单个存储过程中执行一系列 SQL 语句。
- 可以在存储过程内引用其他存储过程，这可以简化一系列复杂语句。
- 存储过程在创建时即在服务器上进行编译，所以执行起来比单个 SQL 语句快。
- 确保数据库的安全性，可以不授权用户直接访问应用程序中的一些表，而是授权用户执行访问数据库的过程。
- 存储过程可以重复执行。

5.2.2　存储过程的相关操作

1. 创建

存储过程创建的语法如下：

create ［or replace］procedure 过程名

　　［(参数 1［{in|out|in out}］数据类型［,参数 2［{in |out |in out}］数据类型,…)］is|as
　　［变量的声明;］

begin

　　执行语句;

　　［exception

　　　　异常处理语句;］

end;

/

注意：

① 参数有 3 种类型 in、out 和 in out。in 表示参数是输入给过程的。out 表示该参数需要在存储过程执行后返回给调用环境一个值。in out 表示在过程调用时必须给定的并且在执行后返回给调用环境的参数。如果省略了 in、out 和 in out，默认为 in。in 参数为引用传递，即实参指针被传递给形参;out,in out 参数为值传递,即实参的值被复制给形参。

② 在声明参数时,不能定义形参的长度或精度。

③ 默认情况下,用户创建的存储过程归登录数据库的用户所拥有,DBA 可以通过授权给其他用户来执行该过程。

④ 和前文描述的一样,存储过程也可以在编辑器中编辑和修改。

⑤ 命令中若使用 or replace,在编辑已存在的同名过程时将覆盖原有的过程中的内容。

2. 执行

存储过程的执行有两种方式：

(1) 直接执行

在 SQL ＊Plus 下用 execute 命令执行存储过程的格式如下：

　　　　SQL＞execute　过程名［(par1，par2…)］;

(2) 被其他过程调用

调用的语句是：

　　declare par1, par2

　　begin

　　　　过程名(par1，par2…);

　　end;

3. 查看

存储过程的代码信息保存在 USER_SOURCE 数据字典里,存储过程的名称、类型和有效性等信息保存在 USER_OBJECTS 数据字典中,存储过程与表的联系信息保存在 USER_

DEPENDENCIES 数据字典里。可以通过命令"desc 表名"查看表的结构,然后通过查询语句来查看存储过程的相关信息。数据字典里的结构如图 5.9 所示。

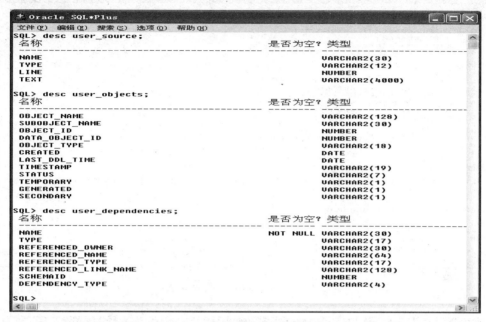

图 5.9　存储过程相关数据字典

注意:在数据字典里保存的内容全部是大写,而 PL/SQL 中是不区分大小写的。所以在查询数据字典的时候要注意查找内容的大写,或使用 upper 转换函数。如查询存储过程 aa 的有效性用下列语句:

　　　SELECT ＊ FROM USER_OBJECTS WHERE OBJECT_NAME＝UPPER('aa');
或

　　　SELECT ＊ FROM USER_OBJECTS WHERE OBJECT_NAME＝'aa';

4. 删除

当某个存储过程不再需要时,应将其从内存中删除,以释放它占用的内存资源。删除存储过程的语句格式如下:

　　　SQL＞drop procedure 存储过程名;

5. 重新编译失效的存储过程

　　　SQL＞alter procedure 存储过程名 compile;

注意:也可以用 Oracle 提供的工具 dbms_utility. compile_schema(schema varchar2、compile_all boolean default TRUE);来编译某个 Schema 下的所有 procedure、function、package 和 trigger。

5.2.3　存储过程示例

例 5.1　通过存储过程向学生基本信息表添加记录和修改记录。编辑的过程和执行情况如图 5.10 和图 5.11 所示。

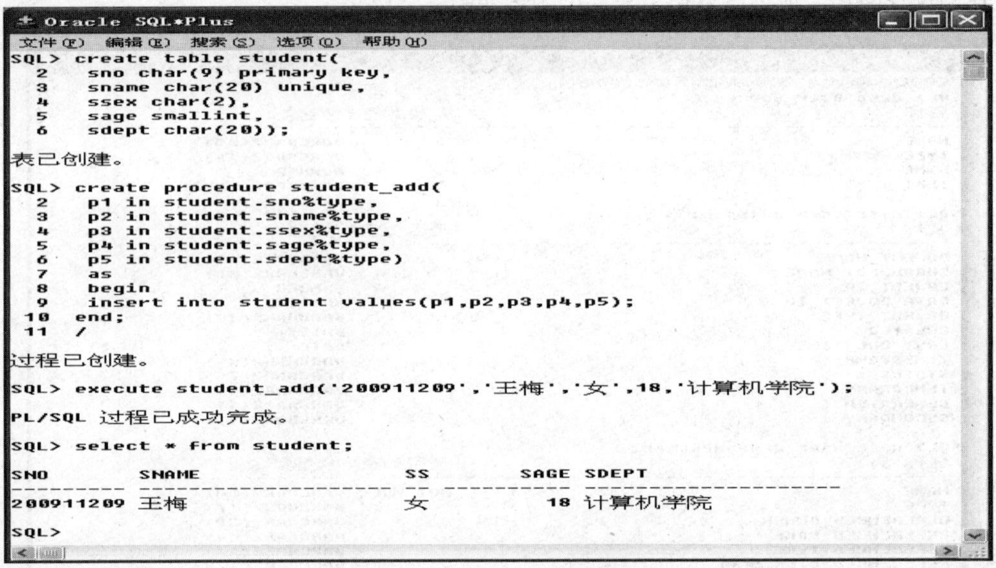

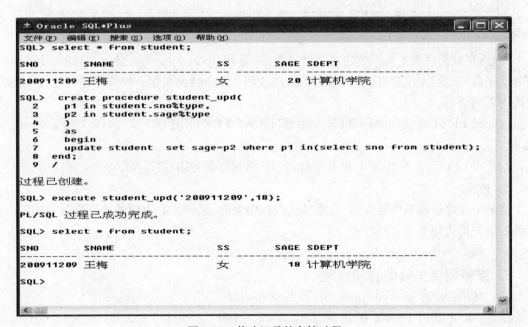

图 5.10　添加记录的存储过程

图 5.11　修改记录的存储过程

读者可以编写删除表中记录的存储过程。参考程序如下：

```
create or replace procedure student_del( p1 in student. sno%type)
as
begin
    delete from student where sno=p1;
```

end；

5.2.4　包

1. 包的基本概念

PL/SQL 程序包（Package）用于将相关的 PL/SQL 块或元素（过程、函数、变量、常量、自定义数据类型、游标等）组织在一起，成为一个完整的单元，编译后存储在数据库服务器中，作为一种全局结构，供应用程序调用。

在 Oracle 数据库中，包有两类，一类是系统内置的包，每个包是实现特定应用的过程、函数、常量等的集合，脚本存放在 D:\oracle\ora92\rdbms\admin 中（笔者的 Oracle 装在 D:\oracle，读者可以根据自己的情况修改）；另一类是需要用户创建的包。包由包头和包体两部分组成，在数据库中独立存储。

2. 包的创建

创建包头的语句格式如下：

```
create package <包名> is|as
        变量、常量及数据类型定义；
        游标定义；
        函数、过程定义和参数列表及返回类型；
    end <包名>；
```

创建包主体部分的语句格式如下：

```
create package body <包名> is|as
        游标、函数、过程的具体定义；
    end <包名>；
```

3. 包的使用

要使用 PL/SQL 程序包里的存储过程，方法如下：

```
    程序包.过程名；
```

例 5.2　创建程序包 my_pack1，在包里包含判断参数是否是素数的存储过程 prime1。具体的创建过程如图 5.12 所示。

4. 常用的系统包

常用的系统包有 dbms_output 和 utl_file。

dbms_output 程序包的主要功能是输出 PL/SQL 处理的结果。使用该包需要使用 set serveroutput on 打开 serveroutput 开关。dbms_output.put() 输出到缓冲区（没换行），dbms_output.put_line 输出一行（带换行），dbms_output.new_line() 产生新的一行。

utl_file 包用于操作文本文件。使用 utl_file 时在 SQL * Plus 下按以下步骤做设置。

① 在 Oracle 目录下搜索 init.ora 文件，用记事本打开后在文件末加上 UTL_FILE_DIR= D:\mytxt（后面的 D:\mytxt 是放文本文件的文件夹）。

② 在 SQL * Plus 上以 connect sys/密码 as sysdba 登录，然后输入以下命令：

```
    shutdown immediate；
```

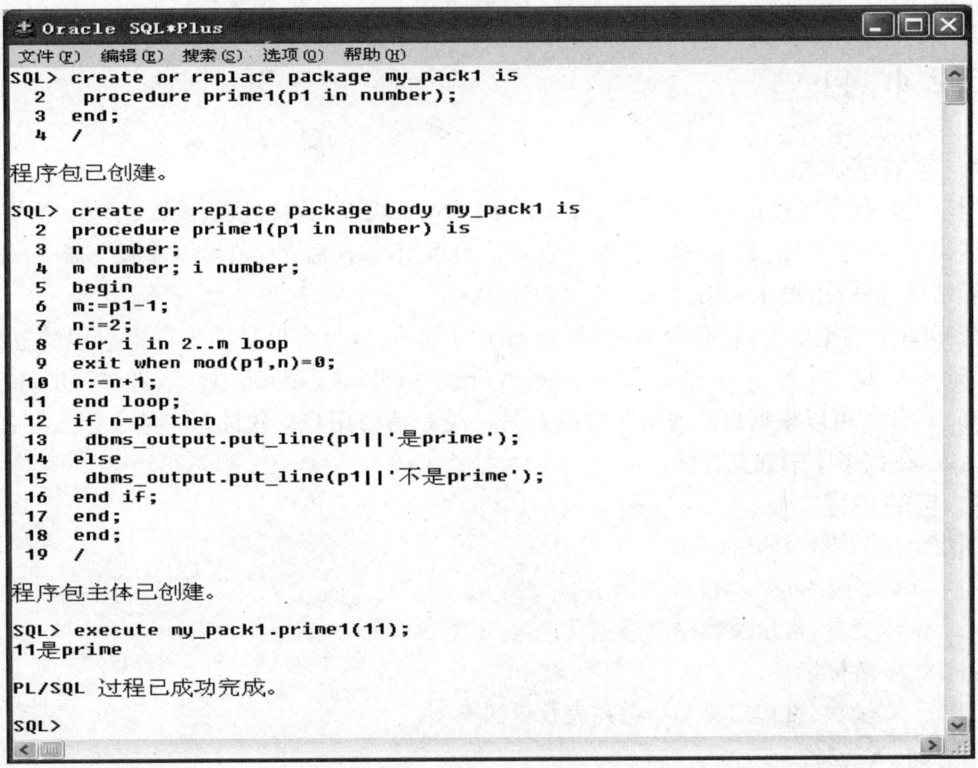

```
Oracle SQL*Plus
文件(F) 编辑(E) 搜索(S) 选项(O) 帮助(H)
SQL> create or replace package my_pack1 is
  procedure prime1(p1 in number);
 end;
 /

程序包已创建。

SQL> create or replace package body my_pack1 is
 procedure prime1(p1 in number) is
 n number;
 m number; i number;
 begin
 m:=p1-1;
 n:=2;
 for i in 2..m loop
 exit when mod(p1,n)=0;
 n:=n+1;
 end loop;
 if n=p1 then
  dbms_output.put_line(p1||'是prime');
 else
  dbms_output.put_line(p1||'不是prime');
 end if;
 end;
 end;
 /

程序包主体已创建。

SQL> execute my_pack1.prime1(11);
11是prime

PL/SQL 过程已成功完成。

SQL>
```

图 5.12　包的创建和使用

startup mount;

alter system set UTL_FILE_DIR='D:\mytxt' scope=spfile;

shutdown immediate;

startup;

③ show parameter utl 检验一下，若 utl_file_dir 对应的 value 值是 D:\mytxt，表明文件夹配置好了，接下来就可以编写 PL/SQL 代码了。使用 utl_file 包的示例如图 5.13 所示。

注意：

① 使用 utl_file 包时，由于是对文件进行操作，需要先申请一个 utl_file. file_type 类型的一个文件变量；

② utl_file 包中常用的过程和函数如下：

function fopen(location in varchar2,filename in varchar2,open_mode in varchar2);——打开文件

function get_line(file in utl_file. file_type, buffer out varchar2, len in binary_integer default null);——从文件中获得一行

Procedure utl_file. put(file in utl_file. file_type, buffer out varchar2);——向文件中写入内容

Procedure utl_file. new_line(file in utl_file. file_type, lines in natural :=1);——在文件中换行

图 5.13　utl_file 包的使用

Procedure utl_file. put_line(file in utl_file. file_type,buffer in varchar2);——向文件中写入一行

Procedure utl_file. fflush(file in utl_file. file_type);在 utl_file. fclose 之前用,确保把缓冲区中的内容写入文件

Procedure utl_file. fclose(file in out utl_file. file_type);——文件使用完后要关闭

5.3　Oracle 触发器

5.3.1　触发器基本知识

1. 触发器概念

触发器(Trigger)是一种特殊的存储过程,编译后存储在数据库服务器中。当特定事件发生时,由系统自动调用执行,而不是显式执行。另外,触发器不接受任何参数,而存储过程需要显式调用,并可以接收和传回参数。

触发器与表联系紧密,主要用于维护那些通过创建表时的声明约束不可能实现的复杂的完整性约束以及对数据库中特定事件进行监控和响应。

使用触发器时要明确几个问题:

① 触发的事件,即执行了哪些操作启动了触发器。Oracle 中触发器的触发事件主要包括

insert、update、delete 等操作。

②触发的对象,即对哪个表和表的哪些列进行操作。

③触发的时机,即触发器执行的时间。Oracle 有两个触发时机,before 和 after。

④触发级别:触发级别用于指定触发器响应触发事件的方式。默认为语句级触发器,即触发事件发生后,触发器只执行一次。如果指定为 FOR EACH ROW,即为行级触发器,则触发事件每作用于一个记录,触发器就会执行一次。

⑤触发的条件,即触发事件发生后,满足什么条件才执行触发体。

⑥区分新旧记录。触发事件会进行数据的改变,Oracle 用 new 代表新值状态的记录,old 代表旧值状态的记录。对于 insert 操作没有"旧"值状态的记录,对于 delete 操作没有"新"值状态的记录。

2. 触发器类型

根据触发器作用的对象不同,触发器分为 3 类。

① DML 触发器:建立在基本表上的触发器,响应基本表的 insert、update、delete 操作。

② INSTEAD OF 触发器:建立在视图上的触发器,响应视图上的 insert、update、delete 操作。

③系统触发器:建立在系统或模式上的触发器,响应系统事件和 DDL(create,alter,drop)操作。

本节主要讲述 DML 触发器。

5.3.2　触发器相关操作

1. 创建触发器

一个触发器由 3 部分组成:触发事件或语句、触发限制和触发器动作。触发事件或语句是指引起激发触发器的 SQL 语句,可为指定表的 insert、update 或 delete 操作语句。触发限制是指定一个布尔表达式,当触发器激发时该布尔表达式是必须为真。触发器作为过程,是 PL/SQL 块,当触发语句发出、触发限制计算为真时该过程被执行。

利用 sql 语句创建 DML 触发器的语法是:

```
create [or replace] trigger [schema.]触发器名
    {before|after|instead of} {update|insert|delete} ON [schema.]表名
    [[referencing new as new old as old ] for each row [when (触发条件)] ]
declare
    变量声明;
begin
    执行语句块;
end;
/
```

①参数说明

OR REPLACE:表示如果存在同名触发器,则覆盖原有同名触发器。利用该选项可修改已存在的触发器；

BEFORE、AFTER 和 INSTEAD OF：说明触发器的类型；

WHEN 触发条件：表示当该条件满足时，触发器才能执行；

触发事件：指 INSERT、DELETE 或 UPDATE，可以用一个事件，也可以用多个，事件可以并行出现，中间用 OR 连接；

对于 UPDATE 事件，还可以用以下形式表示对某些列的修改会引起触发器的动作：

　　　　UPDATE OF 列名 1，列名 2…

ON 表名：表示为哪一个表创建触发器；

FOR EACH ROW：表示触发器为行级触发器，也即是对满足条件的记录就触发执行一次，省略则为语句级触发器；

REFERENCING NEW AS NEW OLD AS OLD：可选，NEW 表示新记录，OLD 表示旧记录。

② 在 DML 触发器中，可以根据需要事件的不同进行不同的操作。在触发器中可使用 3 个条件谓词：

- inserting：当触发事件是 insert 操作时，该条件谓词返回 true，否则返回 false。
- updating：当触发事件是 update 操作时，该条件谓词返回 true，否则返回 false。
- deleting：当触发事件是 delete 操作时，该条件谓词返回 true，否则返回 false。

③ 触发器和某一指定的表格有关，当该表格被删除时，任何与该表有关的触发器同样会被删除。

④ 触发器的大小不能超过 32 KB。

2. 查看触发器

触发器的信息保存在下列的数据字典里：user_triggers、all_triggers 和 dba_triggers。

通过 all_triggers 来查看触发器的相关信息，如图 5.14 所示。

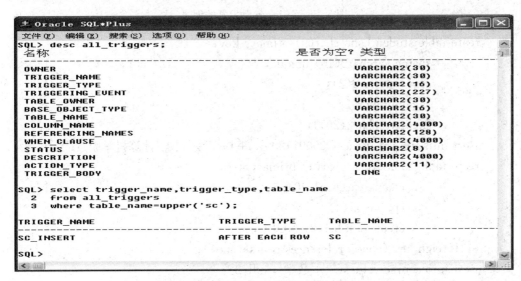

图 5.14　查看触发器相关信息

3. 删除触发器

drop trigger 触发器名 on 表名；

4. 重新编译失效的触发器

alter trigger 触发器名 compile；

5.3.3　触发器实例

例 5.3　向 sc 表中插入或修改一个记录时，通过触发器检查记录的 sno 值是否存在于 student 表中，若不存在，则取消插入或修改操作。

准备工作：创建 student、course 和 sc 3 个表。具体的触发器程序如图 5.15 所示。

```
± Oracle SQL*Plus
文件 (F)  编辑 (E)  搜索 (S)  选项 (O)  帮助 (H)
SQL> create or replace trigger sc_insert after insert or update on sc
  2  referencing new as new old as old
  3  for each row
  4  declare
  5    psno student.sno%type;
  6    pcno course.cno%type;
  7  begin
  8     select sno into psno from student where sno=:new.sno;
  9     select cno into pcno from course where cno=:new.cno;
 10    if (psno is null and pcno is null) then
 11       rollback;
 12    end if;
 13  end;
 14  /

触发器已创建

SQL> select * from sc;

未选定行

SQL> insert into sc values('200911209','2',90);

已创建 1 行。

SQL> insert into sc values('200911210','2',60);
insert into sc values('200911210','2',60)
            *
ERROR 位于第 1 行：
ORA-01403: 未找到数据
ORA-06512: 在"SCOTT.SC_INSERT", line 5
ORA-04088: 触发器 'SCOTT.SC_INSERT' 执行过程中出错

SQL>
```

图 5.15　sc_insert 触发器的创建

```
create table student(sno char(9) primary key,
        sname varchar2(10) unique,
        ssex varchar2(2),
        sage number(2),
        sdept varchar2(20));
insert into student values('200911209','王梅','女',18,'计算机学院');
create table course(cno char(4) primary key,
        cname varchar2(40),
        cpno char(4),
        credit number(2) NULL,
    foreign key (cpno) references course(cno));
insert into course values('2','数学',null,2);
insert into course values('6','数据处理',null,2);
insert into course values('4','操作系统','6',3);
```

```
insert into course values('7','pascal 语言','6',4);
insert into course values('5','数据结构','7',4);
insert into course values('1','数据库','5',4);
insert into course values('3','信息系统','1',4);
create table sc (sno char(9),
                 cno char(4),
                 grade smallint,
        primary key(sno,cno),
        foreign key(sno) references student(sno),
        foreign key(cno) references course(cno));
insert into sc values('200911209','2',90);
```

读者可以尝试编写下列触发器：

① 若要修改学生数据库中 student 表中的 sno 和 course 表中的 cno 时，sc 表中的 sno 和 cno 做相应修改的触发器。

参考触发器程序如下：

```
create or replace trigger sc_upd
    after update on student
    referencing new as new old as old for each row
begin
    if updating then
        update sc set sno=:new. sno where sno=:old. sno;
    end if;
end;
/
create or replace trigger sc_upd1
    after update or insert on course
    referencing new as new old as old for each row
begin
    if updating then
    update sc set cno=:new. cno where cno=:old. cno;
    end if;
end;
/
```

执行下列语句观察执行结果。

```
update sc set sno='200911210'
    where sno='200911209';
```

执行下列语句观察执行结果。

```
insert into student values('200911210','张长生','男',19,'计算机学院');
```

```
update sc set sno='200911210'
where sno='200911209';
```

② 若删除了 student 表和 course 表中的记录时,sc 表中相应的记录也要删除。

参考触发器程序如下:

```
create or replace trigger sc_del after delete on student
    referencing new as new old as old for each row
begin
    if deleting then
        delete from sc where sno=:old. sno;
    end if;
end;
/
create or replace trigger sc_del1 after delete on course
    referencing new as new old as old for each row
begin
    if deleting then
        delete from sc where sno=:old. sno;
    end if;
end;
/
```

可以在 student、sc 表中增加一条记录,然后编写该触发器,在 student 表上做一下删除,在 sc 表上验证是否执行了触发器。

本 章 小 结

SQL 语句提供了数据操纵的能力,但不支持结构化编程。当要实现复杂的应用时,需要数据库管理系统提供过程化的编程支持,因此 Oracle 利用 PL/SQL(Procedure Language/ Structure Query Language,过程语言)来进行结构化编程。PL/SQL 将 SQL 的数据操纵和过程化编程语言的流程控制结合起来,是 SQL 的扩展。因此本章主要介绍 PL/SQL 的相关知识,主要讲述了存储过程和触发器。并通过一些具体的实例来讲解所有的操作过程。通过本章的学习,读者应了解 PL/SQL 的相关知识,能够创建简单的存储过程、触发器和包。若需要深入学习 PL/SQL 的编程,可参考专门的 PL/SQL 编程书籍。

习　题

5.1　简述 PL/SQL 和 SQL 的区别。

5.2　简述 PL/SQL 程序块的基本结构。

5.3　简述存储过程的作用和用法。

5.4　编写存储过程 printascii,显示 ASCII 码值从 32 到 120 的字符(提示,此时需要将数值转化为字符的 chr())。

5.5　简述触发器的作用和用法。

5.6　对 t1(p1 number,p2 number)编写一个触发器,当插入数据时若 p1>15,则修改 p1 为 0。

第6章 关系数据理论

关系数据库是由一组关系组成的,而每个关系又都是由属性组成的。在构造关系时,经常会存在数据冗余和更新异常等现象,这是由于关系中各属性间的相互依赖性和独立性造成的。本章将介绍函数依赖、关系模式的规范化和模式分解方法。

6.1 基 本 概 念

关系数据库理论中的重要概念是数据依赖。关系模式中的各属性间相互依赖、相互制约的联系成为数据依赖。这种约束关系通过属性值之间的依赖关系来体现。

数据依赖一般分为函数依赖、多值依赖和连接依赖,其中函数依赖(FD, Function Dependency)和多值依赖(MVD, Multivalue Dependency)是最重要的。

函数依赖是关系模式中属性之间的一种逻辑依赖关系。

6.1.1 函数依赖

定义 6.1 设关系 $R(U)$ 是属性集 U 上的关系模式,X、Y 是 U 的子集。若对于 $R(U)$ 的任意一个可能的关系 r,r 中不可能存在两个元组在 X 上的属性值相等,而在 Y 上的属性值不等,则称 X 函数决定 Y,或 Y 函数依赖 X,记作 $X \rightarrow Y$。我们称 X 为决定因子,Y 为依赖因子,当 Y 函数不依赖于 X 时,记作 $X \nrightarrow Y$。

例 6.1 对于关系模式 SCD(SNO,CNO,SNAME,SAGE,SDEPT,DEAN,GRADE),
U={SNO,SNAME,SAGE,SDEPT,DEAN,CNO,GRADE},

现有事实如下:

① 一个系有若干学生,但一个学生只属于一个系;

② 一个系只有一个系主任;

③ 一个学生可以选修多门课程,每门课程有若干学生选修;

④ 每个学生所学的每门课程都有一个成绩。

从上述事实可以得到属性组 U 上的一组函数依赖:

F={SNO→SNAME,SNO→SAGE,SNO→SDEPT,SDEPT→DEAN,(SNO,CNO)→成绩}。

一个"SNO"有多个"GRADE"的值与其对应,因此"GRADE"不能唯一地确定,"GRADE"

不能函数依赖于"SNO",表示为:SNO $\nrightarrow$ GRADE,但"GRADE"可以被(SNO,CNO)唯一地确定,表示为:(SNO,CNO)→GRADE。

有关函数依赖有以下几点说明。

① 函数依赖不是指关系模式 R 的某个或某些关系实例满足的约束条件,而是指 R 的所有关系实例均要满足的约束条件;

② 函数依赖是语义范畴的概念。我们只能根据语义来确定一个函数依赖,例如,"姓名→年龄"这个函数依赖只有在学生不存在重名的情况下成立。如果有相同名字的人,则"年龄"就不再函数依赖于"姓名"了;

③ 函数依赖与属性之间的联系类型有关。在个关系模式中,如果属性 X 与 Y 有 $1:1$ 联系时,则存在函数依赖 $X{\rightarrow}Y,Y{\rightarrow}X$,即 $X{\Leftrightarrow}Y$。例如:当学生不重名时,学号⇔姓名。

如果属性 X 与 Y 有 $m:1$ 联系时,则只存在函数依赖 $X{\rightarrow}Y$,例如:"SNO"与"SAGE"之间为 $m:1$ 联系,所以有 SNO→SAGE。

如果属性 X 与 Y 有 $m:n$ 联系时,则 X 与 Y 之间不存在任何函数依赖关系。例如:一个学生可以选修多门课程,每门课程可以有多个学生选修,所以"SNO"与"CNO"之间不存在任何函数依赖关系。

定义 6.2　在关系模式 $R(U)$ 中,对于 U 的子集 X 和 Y,如果 $X{\rightarrow}Y$,且 $Y{\not\subset}X$,则称 $X{\rightarrow}Y$ 是非平凡的函数依赖。若 $Y{\subseteq}X$,则称 $X{\rightarrow}Y$ 是平凡的函数依赖。

对于任意关系模式,平凡函数依赖都是必然成立的,若不特别声明,总是讨论非平凡的函数依赖。

6.1.2　完全函数依赖

定义 6.3　在关系模式 $R(U)$ 中,如果 $X{\rightarrow}Y$,并且对于 X 的任何一个真子集 X',都有 $X'{\nrightarrow}Y$,则称 Y 完全函数依赖于 X,记作 $X\xrightarrow{f}Y$。否则称 Y 部分函数依赖于 X,记作 $X\xrightarrow{p}Y$。

由定义可知,当 X 是单个属性时,由于 X 不存在真子集,那么如果 $X{\rightarrow}Y$,则 Y 完全函数依赖于 X。因此只有当决定因子是组合属性时,讨论部分函数依赖才有意义。

例 6.2　在 *Student*(SNO,SNAME,SAGE,SSEX,SDEPT)关系中,因为(SNO,SNAME)→SSEX,SNO→SSEX,因此(SNO,SNAME)$\xrightarrow{p}$ SSEX。

在 *Score*(SNO,CNO,GRADE)关系中,因为(SNO,CNO)→GRADE,但 SNO $\nrightarrow$ GRADE,CNO $\nrightarrow$ GRADE,因此(SNO,CNO)$\xrightarrow{f}$GRADE。

6.1.3　传递函数依赖

定义 6.4　在关系模式 $R(U)$ 中,如果 $X{\rightarrow}Y$、$Y{\rightarrow}Z$,且 $Y{\not\subset}X$、$Y{\nrightarrow}X$,则称 Z 传递函数依赖于 X,记作 $X\xrightarrow{t}Z$。

从定义可知,条件 $Y{\nrightarrow}X$ 十分必要,如果 X、Y 互相依赖,实际上处于等价地位,此时 $X{\rightarrow}Z$ 则为直接函数依赖联系,而非传递依赖。

例 6.3   在 $STD(SNO, SDEPT, DEAN)$，有 $SNO \rightarrow SDEPT$、$SDEPT \rightarrow DEAN$，因此，$SNO \xrightarrow{t} SDEPT$。

6.1.4   码

码是关系模式中的一个重要概念，下面用函数依赖的概念来定义码。

定义 6.5   设 K 为关系模式 $R<U, F>$ 中的属性或属性组合，若 $K \xrightarrow{f} U$，则 K 为 R 的候选码(Candidate Key)。若候选码多于一个，则选定其中的一个为主码(Primary Key)。主码用下划线标志出来。

包含在任何一个候选码中的属性，叫做主属性(Prime Attribute)。不包含在任何码中的属性称为非主属性(Nonprime Attribute)或非码属性(Non-key Attribute)。最简单的情况，单个属性是码。最极端的情况，整个属性组是码，称为全码(All-Key)。

例 6.4   在关系模式 $S(SNO, SDEPT, SAGE)$ 中，SNO 是码。

在关系模式 $R(TEACHER, COURSE, STUDENT)$ 中，假设一个教师可以教授多门课程，某一门课程可以有多个教师讲授，学生也可以听不同教师讲授不同的课程，这个关系模式的码为 $(TEACHER, COURSE, STUDENT)$，即全码。

定义 6.6   关系模式 R 中属性或属性组 X 并非 R 的码，但 X 是另一个关系模式 S 的码，则称 X 是 R 的外部码(Foreign Key)也称外码。

例 6.5 $Score$（$SNO, CNO, GRADE$）中，SNO 不是码，但 SNO 是关系模式 $Student$($SNO, SDEPT, SAGE$)的码，则学号是关系模式 $Score$ 的外码。

主码与外码提供了一个表示关系间联系的手段。关系模式 $Student$ 与 $Score$ 的联系就是通过学号来体现的。

6.2   函数依赖的公理系统

函数依赖的公理系统是模式分解算法的基础，1974 年 W. W. Armstrong 提出了一套有效而完备的公理系统——Armstrong 公理。

6.2.1   函数依赖的逻辑蕴含

对于满足一组函数依赖 F 的关系模式 $R<U, F>$，其任何一个关系 r，若函数依赖 $X \rightarrow Y$ 都成立（即 r 中任意两元组 t、s，若 $t[X] = s[X]$，则 $t[Y] = s[Y]$），则称 F 逻辑蕴含 $X \rightarrow Y$。

6.2.2   Armstrong 公理系统

Armstrong 公理系统   设 U 为属性集总体，F 是 U 上的一组函数依赖，于是有关系模式

$R<U,F>$。对 $R<U,F>$ 来说有以下的推理规则：

①　A_1 自反律(Reflexivity)：若 $Y\subseteq X\subseteq U$，则 $X\to Y$ 为 F 所蕴含。

②　A_2 增广律(Augmentation)：若 $X\to Y$ 为 F 所蕴含，且 $Z\subseteq U$，则 $XZ\to YZ$ 为 F 所蕴含。

③　A_3 传递律(Transitivity)：若 $X\to Y$ 及 $Y\to Z$ 为 F 所蕴含，则 $X\to Z$ 为 F 所蕴含。

注意：由自反律所得到的函数依赖均是平凡的函数依赖，自反律的使用并不依赖于 F。

根据 Armstrong 公理可以得到下面 3 条有用的推理规则。

①　合并规则(Union Rule)：由 $X\to Y$、$X\to Z$，有 $X\to YZ$。

②　伪传递规则(Pseudotransitivity Rule)：由 $X\to Y$、$WY\to Z$，有 $XW\to Z$。

③　分解规则(Decomposition Rule)：由 $X\to Y$ 及 $Z\subseteq Y$，有 $X\to Z$。

根据合并规则和分解规则，很容易得到这样一个重要事实：$X\to A_1 A_2\cdots A_k$ 成立的充分必要条件是 $X\to A_i$ 成立 $(i=1,2,\cdots,k)$。

定理 6.1　Armstrong 推理规则是正确的。

下面从定义出发证明推理规则的正确性。

证明：

①　设 $Y\subseteq X\subseteq U$。

对 $R<U,F>$ 的任一关系 r 中的任意两个元组 t、s：

若 $t[X]=s[X]$，由于 $Y\subseteq X$，有 $t[Y]=s[Y]$，所以 $X\to Y$ 成立。自反律得证。

②　设 $X\to Y$ 为 F 所蕴含，且 $Z\subseteq U$。

对 $R<U,F>$ 的任一关系 r 中的任意两个元组 t、s：

若 $t[XZ]=s[XZ]$，则有 $t[X]=s[X]$ 和 $t[Z]=s[Z]$；

由 $X\to Y$，有 $t[Y]=s[Y]$，所以 $t[YZ]=s[YZ]$，即 $XZ\to YZ$ 为 F 所蕴含，增广律得证。

③　设 $X\to Y$ 及 $Y\to Z$ 为 F 所蕴含。

对 $R<U,F>$ 的任一关系 r 中的任意两个元组 t、s：

若 $t[X]=s[X]$，由于 $X\to Y$，有 $t[Y]=s[Y]$；

再由 $Y\to Z$，有 $t[Z]=s[Z]$，所以 $X\to Z$ 为 F 所蕴含，传递律得证。

6.2.3　函数依赖集闭包和属性依赖集闭包

定义 6.7　在关系模式 $R<U,F>$ 中为 F 所蕴含的函数依赖的全体叫做 F 的闭包，记作 F^+。一般情况 $F\leqslant F^+$。如果 $F=F^+$，则称 F 是函数依赖的完备集。

定义 6.8　设有关系模式 $R<U,F>$，X 是 U 的子集，称所有用公理从 F 推出的函数依赖集 $X\to A_i$ 中的 A_i 为属性集 X 关于函数依赖 F 的闭包，记作 X_F^+。即：

$$X_F^+=\{A_i\,|\,A_i\in U, X\to A_i\in F^+\}$$

由公理的自反性可知 $X\to X$，因此 $X\subseteq X_F^+$。

算法 6.1　求属性集 $X(X\subseteq U)$ 关于 U 上的函数依赖 F 的闭包 X_F^+。

输入：X,F

输出：X_F^+

步骤：

① 令 $X(0) = X, i = 0$；

② 求 B，令 $B = \{A \mid (\exists V)(\exists W)(V \rightarrow W \in F \wedge V \subseteq X^{(i)} \wedge A \in W)\}$；

③ $X^{(i+1)} = B \bigcup X^{(i)}$；

④ 判断是否 $X^{(i+1)} = X^{(i)}$；

⑤ 若相等或 $X^{(i)} = U$ 则 $X^{(i)}$ 就是 X_F^+，算法终止。

⑥ 否则 $i = i + 1$，返回②。

例 6.6　已知关系 $R < U, F >$，其中 $U = \{A, B, C, D, E\}$；$F = \{ AB \rightarrow C, B \rightarrow D, C \rightarrow E, EC \rightarrow B, AC \rightarrow B\}$，求 $(AB)_F^+$。

解　设 $X^{(0)} = AB$。

计算 $X^{(1)}$，逐一扫描 F 集合中各个函数依赖，找左部为 A、B 或 AB 的函数依赖，找到两个：$AB \rightarrow C$、$B \rightarrow D$。于是 $X^{(1)} = AB \bigcup CD = ABCD$。

因为 $X^{(1)} \neq X^{(0)}$，所以再找出左部为 $ABCD$ 子集的那些函数依赖，又找到 $C \rightarrow E$、$AC \rightarrow B$，于是 $X^{(2)} = X^{(1)} \bigcup BE = ABCDE$。

因为 $X^{(2)}$ 已等于全部属性集合，所以 $(AB)_F^+ = ABCDE$。

对算法 6.1，令 $A_i = |X^{(i)}|$，$\{A_i\}$ 形成一个步长大于 1 的严格递增的序列，序列的上界是 $|U|$，因此该算法最多 $|U| - |X|$ 次循环就会终止。

6.2.4　Armstrong 公理的有效性和完备性

Armstrong 公理的有效性指的是，在 F 中根据 Armstrong 公理推导出来的每一个函数依赖一定为 F 所逻辑蕴含，即在 F^+ 中。Armstrong 公理的完备性指的是，F^+ 所逻辑蕴含的每一个函数依赖，必定可以由 F 出发根据 Armstrong 公理推导出来。

建立公理体系的目的在于有效而准确地计算函数依赖的逻辑蕴含，即由已知的函数依赖推出未知的函数依赖。公理的有效性保证按公理推出的所有函数依赖都为真，公理的完备性保证了可以推出所有的函数依赖，这样就保证了计算和推导的可靠和有效。

定理 6.2　Armstrong 公理系统是有效的、完备的。

Armstrong 公理系统的有效性可由定理 6.1 得到证明。这里给出完备性的证明。

证明完备性的逆否命题，即若函数依赖 $X \rightarrow Y$ 不能由 F 从 Armstrong 公理导出，那么它必然不为 F 所蕴含，它的证明分 3 步。

① 若 $V \rightarrow W$ 成立，且 $V \subseteq X_F^+$，则 $W \subseteq X_F^+$。

证明：因为 $V \subseteq X_F^+$，所以有 $X \rightarrow V$ 成立；于是 $X \rightarrow W$ 成立（因为 $X \rightarrow V, V \rightarrow W$），所以 $W \subseteq X_F^+$。

② 构造一张二维表 r，它由下列两个元组构成，可以证明 r 必是 $R < U, F >$ 的一个关系，即 F 中的全部函数依赖在 r 上成立。

X_F^+	$U - X_F^+$
11……1	00……0
11……1	11……1

若 r 不是 $R < U, F >$ 的关系，则必是由于 F 中有某一个函数依赖 $V \rightarrow W$ 在 r 上不成立所

致。由 r 的构成可知,V 必定是 X_F^+ 的子集,而 W 不是 X_F^+ 的子集。与第①步,$W \subseteq X_F^+$ 矛盾。所以 r 必是 $R<U,F>$ 的一个关系。

③ 若 $X \rightarrow Y$ 不能由 F 从 Armstrong 公理导出,则 Y 不是 X_F^+ 的子集,因此必有 Y 的子集 Y',满足 $Y' \subseteq U - X_F^+$,则 $X \rightarrow Y$ 在 r 中不成立,即 $X \rightarrow Y$ 必不为 $R<U,F>$ 蕴含。

6.2.5　函数依赖集的等价和覆盖

定义 6.9　设 F 和 G 是两个函数依赖集,如果 $F^+ = G^+$,则称 F 和 G 等价。F 和 G 等价说明 F 覆盖 G,同时 G 覆盖 F。

定理 6.3　$F^+ = G^+$ 的充分必要条件是 $F \subseteq G^+$ 且 $G \subseteq F^+$。

证明:必要性显然,只证充分性。

① 若 $F \subseteq G^+$,则 $X_F^+ \subseteq X_G^+$。

② 任取 $X \rightarrow Y \in F^+$ 则有 $Y \subseteq X_F^+ \subseteq X_G^+$。

所以 $X \rightarrow Y \in (G^+)^+ = G^+$。即 $F^+ = G^+$。

③ 同理可证 $G \subseteq F^+$,所以 $F^+ = G^+$。

而要判定 $F \subseteq G^+$,只需逐一对 F 中的函数依赖 $X \rightarrow Y$ 考察 Y 是否属于 X_G^+ 就行了。因此定理 6.3 给出了判断两个函数依赖集等价的可行算法。

6.2.6　函数依赖集的最小化

定义 6.10　如果函数依赖集 F 满足下列条件,则称 F 为一个极小函数依赖集。亦称为最小依赖集或最小覆盖。

① F 中任一函数依赖的右部仅含有一个属性。

② F 中不存在这样的函数依赖 $X \rightarrow A$,使得 F 与 $F - \{X \rightarrow A\}$ 等价。

③ F 中不存在这样的函数依赖 $X \rightarrow A$,X 有真子集 Z 使得 $F - \{X \rightarrow A\} \cup \{Z \rightarrow A\}$ 与 F 等价。

条件①说明在最小函数依赖集中的所有函数依赖都应该是"右端没有多余的属性"的最简单的形式;条件②保证了最小函数依赖集中无多余的函数依赖;条件③要求,最小函数依赖集中的每个函数依赖的左端没有多余的属性。

例如:在关系模式 $S<U,F>$ 中,$U = \{SNO, SDEPT, DEAN, CNO, GRADE\}$,

$F = \{SNO \rightarrow SDEPT, SDEPT \rightarrow DEAN, (SNO, CNO) \rightarrow GRADE\}$

$F' = \{SNO \rightarrow SDEPT, SNO \rightarrow DEAN, SDEPT \rightarrow DEAN, (SNO, CNO) \rightarrow GRADE, (SNO, SDEPT) \rightarrow SDEPT\}$

根据定义可以验证 F 是最小覆盖,而 F' 不是。因为 $F' - \{SNO \rightarrow DEAN\}$ 与 F' 等价,$F' - \{(SNO, SDEPT) \rightarrow SDEPT\}$ 与 F' 等价。

定理 6.4　每一个函数依赖集 F 均等价于一个极小函数依赖集 F_m。此 F_m 称为 F 的最小依赖集。

证明:这是一个构造性的证明,分 3 步对 F 进行"极小化处理",找出 F 的一个最小依赖集来。

① 逐一检查 F 中各函数依赖 $FD_i:X{\rightarrow}Y$,若 $A_1A_2{\cdots}A_k(k{>}2)$,则用 $\{X{\rightarrow}A_j\,|\,j=1,2,\cdots,k\}$ 来取代 $X{\rightarrow}Y$。

② 逐一检查 F 中各函数依赖 $FD_i:X{\rightarrow}A$,令 $G=F-\{X{\rightarrow}A\}$,若 $A\in X_G^+$,则从 F 中去掉此函数依赖(因为 F 与 G 等价的充要条件是 $A\in X_G^+$)。

③ 逐一检查 F 中各函数依赖 $FD_i:X{\rightarrow}A$,设 $B_1B_2{\cdots}B_m$,逐一考察 $B_i(i=1,2,\cdots,m)$,若 $A\in(X-B_i)_F^+$,则用 $X{\rightarrow}B_i$ 来取代 X(因为 F 与 $F-\{X{\rightarrow}A\}\cup\{Z{\rightarrow}A\}$ 等价的充要条件是 $A\in Z_F^+$,其中 $Z=X-B_i$)。

最后剩下的 F 就一定是极小依赖集,并且与原来的 F 等价。因为对 F 的每一次"改造"都保证了改造前后的两个函数依赖集等价。

上述步骤,既是对定理的证明,也是求最小函数依赖集的算法。

应当指出,F 的最小依赖集 F_m 不一定是唯一的,它与对各函数依赖及 $X{\rightarrow}A$ 中 X 各属性的处置顺序有关。

例 6.7 设 $F=\{A{\rightarrow}CD,C{\rightarrow}AD,D{\rightarrow}A\}$,对 F 进行极小化处理。

解

(1) 根据分解规则把 F 中的函数依赖转换成右部都是单属性的函数依赖集合,分解后的函数依赖集仍用 F 表示。$F=\{A{\rightarrow}C,A{\rightarrow}D,C{\rightarrow}A,C{\rightarrow}D,D{\rightarrow}A\}$。

(2) 去掉 F 中冗余的函数依赖。

① 判断 $A{\rightarrow}C$ 是否冗余:

设:$G_1=\{A{\rightarrow}D,C{\rightarrow}A,C{\rightarrow}D,D{\rightarrow}A\}$,得:$A_{G_1}^+=D$。

$QC\notin A_{G_1}^+$,故 $A{\rightarrow}C$ 不冗余。

② 判断 $A{\rightarrow}D$ 是否冗余:

设:$G_2=\{A{\rightarrow}C,C{\rightarrow}A,C{\rightarrow}D,D{\rightarrow}A\}$,得:$A_{G_2}^+=ACD$。

$QD\in A_{G_2}^+$,故 $A{\rightarrow}D$ 冗余(以后的检查不再考虑 $A{\rightarrow}D$)。

③ 判断 $C{\rightarrow}A$ 是否冗余:

设:$G_3=\{A{\rightarrow}C,C{\rightarrow}D,D{\rightarrow}A\}$,得:$C_{G_3}^+=CDA$。

$QA\in C_{G_3}^+$,故 $C{\rightarrow}A$ 冗余(以后的检查不再考虑 $C{\rightarrow}A$)。

④ 判断 $C{\rightarrow}D$ 是否冗余:

设:$G_4=\{A{\rightarrow}C,D{\rightarrow}A\}$,得:$C_{G_4}^+=C$。

$QD\notin C_{G_4}^+$,故 $C{\rightarrow}D$ 不冗余。

⑤ 判断 $D{\rightarrow}A$ 是否冗余:

设:$G_5=\{A{\rightarrow}C,C{\rightarrow}D\}$,得:$D_{G_5}^+=D$。

$QA\notin D_{G_5}^+$,故 $D{\rightarrow}A$ 不冗余。

由于该例中的函数依赖表达式的左部均为单属性,因而不需要进行第三步的检查。

$F_m=\{A{\rightarrow}C,C{\rightarrow}D,D{\rightarrow}A\}$。

例 6.8 求 $F=\{AC{\rightarrow}B,A{\rightarrow}C,C{\rightarrow}A\}$ 的最小函数依赖集 F_m。

解

① 将 F 中的函数依赖都分解成右部都是单属性的函数依赖。很显然 F 满足条件。

② 去掉 F 中冗余的函数依赖。

(ⅰ) 判断 $AC{\rightarrow}B$ 是否冗余。

设：$G_1=\{\ A{\rightarrow}C,C{\rightarrow}A\ \}$，得：$AC_{G_1}^+=AC$。

$Q B\notin AC_{G_1}^+$，故 $AC{\rightarrow}B$ 不冗余。

(ⅱ) 判断 $A{\rightarrow}C$ 是否冗余。

设：$G_2=\{\ AC{\rightarrow}B,C{\rightarrow}A\ \}$，得：$A_{G_2}^+=A$。

$Q C\notin AC_{G_2}^+$，故 $A{\rightarrow}C$ 不冗余。

(ⅲ) 判断 $C{\rightarrow}A$ 是否冗余。

设：$G_3=\{\ AC{\rightarrow}B,A{\rightarrow}C\ \}$，得：$C_{G_3}^+=C$。

$Q A\notin C_{G_3}^+$，故 $C{\rightarrow}A$ 不冗余。

经过检验后的函数依赖集仍然为 F。

③ 去掉各函数依赖左部冗余的属性。本题只需考虑 $AC{\rightarrow}B$ 的情况：

方法 1：在决定因子中去掉 C，若 $B\in A_F^+$，则以 $A{\rightarrow}B$ 代替 $AC{\rightarrow}B$。

求得：$A_F^+=ACB$。

$Q B\in A_F^+$，故以 $A{\rightarrow}B$ 代替 $AC{\rightarrow}B$。

故：$F_{\mathrm m}=\{A{\rightarrow}B,A{\rightarrow}C,C{\rightarrow}A\ \}$。

方法 2：也可以在决定因子中去掉 A，若 $B\in C_F^+$，则以 $C{\rightarrow}B$ 代替 $AC{\rightarrow}B$。

求得：$C_F^+=ACB$。

$Q B\in C_F^+$，故以 $C{\rightarrow}B$ 代替 $AC{\rightarrow}B$。

故：$F_{\mathrm m}=\{C{\rightarrow}B,A{\rightarrow}C,C{\rightarrow}A\ \}$。

6.3 关系模式的规范化

关系数据库的规范化理论最早是由关系数据库的创始人 E. F. Codd 提出的，后来许多专家学者对关系数据库理论做了深入的研究和发展，形成了一整套有关关系数据库设计的理论。在该理论出现以前，层次和网状数据库的设计只是遵循其模型本身固有的原则，而无具体的理论依据可言，因而带有盲目性，可能在以后的运行和使用中发生许多意想不到的问题。

在关系数据库系统中，关系模型包括一组关系模式，各个关系不是完全孤立的，数据库的设计较层次和网状模型更为重要。关系数据库系统设计的关键是关系模式的设计。一个好的关系数据库应该包括多少关系模式，而每一个关系模式又应该包括哪些属性，又如何将这些相互关联的关系模式组建一个适合的关系模型，这些工作决定了整个系统运行的效率，也是系统成败的关键所在，所以必须在关系数据库的规范化理论的指导下逐步完成。

6.3.1 范式(Normal Form)

规范化的基本思想是消除关系模式中的数据冗余，消除数据依赖中的不合适的部分，解决数据插入、删除时发生的异常现象。这就要求关系数据库设计出来的关系模式要满足一定的条件。我们把关系数据库的规范化过程中为不同程度的规范化要求设立的不同标准称为范式（Normal Form）。我们经常用到的范式有 5 种：第一范式、第二范式、第三范式、第四范式和第五范式。每种范式都规定了一些限制约束条件。

满足最低要求的叫第一范式，简称为"1NF"。在第一范式的基础上进一步满足一些要求的为第二范式，简称为"2NF"。其余以此类推。各范式之间存在以下关系：

$$5NF \subset 4NF \subset BCNF \subset 3NF \subset 2NF \subset 1NF。$$

1. 第一范式

定义 6.11　如果一个关系模式 $R<U,F>$ 中的所有属性都是不可分的基本数据项，则 $R \in 1NF$。

例如：关系模式 SCD(SNO,CNO,SNAME,SAGE,SDEPT,DEAN,GRADE)中，所有属性都是不可再分的简单属性，即 $SCD \in 1NF$。

满足 1NF 的关系称为规范化的关系，不满足第一范式条件的关系称为非规范化关系。关系数据库中，凡非规范化的关系必须化成规范化的关系。关系模式如果仅仅满足第一范式是不够的，它会出现插入异常、删除异常、修改复杂及数据冗余度大等问题。

例 6.9　关系模式 SCD(SNO,CNO,SNAME,SAGE,SDEPT,DEAN,GRADE)存在以下问题：

（1）插入异常

假若我们要插入一个学号＝S009，系名＝数理系，但还未选课的学生，即这个学生无课程号。这样的元组不能插入 SCD 中，因为插入时必须给定码值，而此时码值的一部分为空，因而学生的信息无法插入。

（2）删除异常

假定某个学生，如 S008 号学生选修了高等数学这一门课。现在高等数学他不选修了。高等数学是主属性，删除了高等数学课程，整个元组就被删除，S008 的其他信息也跟着被删除了，产生了删除异常。即不应删除的信息也被删除了。

（3）数据冗余度大

如果一个学生选修了 12 门课程，那么他的系名、系主任值就要重复存储 12 次。

（4）修改复杂

某个学生从数理系转到计算机系，本来只需修改此学生元组中的系名值。但因为关系模式 SCD 中还含有系主任属性，学生转系会同时改变系主任值，因而还必须修改元组中系主任的值。如果这个学生选修了 N 门课，由于系名、系主任重复存储了 N 次，当数据更新时必须无遗漏地修改 N 个元组中全部系名、系主任信息，这就造成了修改的复杂化。

2. 第二范式

定义 6.12　若关系模式 $R \in 1NF$，且每一个非主属性完全函数依赖于 R 的码，则 $R \in 2NF$。

关系模式 SCD 出现上述问题的原因是"SNAME"、"SAGE"、"SDEPT"等属性对码的部分函数依赖，显然关系模式 SCD 不属于 2NF。为了消除部分函数依赖，我们可以采用投影分解法将 SCD 分解为两个关系模式：S(SNO,SNAME,SAGE,SDEPT,DEAN)和 SC(<u>SNO,CNO</u>,GRADE)。

在分解后的两个关系模式中,非主属性都完全函数依赖于码了,S、SC 都属于 2NF。可见,从 1NF 关系中消除非主属性对码的部分函数依赖,则可得到 2NF 关系。

采用投影分解法将一个 1NF 的关系分解为多个 2NF 的关系,可以在一定程度上减轻原 1NF 关系中存在的插入异常、删除异常、数据冗余度大和修改复杂等问题;但是属于 2NF 的关系模式仍然可能存在插入异常、删除异常、数据冗余度大和修改复杂的问题。

例如,2NF 关系模式 S(SNO,SNAME,SAGE,SDEPT,DEAN)中有下列函数依赖:

SNO→SDEPT、SDEPT→DEAN、SNO→DEAN,所以"DEAN"传递函数依赖于"SNO",S 中存在非主属性对码的传递函数依赖。S 中仍然存在以下问题:

(1) 插入异常

如果某个系刚刚成立,目前还没有在校学生,我们就无法把这个系的信息存入数据库。

(2) 删除异常

如果某个系的学生全部毕业了,我们在删除该系学生信息的同时,把这个系的信息也丢掉了。

(3) 数据冗余度大

每一个系的学生都是同一个系主任,系主任却重复出现,重复次数与该系学生人数相同。

(4) 修改复杂

当学校调整系主任时,必须修改这个系所有的系主任值。

所以 S 仍是一个不好的关系模式。

3. 第三范式

定义 6.13　如果关系模式 $R<U,F>$ 中不存在这样的码 X、属性组 Y 及非主属性 $Z(Z \not\subseteq Y)$,使得 $X→Y$ $(Y \not\to X)$ 和 $Y→Z$ 成立,则 $R∈3NF$。

由定义可以证明,若 $R∈3NF$,则每一个非主属性既不部分函数依赖于码,也不传递函数依赖于码,第三范式实质上是消除非主属性对码的部分函数依赖和传递函数依赖。

3NF 是一个可用的关系模式应满足的最低范式,一个关系模式如果不属于 3NF,实际上它是不能使用的。

关系模式 S(SNO,SNAME,SAGE,SDEPT,DEAN)中存在传递函数依赖,所以 S 不属于 3NF。对关系模式 S 按 3NF 的要求进行分解,将 S 分解为两个关系模式:

　　　ST(SNO,SNAME,SAGE,SDEPT)

　　　SD(SDEPT,DEAN)

分解后的两个关系模式中既没有非主属性对码的部分函数依赖也没有非主属性对码的传递函数依赖,两个关系模式都属于 3NF 了。

分解后的关系模式又进一步解决了上述问题:

① SD 关系中可以插入没有在校学生的系的信息。

② 某个系的学生全部毕业了,只是删除 ST 关系中学生的相应元组,SD 关系中关于该系的信息仍存在。

③ 各系系主任的信息只在 SD 关系中存储一次。

④ 当学校调整某个系的系主任时,只需修改 SD 关系中一个相应元组的系主任属性值。

但是,3NF 只限制了非主属性对码的依赖关系,而没有限制主属性对码的依赖关系。

如果发生了这种依赖,仍有可能存在数据冗余、插入异常、删除异常和修改异常。这时,则需对 3NF 进一步规范化,消除主属性对码的依赖关系。为了解决这种问题,Boyce 与 Codd 共同提出了一个新范式的定义,这就是 Boyce-Codd 范式,通常简称 BCNF 或 BC 范式。它弥补了 3NF 的不足。

例 6.10 在关系模式 STJ(TEACHER,COURSE,STUDENT)中,假设每个教师只教一门课。每门课由若干教师教,某一学生选定某门课,就确定了一个固定的教师。

于是,我们有函数依赖(STUDENT,COURSE)→TEACHER、TEACHER→COURSE、(STUDENT,TEACHER)→ COURSE。显然,(STUDENT,COURSE)、(STUDENT,TEACHER)都是候选码,"STUDENT"、"TEACHER"、"COURSE"都是主属性,虽然"COURSE"对候选码(STUDENT,TEACHER)存在部分函数依赖,但这是主属性对候选码的部分函数依赖,所以关系模式 STJ 属于 3NF。

3NF 的 STJ 关系模式也存在以下问题:

(1) 插入异常

如果某个学生刚刚入校,尚未选修课程,则因受主属性不能为空的限制,有关信息无法存入数据库中。同样原因,如果某个教师开设了某门课程,但尚未有学生选修,则有关信息也无法存入数据库中。

(2) 删除异常

如果选修过某门课程的学生全部毕业了,在删除这些学生元组的同时,相应教师开设该门课程的信息也同时丢掉了。

(3) 数据冗余度大

虽然一个教师只教一门课,但每个选修该教师该门课程的学生元组都要记录这一信息。

(4) 修改复杂

某个教师开设的某门课程改名后,所有选修了该教师该门课程的学生元组都要进行相应修改。

因此虽然关系模式 STJ 属于 3NF,但它仍不是一个理想的关系模式。

4. BC 范式(BCNF)

定义 6.14 设关系模式 $R<U,F>\in$ 1NF,如果对于 R 的每个函数依赖 $X \rightarrow Y$,若 $Y \not\subset X$,则 X 必包含候选码,那么 $R \in$ BCNF。

也就是说,关系模式 $R<U,F>$ 中,若每一个决定因子都包含码,则 $R<U,F>\in$ BCNF。由 BCNF 的定义可知,一个满足 BCNF 的关系模式有:

① 所有非主属性都完全函数依赖于每个候选码。

② 所有主属性都完全函数依赖于每个不包含它的候选码。

③ 没有任何属性完全函数依赖于非码的任何一组属性。

如果 R 属于 BCNF,由于 R 排除了任何属性对码的传递依赖与部分依赖,所以 R 一定属于 3NF。但是,若 R 属于 3NF,则 R 未必属于 BCNF。

关系模式 STJ 出现上述问题的原因在于主属性"COURSE"依赖于"TEACHER",即主属性"COURSE"部分依赖码(STUDENT,TEACHER)。解决这一问题,仍然可以采用投影分解法,将 STJ 分解为两个关系模式:

$$ST(\text{STUDENT},\text{TEACHER}), \quad ST \text{ 的码为“STUDENT”}$$
$$TJ(\underline{\text{TEACHER}},\text{COURSE}), \quad TJ \text{ 的码为“TEACHER”}$$

显然,在分解后的关系模式中没有任何属性对码的传递函数依赖与部分函数依赖,即关系模式 ST、TJ 都属于 BCNF。可见,采用投影分解法将一个 3NF 的关系分解为多个 BCNF 的关系,可以进一步解决 3NF 关系中存在的插入异常、删除异常、数据冗余、修改复杂等问题。

例 6.11 将 $SNC(\text{SNO},\text{SNAME},\text{CNO},\text{GRADE})$ 规范到 BCNF。

分析 SNC 数据冗余的原因,是因为在这一个关系中存在两个实体,一个为学生实体,属性有“SNO”、“SNAME”;另一个是选课实体,属性有“SNO”、“CNO”和“GRADE”。根据分解的原则,我们可以将 SNC 分解成如下两个关系:

$$S1(\text{SNO},\text{SNAME}), \qquad \text{描述学生实体}$$
$$S2(\text{SNO},\text{CNO},\text{GRADE}), \qquad \text{描述学生与课程的联系}$$

对于 $S1$,有两个候选码“SNO”和“SNAME”,对于 $S2$,主码为(SNO,CNO)。

在这两个关系中,无论主属性还是非主属性都不存在对码的部分依赖和传递依赖,$S1$ 属于 BCNF,$S2$ 也属于 BCNF。

关系 SNC 转换成 BCNF 后,数据冗余度明显降低。学生的姓名只在关系 $S1$ 中存储一次,学生要改名时,只需改动一条学生记录中的相应的 SNAME 值,从而不会发生修改异常。

BC 范式和第三范式的区别在于:第三范式只对非主属性消除了插入异常,而 BC 范式则是针对所有属性,包括主属性和非主属性。

如果一个关系数据库中的所有关系模式都属于 BCNF,那么在函数依赖范畴内,它已实现了模式的彻底分解,达到了最高的规范化程度,消除了插入异常和删除异常。

6.3.2 多值依赖与第四范式(4NF)

前面讨论的规范化都是建立在函数依赖的基础上,函数依赖表示的是关系模式中属性间的一对一或一对多的联系,但它并不能表示属性间的多对多的关系,因而有些关系模式虽然已经规范到 BCNF,仍然存在一些弊端。

1. 多值依赖

例 6.12 关系模式 $CTB(\text{CNO},\text{TEACHER},\text{BOOK})$,一门课程由多个教师讲授,他们使用相同的一套参考书,我们用非规范化的关系来表示课程、教师、参考书间的关系,如表 6.1 所示。

表 6.1 非规范化的关系模式

CNO	TEACHER	BOOK
C1	$\{T1,T2\}$	$\{B1,B2\}$
C2	$\{T2,T3\}$	$\{B3,B4\}$

规范化后的关系如表 6.2 所示。

表 6.2　规范化的关系

CNO	TEACHER	BOOK
$C1$	$T1$	$B1$
$C1$	$T1$	$B2$
$C1$	$T2$	$B1$
$C1$	$T2$	$B2$
$C2$	$T2$	$B3$
$C2$	$T2$	$B4$
$C2$	$T3$	$B3$
$C2$	$T3$	$B4$

可以看出，规范化后的关系模式 CTB（CNO，TEACHER，BOOK）具有唯一的候选码（CNO，TEACHER，BOOK），即全码，因而 CTB 属于 BC 范式。但存在以下问题：

① 数据冗余度大：一门课程有多少任课教师，参考书就要重复存储多少次。

② 插入异常：当某门课程增加教员时，该门课程有多少本参考书就必须插入多少个元组；同样当某门课程需要增加一本参考书时，它有多少个教员就必须插入多少个元组。

③ 删除异常：当删除一门课程的某个教员或者某本参考书时，需要删除多个元组。

④ 更新异常：当一门课程的教员或参考书作出改变时，需要修改多个元组。

产生以上问题的原因主要有以下两个方面：

① 就 CTB 中 CNO 的一个具体值来说，有多个教师值与其对应；同样 CNO 与 BOOK 间也存在着类似的联系。

② CTB 中的一个确定的 CNO 值，与其所对应的一组 TEACHER 与 BOOK 值无关。

从以上两个方面可以看出，CNO 与 TEACHER 间的联系显然不是函数依赖，而是一种新的数据依赖——多值依赖（Multivalue Dependence）。

定义 6.15　设有关系模式 $R<U,F>$，U 是属性全集，X,Y,Z 是属性集 U 的子集，且 $Z=U-X-Y$，如果对于 R 的任一关系 r，对于 X 的一个确定值，存在 Y 的一组值与之对应，且 Y 的这组值仅仅决定于 X 的值而与 Z 值无关，此时称 Y 多值依赖于 X，或 X 多值决定 Y，记为 $X \longrightarrow\longrightarrow Y$。

如在 CTB 中，对（$C2$，$B3$）有一组 TEACHER 值（$T2$，$T3$），对（$C2$，$B4$）有一组 TEACHER 值（$T2$，$T3$），这组值这取决于 CNO 的取值，而与 BOOK 的取值无关。因此 CNO$\longrightarrow\longrightarrow$TEACHER，同样 CNO$\longrightarrow\longrightarrow$BOOK。

多值依赖具有以下性质：

① 多值依赖具有对称性。即若 $X\longrightarrow\longrightarrow Y$，则 $X\longrightarrow\longrightarrow Z$，其中 $Z=U-X-Y$。

② 函数依赖可以看成是多值依赖的特殊情况。即若 $X\rightarrow Y$，则 $X\longrightarrow\longrightarrow Y$。这是因为当 $X\rightarrow Y$ 时，对 X 的每一个值 x，Y 有一个确定的值 y 与之对应，所以 $X\longrightarrow\longrightarrow Y$。

③ 在多值依赖中，若 $X\longrightarrow\longrightarrow Y$ 且 $Z=U-X-Y\neq\Phi$，则称 $X\longrightarrow\longrightarrow Y$ 为非平凡的多值依赖，否则称为平凡的多值依赖。

多值依赖与函数依赖有以下区别：

① 函数依赖规定某些元组不能出现在关系中，也称为**相等产生依赖**。

② 多值依赖要求某种形式的其他元组必须在关系中,称为**元组产生依赖**。

多值依赖的有效性与属性集的范围有关。

① $X \rightarrow Y$ 的有效性仅决定于 X、Y 属性集,它在任何属性集 $W(XY \subseteq W \subseteq U)$ 上都成立,若 $X \rightarrow Y$ 在 $R(U)$ 上成立,则对于任何 $Y' \subseteq Y$,均有 $X \rightarrow Y'$ 成立。

② $X \rightarrow\!\!\!\rightarrow Y$ 的有效性与属性集范围有关。

$X \rightarrow\!\!\!\rightarrow Y$ 在属性集 $W(XY \subseteq W \subseteq U)$ 上成立,但在 U 上不一定成立。

$X \rightarrow\!\!\!\rightarrow Y$ 在 U 上成立 $\Rightarrow X \rightarrow\!\!\!\rightarrow Y$ 在属性集 $W(XY \subseteq W \subseteq U)$ 上成立。

若在 $R(U)$ 上,$X \rightarrow\!\!\!\rightarrow Y$ 在属性集 $W(XY \subseteq W \subseteq U)$ 上成立,则称 $X \rightarrow\!\!\!\rightarrow Y$ 为 $R(U)$ 的嵌入式多值依赖。

若 $X \rightarrow\!\!\!\rightarrow Y$ 在 $R(U)$ 上成立,则不能断言对于 $Y' \subseteq Y$,有 $X \rightarrow\!\!\!\rightarrow Y'$ 成立。结果如表 6.3、表 6.4 所示。

表 6.3　$A \rightarrow\!\!\!\rightarrow B$ 在 $\{ABC\}$ 上成立,而在 $\{ABCD\}$ 上不成立

A	B	C	D
$a1$	$b1$	$c1$	$d1$
$a1$	$b1$	$c2$	$d1$
$a1$	$b2$	$c1$	$d2$
$a1$	$b2$	$c2$	$d2$

表 6.4　$A \rightarrow\!\!\!\rightarrow BC$ 成立,$A \rightarrow\!\!\!\rightarrow B$ 不成立

A	B	C	D
$a1$	$b1$	$c1$	$d1$
$a1$	$b1$	$c1$	$d2$
$a1$	$b2$	$c2$	$d1$
$a1$	$b2$	$c2$	$d2$

2. 第四范式

定义 6.16　关系模式 $R<U,F> \in 1NF$,如果对于 R 的每个非平凡多值依赖 $X \rightarrow\!\!\!\rightarrow Y(Y \not\subseteq X)$,$X$ 必含有码,则称 $R<U,F> \in 4NF$。

如关系模式 CTB,$CNO \rightarrow\!\!\!\rightarrow TEACHER$、$CNO \rightarrow\!\!\!\rightarrow BOOK$,码为(CNO,TEACHER,BOOK),所以 $CTB \notin 4NF$。

将 CTB 分解为 CT(CNO,TEACHER)、CB(CNO,BOOK),因为 $CNO \rightarrow\!\!\!\rightarrow TEACHER$、$CNO \rightarrow\!\!\!\rightarrow BOOK$,均是平凡函数依赖,所以 CT 和 CB 都是 4NF。

4NF 就是限制关系模式的属性之间不允许有非平凡且非函数依赖的多位依赖。根据定义,4NF 要求对于每一个非平凡的多值依赖 $X \rightarrow\!\!\!\rightarrow Y$,$X$ 都含有候选码,于是就有 $X \rightarrow Y$,所以 4NF 所允许的非平凡多值依赖实际上是函数依赖。

显然,如果一个关系模式属于 4NF,则必然也属于 BCNF。

函数依赖和多值依赖是两种最重要的数据依赖,如果只考虑函数依赖,则 BCNF 是规范化程度最高的关系范式。如果考虑多值依赖,则 4NF 是规范化程度最高的关系范式。

数据依赖中除函数依赖和多值依赖外,还存在着连接依赖。连接依赖是与关系分解和连接运算有关的数据依赖,存在连接依赖的关系模式仍可能遇到数据冗余、插入、修改、删除异常的问题。如果消除了属于 4NF 关系模式中存在的连接依赖,则可进一步达到 5NF 的关系模式。这里不再讨论连接依赖和 5NF,有兴趣的读者可以参阅有关的书籍。

6.3.3　关系模式的规范化

一个关系只要其分量都是不可分的数据项,它就是规范化的关系,但这只是最基本的规范化。规范化程度有不同的级别,即不同的范式。而提高规范化级别的过程就是逐步消除关系模式中不合适的数据依赖的过程。

一个低一级范式的关系模式,通过模式分解可以转换为若干个高一级范式的关系模式,这个过程就叫关系模式的规范化。

规范化的目的就是使关系结构合理,消除存储异常,使数据冗余度尽量小,便于插入、删除和更新。

规范化的基本原则就是遵循"一事一地"的原则,即一个关系只描述一个实体或者实体间的联系,若多于一个实体,就把它分离出来。由此,所谓规范化,实质上是概念的单一化,即一个关系表示一个实体。

规范化就是对原关系进行投影,消除决定属性不是候选码的任何函数依赖,具体可分为以下几步:

① 对 1NF 关系进行投影,消除原关系中非主属性对码的部分函数依赖,将 1NF 转换为若干个 2NF 关系。

② 对 2NF 关系进行投影,消除原关系中非主属性对码的传递函数依赖,将 2NF 转换为若干个 3NF 关系。

③ 对 3NF 关系进行投影,消除原关系中主属性对码的部分函数依赖和传递函数依赖(也就是说,使决定属性都成为投影的候选码),得到一组 BCNF 关系。

④ 对 BCNF 关系进行投影,消除原关系中非平凡且非函数依赖的多值依赖,得到一组 4NF 关系。

关系模式规范化的基本步骤如图 6.1 所示。

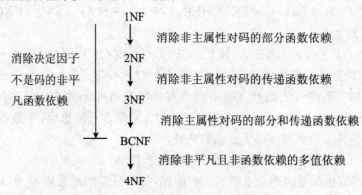

图 6.1　关系模式规范化的基本步骤

6.4 模 式 分 解

人们为了获得操作性能较好的关系模式,通常需要把一个关系模式分解为多个关系模式。模式分解的方法很多,不同的分解会得到不同的结果。在这些方法中,只有能够保证分解后的关系模式与原关系模式等价的方法才是有意义的。模式的分解涉及到属性的划分和函数依赖集的划分。

判断关系模式的一个分解是否与原关系模式等价可以有 3 种不同的标准:① 分解要具有无损连接性(Lossless Join);② 分解要保持函数依赖性(Preserve Dependency);③ 分解既要保持函数依赖性,又要具有无损连接性。

6.4.1 函数依赖集的投影

定义 6.17 设 F 是 $R<U,F>$ 的函数依赖集,$U_1 \subseteq U$,$F_1 = \{X \rightarrow Y \mid X \rightarrow Y \in F^+ \wedge X, Y \subseteq U_1\}$,称 F_1 是 F 在 U_1 上的投影,记为 $F(U_1)$。

从定义看出:F 投影的函数依赖的左部和右部都在 U_1 中,这些函数依赖可在 F 中出现,也可以不在 F 中出现,但一定能由 F 推出。

6.4.2 模式分解

定义 6.18 设 $U_1, U_2, \cdots, U_n \subseteq U$,$F$ 是 $R<U,F>$ 的函数依赖集,若模式 $R_1<U_1, F_1>$,$R_2<U_2, F_2>, \cdots, R_n<U_n, F_n>$ 满足如下条件:

① $\bigcup\limits_{i=1}^{n} U_i = U$。

② F_i 分别是 F 在 $U_i(i=1,2,\cdots,n)$ 上的投影。

③ 不存在 $U_i \subseteq U_j(i, j=1,2,\cdots,n)$。

则称 $R_1<U_1, F_1>$、$R_2<U_2, F_2>$、$\cdots$、$R_n<U_n, F_n>$ 是 $R<U, F>$ 的分解。记为 $\rho = \{R_1<U_1, F_1>, R_2<U_2, F_2>, \cdots, R_n<U_n, F_n>\}$。

关于模式分解作如下说明:

① 分解是完备的。U 中的属性全部分散在分解 ρ 中。

② 在分解中,由于 U_i 属性不同,可能使某些函数依赖消失,即不能保证分解对函数依赖集 F 是完备的,但应尽量保留 F 所蕴含的函数依赖,所以对每一个子模式 R_i 均取 F 在 U_i 上的投影。

③ 分解是不相同的,不允许在 ρ 中出现一个子模式 U_i 被另一个子模式 U_j 包含的情况。

④ 当需要对若干个关系模式进行分解时,可分别对每个关系模式进行分解。

6.4.3 无损连接分解

先定义一个记号:设 $\rho=\{R_1<U_1,F_1>,R_2<U_2,F_2>,\cdots,R_n<U_n,F_n>\}$ 是 $R<U,F>$ 的一个分解,r 是 $R<U,F>$ 的一个关系,定义 $m_\rho(r)=\overset{k}{\underset{i=1}{\bowtie}}\pi(r)$,即 $m_\rho(r)$ 是 r 在 ρ 中各关系模式上投影的连接。这里 $\pi_{R_i}(r)=\{t.U_i\mid t\in r\}$。

定义 6.19 若 $\rho=\{R_1<U_1,F_1>,R_2<U_2,F_2>,\cdots,R_n<U_n,F_n>\}$ 是 $R<U,F>$ 的一个分解,若对于 $R<U,F>$ 的任何一个关系 r,都有 $r=m_\rho(r)$,则称 ρ 是 $R<U,F>$ 的一个无损连接分解。

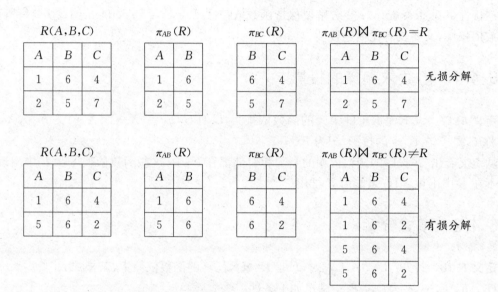

判别一个分解的无损连接性的方法是:

设 $U=\{A_1,A_2,\cdots,A_n\}$,$\rho=\{R_1<U_1,F_1>,R_2<U_2,F_2>,\cdots,R_n<U_n,F_n>\}$ 是 $R<U,F>$ 的一个分解,$F=\{FD_1,FD_2,\cdots,FD_\rho\}$,记 FD_i 为 $X_i\rightarrow A_{1_i}$。

① 建立一张 n 列 k 行的表。每一列对应一个属性,每一行对应分解中的一个关系模式。若属性 A_j 属于 U_i,则在 j 列 i 行处填上 a_j,否则填上 b_{ij}。

② 对每一个 FD_i,找到 X_i 所对应的列中具有相同符号的那些行。考察这些行中 l_i 列的元素,若其中有 a_{li},则全部改为 a_{li};否则全部改为 b_{mli};m 是这些行的行号最小值。

应当注意的是,若某个 b_{uli} 被更动,那么该表的 li 列中凡是 b_{uli} 的符号(不管它是否是开始找到的那些行)均应作相应的修改。

如在某次更改之后,有一行成为 $a_1,a_2,\cdots,a_n$,则算法终止,ρ 具有无损连接性,否则 ρ 不具有无损连接性。

③ 比较扫描前后,表有无变化。如有变化,则返回②,否则算法终止。

如果发生循环,那么前次扫描至少应使表减少一个符号,表中符号有限,因此循环必然终止。

例 6.13　$U=\{A,B,C,D\}$,$F=\{AB{\rightarrow}C, C{\rightarrow}D\}$
　　　　　　$\rho=\{(A,B,C),(C,D)\}$

原始表	A	B	C	D
ABC	a_1	a_2	a_3	b_{14}
CD	b_{21}	b_{22}	a_3	a_4

$AB{\rightarrow}C$	A	B	C	D
ABC	a_1	a_2	a_3	b_{14}
CD	b_{21}	b_{22}	a_3	a_4

$C{\rightarrow}D$	A	B	C	D
ABC	a_1	a_2	a_3	$\boxed{a_4}$
CD	b_{21}	b_{22}	a_3	a_4

最终的表中第一行为 a_1、a_2、a_3、a_4,所以分解具有无损连接性。

定理 6.5　对于 $R{<}U$, $F{>}$的一个分解 $\rho=\{R_1{<}U_1$, $F_1{>},R_2{<}U_2$, $F_2{>}\}$,如果 $U_1\bigcap U_2{\rightarrow}U_1-U_2\in F^+$ 或 $U_1\bigcap U_2{\rightarrow}U_2-U_1\in F^+$,则 ρ 具有无损连接性。

6.4.4　保持函数依赖的分解

定义 6.20　若 $F^+=(\bigcup_{i=1}^{k}F_i)^+$,则 $R{<}U$, $F{>}$的分解 $\rho=\{R_1{<}U_1$, $F_1{>},R_2{<}U_2$, $F_2{>}$,$\cdots,R_n{<}U_n$, $F_n{>}\}$保持函数依赖。

例如:设 $U=\{\text{SNO, SDEPT, CNO, GRADE, SNAME}\}$、$F=\{\text{SNO}{\rightarrow}\text{GRADE, SNO}{\rightarrow}\text{SDEPT, SNO}{\rightarrow}\text{SNAME}\}$。

$R{<}U,F{>}$模式的 2 个分解 ρ_1、ρ_2如下:

$\rho_1:U_1=\{\text{SNO,CNO,GRADE}\}$

　　$F_1=\{(\text{SNO,CNO}){\rightarrow}\text{GRADE}\}$

　　$U_2=\{\text{SNAME,SDEPT}\}$

　　$F_2=\Phi$

$\rho_1:U_1=\{\text{SNO,CNO,GRADE}\}$

　　$F_1=\{(\text{SNO,CNO}){\rightarrow}\text{GRADE}\}$

　　$U_2=\{\text{SNO,SDEPT,SNAME}\}$

　　$F_2=\{\text{SNO}{\rightarrow}\text{SDEPT,SNO}{\rightarrow}\text{SNAME}\}$

ρ_1不保持函数依赖,而 ρ_2保持函数依赖。

6.4.5　模式分解算法

关于模式分解的几个重要事实是:

① 若要求分解保持函数依赖,那么模式分解总可以达到 3NF,但不一定能达到 BCNF。

② 若要求分解既保持函数依赖,又具有无损连接性,可以达到 3NF,但不一定能达到 BCNF。

③ 若要求分解具有无损连接性,那一定可达到 4NF。

它们分别由算法 6.2、算法 6.3、算法 6.4、算法 6.5 来实现。

算法 6.2　(合成法)转换为 3NF 的保持函数依赖的分解。

① 对 $R<U,F>$ 中的函数依赖集 F 进行"极小化处理"（得到的依赖集仍记为 F）。

② 找出不在 F 中出现的属性，把它们构成一个关系模式，并从 U 中去掉这些属性（剩余属性仍记为 U）。

③ 若有 $X{\rightarrow}A{\in}F$，且 $XA{=}U$，则 $\rho{=}\{R\}$，算法终止。

④ 否则，对 F 按具有相同左部的原则分组（设为 k 组），每一组函数依赖所涉及的全部属性形成一个属性集 U_i。令 F_i 为 F 在 U_i 上的投影，则 $\rho{=}\{R_1<U_1,F_1>,R_2<U_2,F_2>,\cdots,R_k<U_k,F_k>\}$ 是 $R<U,F>$ 的一个保持函数依赖的分解，并且每个 $R_i<U_i,F_i>{\in}3NF$。

例如：$U=\{SNO,SDEPT,DEAN,CNO,GRADE\}$，$F=\{SNO{\rightarrow}SDEPT,SNO{\rightarrow}DEAN,SDEPT{\rightarrow}DEAN,(SNO,CNO){\rightarrow}GRADE\}$，极小函数依赖集 $F=\{SNO{\rightarrow}SDEPT,SDEPT{\rightarrow}DEAN,(SNO,CNO){\rightarrow}GRADE\}$，可以分组为 $\{(SNO,SDEPT),SNO{\rightarrow}SDEPT\}$；$\{(SDEPT,DEAN),SDEPT{\rightarrow}DEAN\}$；$\{(SNO,CNO,GRADE),(SNO,CNO){\rightarrow}GRADE\}$。

算法 6.3 转换为 3NF 既有无损连接性又保持函数依赖的分解。

① 设 $\rho=\{R_1<U_1,F_1>,R_2<U_2,F_2>,\cdots,R_k<U_k,F_k>\}$ 是 $R<U,F>$ 的一个保持函数依赖的 3NF 分解，设 X 是 $R<U,F>$ 的码。

② 若有某个 $U_i{\subseteq}U$，则 ρ 为所求。

③ 否则 $\tau=\rho{\cup}\{R^*<X,F_x>\}$ 为所求。

算法 6.4 转换为 BCNF 的无损连接分解（分解法）。

① 令 $\rho=\{R<U,F>\}$

② 检查 ρ 中各关系模式是否均属于 BCNF。若是，则算法终止。

③ 设 ρ 中 $R_i<U_i,F_i>$ 不属于 BCNF，则存在函数依赖 $X{\rightarrow}A{\in}F^+$，且 X 不是 R_i 的码。则 XA 是 R_i 的真子集，将 R_i 分解为 $\sigma=\{S_1,S_2\}$，其中 $U_{S_1}=XA,U_{S_2}=U_i-\{A\}$，以 σ 代替 $R_i<U_i,F_i>$ 返回②。

由于 U 中属性有限，因而有限次循环后算法一定会终止。

例如：$U=\{SNO,SDEPT,DEAN,CNO,GRADE\}$，$F=\{SNO{\rightarrow}SDEPT,SDEPT{\rightarrow}DEAN,(SNO,CNO){\rightarrow}GRADE\}$。

① $U_1=\{SNO,SDEPT\}$，$F_1=\{SNO{\rightarrow}SDEPT\}$；

$U_2=\{SNO,DEAN,CNO,GRADE\}$，$F_2=\{SNO{\rightarrow}DEAN,(SNO,CNO){\rightarrow}GRADE\}$。

② $U_1=\{SNO,SDEPT\}$，$F_1=\{SNO{\rightarrow}SDEPT\}$；

$U_2=\{SNO,DEAN\}$，$F_2=\{SNO{\rightarrow}DEAN\}$；

$U_3=\{SNO,CNO,GRADE\}$，$F_3=\{(SNO,CNO){\rightarrow}GRADE\}$。

算法 6.5 达到 4NF 的具有无损连接性的分解。

① 令 $\rho=\{R<U,F>\}$。

② 检查 ρ 中各关系模式是否均属于 BCNF。若是，则算法终止。

③ 设 ρ 中 $R_i<U_i,F_i>$ 不属于 4NF，则存在非平凡多值依赖 $X{\rightarrow\rightarrow}A$，$X$ 不是 R_i 的码。则 XA 是 R_i 的真子集，将 R_i 分解为 $\sigma=\{S_1,S_2\}$，其中 $U_{S_1}=XA,U_{S_2}=U_i-\{A\}$，以 σ 代替 $R_i<U_i,F_i>$ 返回②。

例如：$U=\{A,B,C,D,E,F\}$，$F=\{A{\rightarrow\rightarrow}BCF,B{\rightarrow}AC,C{\rightarrow}F\}$。

① $U_1=\{A,E,D\}$；

$U_2 = \{A,B,C,F\}, F_2 = \{ A \rightarrow\rightarrow BCF, B \rightarrow AC, C \rightarrow F \}$。

② $U_1 = \{A,E,D\}$；

$U_2 = \{C,F\}, F_2 = \{C \rightarrow F \}$；

$U_3 = \{A,B,C \}, F_3 = \{B \rightarrow AC\}$。

本 章 小 结

关系数据理论既是关系数据库的重要理论基础也是数据库逻辑设计的理论指南,要掌握规范化理论和优化数据库模式设计的方法。

本章针对关系数据理论,包括关系数据库逻辑设计可能出现的问题进行了介绍。详细介绍了数据依赖的基本概念,包括:函数依赖、平凡函数依赖、非平凡的函数依赖、部分函数依赖、完全函数依赖、传递函数依赖的概念;码、候选码、外码的概念和定义;多值依赖的概念以及范式的概念、1NF、2NF、3NF、BCNF、4NF 的概念和判定方法。

在本章中,需要读者重点了解什么是模式的插入异常和删除异常,规范化理论的重要意义。牢固掌握数据依赖的基本概念,范式的概念,从 1NF 到 4NF 的定义,规范化的含义和作用。4 个范式的理解与应用,各个级别范式中存在的问题(插入异常、删除异常、数据冗余)和解决方法。并能根据数据依赖分析某一个关系模式属于第几范式。各个级别范式的关系及其证明。

习　　题

6.1　名词解释:

范式,函数依赖,部分函数依赖,传递函数依赖,完全函数依赖,多值依赖。

6.2　试给出一个多值依赖的实例。

6.3　建立一个关于系、学生、班级、学会等诸信息的关系数据库,其中:

学生属性:学号、姓名、出生年月、系名、班级号、宿舍区。

班级属性:班号、专业名、系名、人数、入校年份。

系属性：系名、系号、系办公室地点、人数。

学会属性：学会名、成立年份、地点、人数。

有关语义如下:一个系有若干专业,每个专业每年只招一个班,每个班有若干学生。一个系的学生住在同一宿舍区。每个学生可参加若干学会,每个学会有若干学生。学生参加某学会有一个入会年份。

请给出关系模式,写出每个关系模式的极小函数依赖集,指出是否存在传递函数依赖,对于函数依赖左部是多属性的情况讨论函数依赖是完全函数依赖,还是部分函数依赖。

指出各关系的候选码、外部码,有没有全码存在?

6.4 设关系模式 R 有 n 个属性,在模式 R 上可能成立的函数依赖有多少个? 其中平凡函数依赖有多少个? 非平凡函数依赖有多少个?

6.5 设关系模式 $R(ABCD)$ 上的 FD 集为 F,并且 $F=\{AB{\rightarrow}C, C{\rightarrow}D, D{\rightarrow}A\}$。

① 试从 F 求出所有非平凡的 FD。

② 试求 R 的所有候选码。

6.6 设关系模式 $R(ABCD)$,F 是 R 上成立的 FD 集,$F=\{AB{\rightarrow}CD, A{\rightarrow}D\}$。

① 试说明 R 不是 2NF 模式的理由。

② 试把 R 分解成 2NF 模式集。

6.7 设关系模式 $R(ABC)$,F 是 R 上成立的 FD 集,$F=\{C{\rightarrow}B, B{\rightarrow}A\}$。

① 试说明 R 不是 3NF 模式的理由。

② 试把 R 分解成 3NF 模式集。

6.8 设关系模式 $R<U,F>$,其中 $U=\{A, B, C, D, E, F\}$,函数依赖集 $F=\{A{\rightarrow}C, C{\rightarrow}A, B{\rightarrow}AC, D{\rightarrow}AC, BD{\rightarrow}A\}$。

① 求出 BF^+。

② 求出 F 的最小函数依赖集。

6.9 指出下列关系模式是第几范式? 并说明理由。

① $R(A, B, C)$

   $F=\{A{\rightarrow}C, C{\rightarrow}A, A{\rightarrow}BC\}$

② $R(A,B,C,D)$

   $F=\{B{\rightarrow}D, AB{\rightarrow}C\}$

③ $R(A, B, C)$

   $F=\{AB{\rightarrow}C\}$

④ $R(A, B, C)$

   $F=\{B{\rightarrow}C, AC{\rightarrow}B\}$

第7章 数据库设计

人们在总结信息资源开发、管理和服务的各种手段时，认为最有效的还是数据库技术，数据库的应用已越来越广泛。数据库技术成为人们对信息资源进行开发、管理和提供服务的最有效手段。从小型的单机版事务处理系统到大型的网络数据库信息系统，处处都蕴涵着数据库技术的综合运用。目前，一个国家的数据库建设规模、数据库信息量的大小和使用频度已成为衡量这个国家信息化程度的重要标志之一。

7.1 数据库设计概述

计算机信息系统以数据库为核心，在 DBMS 的支持下，对信息进行收集、整理、存储、检索、更新、加工、统计和传输等操作。

对于数据库应用开发人员来说，要使现实世界的信息计算机化，并对计算机化的信息进行各种操作，就是如何利用 DBMS、系统软件和相关的硬件系统，将用户的要求转化成有效的数据结构，并使数据库结构易于适应用户新要求的过程，这个过程称为数据库设计。

7.1.1 数据库设计的任务

数据库设计是指根据用户需求研制数据库结构的过程，具体地说，是指对于一个给定的应用环境，构造最优的数据库模式，建立数据库及其应用系统，使之能有效地存储数据，满足用户的信息要求和处理要求。也就是说把现实世界中的数据，根据各种应用处理的要求，加以合理地组织，满足硬件和操作系统的特性，利用已有的 DBMS 来建立能够实现系统目标的数据库。

在数据库设计开始之前，首先要选定参加设计的人员，包括系统分析人员、数据库设计人员、系统开发人员和部分用户代表。其中分析和设计人员是数据库设计的核心人员，他们将自始至终参与数据库设计，他们的水平一定程度上决定了数据库系统的质量。

用户在数据库设计中也是举足轻重的，他们主要参加需求分析和数据库的运行维护，他们的积极参与不但能加速数据库设计，而且也是决定数据库设计质量的重要因素。系统开发人员（包括程序员和操作员）则在系统实施阶段参与进来，分别负责建立数据库、编制程序和准备软硬件环境。

7.1.2　数据库设计的内容

数据库设计包括数据库的结构设计和数据库的行为设计两方面的内容。

1. 数据库的结构设计

数据库的结构设计是指根据给定的应用环境,进行数据库的模式或子模式的设计。它包括数据库的概念设计、逻辑设计和物理设计。

数据库模式是各应用程序共享的结构,是静态的、稳定的,一经形成后通常情况下是不容易改变的,所以结构设计又称为静态模型设计。

2. 数据库的行为设计

数据库的行为设计是指确定数据库用户的行为和动作。而在数据库系统中,用户的行为和动作指用户对数据库的操作,这些要通过应用程序来实现,所以数据库的行为设计就是应用程序的设计。

用户的行为总是使数据库的内容发生变化,所以行为设计是动态的,行为设计又称为动态模型设计。

7.1.3　数据库设计的特点

在 20 世纪 70 年代末 80 年代初,人们为了研究数据库设计方法学的便利,曾主张将结构设计和行为设计两者分离,随着数据库设计方法学的成熟和结构化分析、设计方法的普遍使用,人们主张将两者作一体化的考虑,这样可以缩短数据库的设计周期,提高数据库的设计效率。

现代数据库设计的特点是强调结构设计与行为设计相结合,是一种"反复探寻,逐步求精"的过程。首先从数据模型开始设计,以数据模型为核心进行展开,数据库设计和应用系统设计相结合,建立一个完整、独立、共享、冗余小、安全有效的数据库系统。数据库设计的全过程如图 7.1 所示。

7.1.4　数据库设计方法

数据库设计方法目前可分为 4 类:直观设计法、规范设计法、计算机辅助设计法和自动化设计法。

直观设计法也叫手工试凑法,它是最早使用的数据库设计方法。这种方法依赖于设计者的经验和技巧,缺乏科学理论和工程原则的支持,设计的质量很难保证,常常是数据库运行一段时间后又发现各种问题,再重新进行修改,增加了系统维护的代价。因此这种方法越来越不适应信息管理发展的需要。

为了改变这种情况,1978 年 10 月,来自三十多个国家的数据库专家在美国新奥尔良(New Orleans)专门讨论了数据库设计问题,他们运用软件工程的思想和方法,提出了数据库设计的规范,这就是著名的新奥尔良法,它是目前公认的比较完整和权威的一种规范设计法。新奥尔良法将数据库设计分成需求分析(分析用户需求)、概念设计(信息分析和定义)、逻辑设计(设计

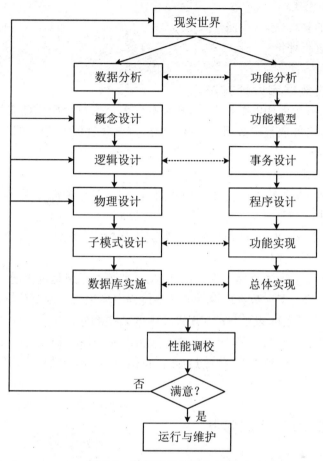

图 7.1　数据库设计的全过程

实现)和物理设计(物理数据库设计)等几个阶段。目前,常用的规范设计方法大多起源于新奥尔良法,并在设计的每一阶段采用一些辅助方法来具体实现。

下面简单介绍几种常用的规范设计方法。

1. 基于 E-R 模型的数据库设计方法

基于 E-R 模型的数据库设计方法是由 P. P. S. Chen 于 1977 年提出的数据库设计方法,其基本思想是在需求分析的基础上,用 E-R(实体—联系)图构造一个反映现实世界实体之间联系的企业模式,然后再将此企业模式转换成基于某一特定的 DBMS 的概念模式。

2. 基于 3NF 的数据库设计方法

基于 3NF 的数据库设计方法是由 S. Atre 提出的结构化设计方法,其基本思想是在需求分析的基础上,确定数据库模式中的全部属性和属性间的依赖关系,将它们组织在一个单一的关系模式中,然后再分析模式中不符合 3NF 的约束条件,将其进行投影分解,规范成若干个 3NF 关系模式的集合。

其具体设计步骤分为 5 个阶段:

① 设计企业模式,利用规范化得到的 3NF 关系模式画出企业模式;

② 设计数据库的概念模式,把企业模式转换成 DBMS 所能接受的概念模式,并根据概念模

式导出各个应用的外模式；

③ 设计数据库的物理模式(存储模式)；

④ 对物理模式进行评价；

⑤ 实现数据库。

3. 基于视图的数据库设计方法

此方法先从分析各个应用的数据着手，其基本思想是为每个应用建立自己的视图，然后再把这些视图汇总起来合并成整个数据库的概念模式。合并过程中要解决以下问题：

① 消除命名冲突；

② 消除冗余的实体和联系；

③ 进行模式重构，在消除了命名冲突和冗余后，需要对整个汇总模式进行调整，使其满足全部完整性约束条件。

除了以上 3 种方法外，规范化设计方法还有实体分析法、属性分析法和基于抽象语义的设计方法等，这里不再详细介绍。

规范设计法从本质上来说仍然是手工设计方法，其基本思想是过程迭代和逐步求精。

计算机辅助设计法是指在数据库设计的某些过程中模拟某一规范化设计的方法，并以人的知识或经验为主导，通过人机交互方式实现设计中的某些部分。

目前许多计算机辅助软件工程(Computer Aided Software Engineering,CASE)工具可以自动或辅助设计人员完成数据库设计过程中的很多任务，比如 SYSBASE 公司的 Power Designer 和 Oracle 公司的 Design 2000。

7.1.5　数据库设计的步骤

和其他软件一样，数据库的设计过程可以使用软件工程中的生存周期概念来说明，称为"数据库设计的生存周期"，它是指从数据库研制到不再使用它的整个时期。

按规范设计法可将数据库设计分为需求分析、概念结构设计、逻辑结构设计、物理设计、数据库实施和数据库运行与维护 6 个阶段。如图 7.2 所示。

数据库设计中，前两个阶段是面向用户的应用要求，面向具体的问题；中间两个阶段是面向数据库管理系统；最后两个阶段是面向具体的实现方法。前四个阶段可统称为"分析和设计阶段"，后两个阶段称为"实现和运行阶段"。

规范设计法是分阶段完成的，每完成一个阶段，都要进行设计分析，评价一些重要的设计指标，把设计阶段产生的文档组织评审，与用户进行交流。如果设计的数据库不符合要求则进行修改，这种分析和修改可能要重复若干次，以求最后实现的数据库能够比较精确地模拟现实世界，能较准确地反映用户的需求，设计一个完善的数据库应用系统往往是六个阶段的不断反复的过程。

6 个阶段的主要工作各有不同：

1. 系统需求分析阶段

需求分析是整个数据库设计过程的基础，要收集数据库所有用户的信息内容和处理要求，并加以规格化和分析。这是最费时、最复杂的一步，但也是最重要的一步，相当于待构建的数据

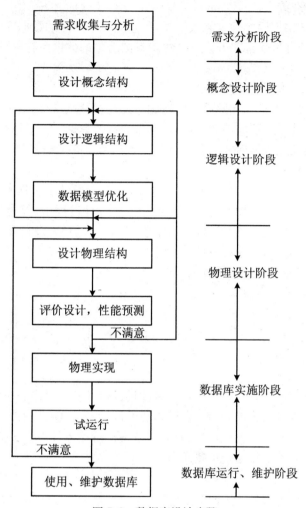

图 7.2　数据库设计步骤

库大厦的地基,它决定了以后各步设计的速度与质量。需求分析做得不好,可能会导致整个数据库设计返工重做。在分析用户需求时,要确保用户目标的一致性。

2. 概念结构设计阶段

概念设计是把用户的信息要求统一到一个整体逻辑结构中,此结构能够表达用户的要求,是一个独立于任何 DBMS 软件和硬件的概念模型。

3. 逻辑结构设计阶段

逻辑设计是将上一步所得到的概念模型转换为某个 DBMS 所支持的数据模型,并对其进行优化。

4. 物理设计阶段

物理设计是为逻辑数据模型建立一个完整的能实现的数据库结构,包括存储结构和存取方法。

上述分析和设计阶段是很重要的,如果做出不恰当的分析或设计,则会导致一个不恰当或反应迟钝的应用系统。

5. 数据库实施阶段

根据物理设计的结果把原始数据装入数据库,建立一个具体的数据库并编写和调试相应的应用程序。应用程序的开发目标是开发一个可依赖的有效的数据库存取程序,来满足用户的处理要求。

6. 数据库运行与维护阶段

这一阶段主要是收集和记录实际系统运行的数据,数据库运行的记录用来提高用户要求的有效信息,用来评价数据库系统的性能,进一步调整和修改数据库。在运行中,必须保持数据库的完整性,并能有效地处理数据库故障和进行数据库恢复。在运行和维护阶段,可能要对数据库结构进行修改或扩充。

可以看出,以上 6 个阶段是从数据库应用系统设计和开发的全过程来考察数据库设计的问题。因此,它既是数据库也是应用系统的设计过程。在设计过程中,努力使数据库设计和系统其他部分的设计紧密结合,把数据和处理的需求收集、分析、抽象、设计和实现在各个阶段同时进行、相互参照、相互补充,以完善两方面的设计。

以下各节分别详细介绍数据库设计的 6 个阶段。

7.2　需求分析

需求分析是数据库设计的起点,为以后的具体设计做准备。需求分析的结果是否准确地反映了用户的实际要求,将直接影响到后面各个阶段的设计,并影响到设计结果是否合理和实用。经验证明,由于设计要求的不正确或误解,直到系统测试阶段才发现许多错误,纠正起来要付出很大代价。因此,必须高度重视系统的需求分析。

7.2.1　需求分析的任务

从数据库设计的角度来看,需求分析的任务是:对现实世界要处理的对象(组织、部门、企业)等进行详细地调查,通过对原系统的了解,收集支持新系统的基础数据并对其进行处理,在此基础上确定新系统的功能,形成需求分析说明书。

具体地说,需求分析阶段的任务包括以下 3 项:

1. 调查分析用户的活动

这个过程通过对新系统运行目标的研究,对现行系统所存在主要问题的分析以及制约因素的分析,明确用户总的需求目标,确定这个目标的功能域和数据域。

具体做法是:

① 调查组织机构情况,包括该组织的部门组成情况,各部门的职责和任务等。

② 调查各部门的业务活动情况,包括各部门输入和输出的数据与格式、所需的表格与卡片、加工处理这些数据的步骤、输入输出的部门等。

2. 收集和分析需求数据,确定系统边界

在熟悉业务活动的基础上,协助用户明确对新系统的各种需求,包括用户的信息需求、处理需求、安全性和完整性的需求等。

①　信息需求指目标范围内涉及的所有实体、实体的属性以及实体间的联系等数据对象,也就是用户需要从数据库中获得信息的内容与性质。由信息要求可以导出数据要求,即在数据库中需要存储哪些数据。

②　处理需求指用户为了得到需求的信息而对数据进行加工处理的要求,包括对某种处理功能的响应时间,处理的方式(批处理或联机处理)等。

③　安全性和完整性的需求。在定义信息需求和处理需求的同时必须相应确定安全性和完整性约束。

在收集各种需求数据后,对前面调查的结果进行初步分析,确定新系统的边界,确定哪些功能由计算机完成或将来准备让计算机完成,哪些活动由人工完成。由计算机完成的功能就是新系统应该实现的功能。

3.　编写需求分析说明书

系统分析阶段的最后是编写系统分析报告,通常称为需求规范说明书。需求规范说明书是对需求分析阶段的一个总结。编写系统分析报告是一个不断反复、逐步深入和逐步完善的过程,系统分析报告应包括如下内容:

①　系统概况,系统的目标、范围、背景、历史和现状。

②　系统的原理和技术,对原系统的改善。

③　系统总体结构与子系统结构说明。

④　系统功能说明。

⑤　数据处理概要、工程体制和设计阶段划分。

⑥　系统方案及技术、经济、功能和操作上的可行性。

完成系统的分析报告后,在项目单位的领导下要组织有关技术专家评审系统分析报告,这是对需求分析结构的再审查。审查通过后由项目方和开发方领导签字认可。

随系统分析报告提供下列附件:

①　系统的硬件、软件支持环境的选择及规格要求(所选择的数据库管理系统、操作系统、汉字平台、计算机型号及其网络环境等)。

②　组织机构图、组织之间联系图和各机构功能业务一览图。

③　数据流程图、功能模块图和数据字典等图表。

如果用户同意系统分析报告和方案设计,在与用户进行详尽商讨的基础上,最后签订技术协议书。系统分析报告是设计者和用户一致确认的权威性文献,是今后各阶段设计和工作的依据。

7.2.2　需求分析的方法

用户参加数据库设计是数据应用系统设计的特点,是数据库设计理论不可分割的一部分。在数据需求分析阶段,任何调查研究没有用户的积极参加是寸步难行的,设计人员应和用户取得共同的语言,帮助不熟悉计算机的用户建立数据库环境下的共同概念,所以这个过程中不同背景的人员之间互相了解与沟通是至关重要的,同时方法也很重要。

用于需求分析的方法有多种,主要方法有自顶向下和自底向上两种。其中自顶向下的分析方法(Structured Analysis,简称 SA 方法)是最简单实用的方法。SA 方法从最上层的系统组织机构入手,采用逐层分解的方式分析系统,用数据流图(Data Flow Diagram,DFD)和数据字典(Data Dictionary,DD)描述系统。

下面对数据流图和数据字典作些简单的介绍。

1. 数据流图(Data Flow Diagram,简称 DFD)

使用 SA 方法,任何一个系统都可抽象为图 7.3 所示的数据流图。

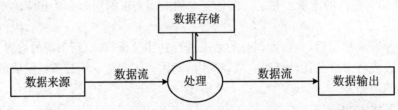

图 7.3　系统顶层数据流图

在数据流图中,用命名的箭头表示数据流,用圆圈表示处理,用两条平行线表示数据存储,用矩形表示源点或终点。

图 7.4 是一个学生选课系统顶层数据流图。图 7.5 是该学生选课系统 0 层数据流图。一个简单的系统可用一张数据流图来表示。当系统比较复杂时,为了便于理解,控制其复杂性,可以采用分层描述的方法。一般用第一层描述系统的全貌,第二层分别描述各子系统的结构。如果系统结构还比较复杂,那么可以继续细化,直到表达清楚为止。在处理功能逐步分解的同时,它们所用的数据也逐级分解,形成若干层次的数据流图。数据流图表达了数据和处理过程的关系。

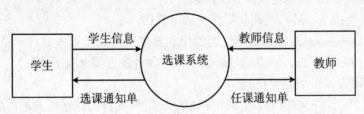

图 7.4　学生选课系统顶层 DFD

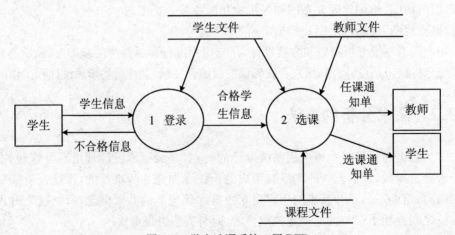

图 7.5　学生选课系统 0 层 DFD

2. 数据字典

数据流图仅描述了系统功能的"分解",并没能对数据流、加工、数据存储等进行详细说明,因此,分析人员仅靠数据流图来理解一个系统的逻辑功能是不够的。数据字典是系统中各类数据描述的集合,是各类数据属性的清单。对数据库设计来讲,数据字典是进行详细的数据收集和数据分析所获得的主要结果,在数据库设计中占有很重要的地位,它与数据流图共同构成了系统的逻辑模型,是需求规格说明书的主要组成部分。

数据元素组成数据的方式通常有:顺序、选择、重复和可选等几种情况,在编写数据字典的过程中,通常使用表 7.1 给出的符号来定义数据。

表 7.1 在数据字典的定义式中出现的符号

符号	含义	示例及说明
$=$	被定义为	
$+$	与	$x=a+b$ 表示 x 由 a 和 b 组成
$[\cdots|\cdots]$	或	$x=[a|b]$ 表示 x 由 a 或 b 组成
$\{\cdots\}$	重复	$x=\{a\}$ 表示 x 由 0 个或多个 a 组成
$m\{\cdots\}n$	重复	$x=2\{a\}5$ 表示 x 中,由 2 个或 5 个 a 组成
$(\cdots)$	可选	$x=(a)$ 表示 a 可在 x 中出现,也可不出现
"$\cdots$"	基本数据元素	$x=$"a"表示 x 是取值为 a 的数据元素
..	连接符	$x=1..9$ 表示 x 可取 1 到 9 中的任意一个值

一般来说数据字典中应包括对以下几部分数据的描述:

(1) 数据项

数据项是数据的最小单位,对数据项的描述应包括:数据项名、含义、别名、类型、长度、取值范围以及与其他数据项的逻辑关系。其主要内容及举例如下:

数据项名称:学号

别名:SNo,Student_No

含义:某学校所有学生的编号

类型:字符型

长度:9

取值及含义:$9\{0\cdots9\}9$,前两位表示入学年份,第 3~4 位表示学院,第 5~6 位表示系,第 7~9 位表示序号。

(2) 数据结构

数据结构是若干数据项有意义的集合。对数据结构的描述应包括:数据结构名,含义说明和组成该数据结构的数据项名。

(3) 数据流

数据流可以是数据项,但多数情况下是数据结构,表示某一处理过程的输入或输出数据。对数据流的描述应包括:数据流名,说明,从什么处理过程来,到什么处理过程去,以及组成该数据流的数据结构或数据项。其主要内容及举例如下:

数据流名称:学生信息

别名:无

简述:学生登录时输入的内容

来源:学生

去向:加工 1"登录"

组成:学号＋密码

（4）数据存储

数据存储定义的目的是确定最终数据库需要存储哪些信息。

① 考察数据流图中每个数据存储信息,确定其是否应该而且可能由数据库存储,若是,则列入数据库需要存储的信息范围。

② 定义每个数据存储。对数据存储的描述应包括:数据存储名、存储的数据项说明、建立该数据存储的应用（即数据处理）、存取该数据存储的处理过程、数据量、存取频度（指每天或每小时或每分钟存取几次）、操作类型（是检索还是更新）和存取方式（是批处理还是联机处理,是顺序存取还是随机存取）等。其主要内容及举例如下:

数据存储名称:学生记录

别名:无

简述:存放学生信息

组成:学号＋姓名＋性别＋出生年月＋所在系

组织方式:索引文件,以学号为关键字

查询要求:要求能立即查询

（5）数据库操作的定义

数据处理过程/数据存储矩阵仅仅定义了某一个处理过程与数据存储之间的关系。一个处理过程中通常包括一个或多个数据库操作。数据库操作定义是用来确切描述在一个数据处理中每一个操作的输入数据项和输出数据项,操作的数据对象,操作的类型,操作的具体功能,数据操作的选择条件,数据操作的连接条件,操作的数据量,该操作的使用频率,要求的响应时间等等。

我们可以使用图表的形式表示数据库操作的定义。这种图表称为 DBIPO 图（图 7.6）,它类似于软件工程中的 IPO 图。

7.2.3 需求分析注意点

确定用户需求是一件很困难的事情。这是因为:

第一,应用部门的业务人员常常缺少计算机的专业知识,而数据库设计人员又常常缺乏应用领域的业务知识,因此相互的沟通往往比较困难。

第二,不少业务人员往往对开发计算机系统有不同程度的抵触情绪。有的认为需求调查影响了他们的工作,给他们造成了负担,特别是新系统的建设常常伴随企业管理的改革,会遇到不同部门不同程度的抵触。

第三,应用需求常常在不断改变,使系统设计也常常要进行调整甚至要有重大改变。

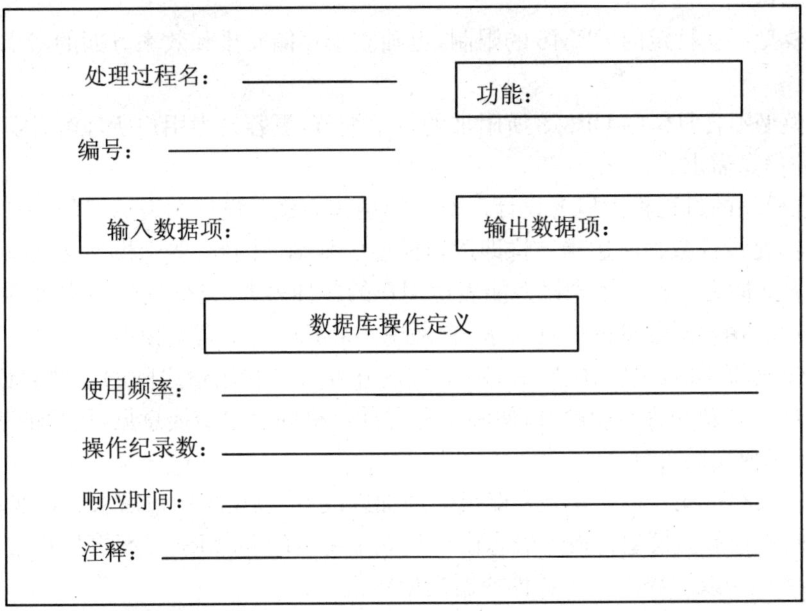

图 7.6　DBIPO 图

面对这些困难,设计人员应该特别注意:

① 用户参与的重要性;

② 用原型法来帮助用户确定他们的需求;

③ 预测系统的未来改变。

7.3　概念结构设计

7.3.1　概念结构设计的必要性

在需求分析阶段,设计人员充分调查并描述了用户的需求,但这些需求只是现实世界的具体要求,应把这些需求抽象为信息世界的结构,才能更好地实现用户的需求。

概念设计就是将需求分析得到的用户需求抽象为信息结构,即概念模型。

在早期的数据库设计中,概念设计并不是一个独立的设计阶段。当时的设计方式是在需求分析之后,接着就进行逻辑设计。这样设计人员在进行逻辑设计时,考虑的因素太多,既要考虑用户的信息,又要考虑具体 DBMS 的限制,使得设计过程复杂化,难以控制。为了改善这种状况,P. P. S. Chen 设计了基于 E-R 模型的数据库设计方法,即在需求分析和逻辑设计之间增加了一个概念设计阶段。在这个阶段,设计人员仅从用户角度看待数据及处理要求和约束,产生一个反映用户观点的概念模型,然后再把概念模型转换成逻辑模型。这样做有 3 个好处:

① 从逻辑设计中分离出概念设计以后,各阶段的任务相对单一化,设计复杂程度大大降

低，便于组织管理。

② 概念模型不受特定的 DBMS 的限制，也独立于存储安排和效率方面的考虑，因而比逻辑模型更为稳定。

③ 概念模型不含具体的 DBMS 所附加的技术细节，更容易为用户所理解，因而更有可能准确反映用户的信息需求。

设计概念模型的过程称为概念设计。概念模型作为概念设计的表达工具，为数据库提供一个说明性结构，是设计数据库逻辑结构即逻辑模型的基础。因此，概念模型必须具备以下特点：

① 语义表达能力丰富。概念模型能表达用户的各种需求，充分反映现实世界，包括事物和事物之间的联系、用户对数据的处理要求，它是现实世界的一个真实模型。

② 易于交流和理解。概念模型是 DBA、应用开发人员和用户之间的主要界面，因此，概念模型要表达自然、直观和容易理解，以便和不熟悉计算机的用户交换意见，用户的积极参与是保证数据库设计和成功的关键。

③ 易于修改和扩充。概念模型要能灵活地加以改变，以反映用户需求和现实环境的变化。

④ 易于向各种数据模型转换。概念模型独立于特定的 DBMS，因而更加稳定，能方便地向关系模型、网状模型或层次模型等各种数据模型转换。

人们提出了许多概念模型，其中最著名、最实用的一种是 E-R 模型，它将现实世界的信息结构统一用属性、实体以及它们之间的联系来描述。

7.3.2　概念结构设计的方法与步骤

1. 概念结构设计的方法

设计概念结构的 E-R 模型可采用 4 种方法。

① 自顶向下。先定义全局概念结构 E-R 模型的框架，再逐步细化。如图 7.7(a)所示。

② 自底向上。先定义各局部应用的概念结构 E-R 模型，然后将它们集成，得到全局概念结构 E-R 模型。如图 7.7(b)所示。

③ 逐步扩张。先定义最重要的核心概念 E-R 模型，然后向外扩充，以滚雪球的方式逐步生成其他概念结构 E-R 模型。如图 7.7(c)所示。

④ 混合策略。该方法采用自顶向下和自底向上相结合的方法，先自顶向下定义全局框架，再以它为骨架集成自底向上方法中设计的各个局部概念结构。

其中最常用的方法是自底向上。即自顶向下地进行需求分析，再自底向上地设计概念结构，如图 7.8 所示。

2. 概念结构设计的步骤

自底向上的设计方法可分为两步，如图 7.9 所示：

① 进行数据抽象，设计局部 E-R 模型，即设计用户视图。

② 集成各局部 E-R 模型，形成全局 E-R 模型，即视图的集成。

③ 评审，全局 E-R 模型优化，获得基本 E-R 模型。

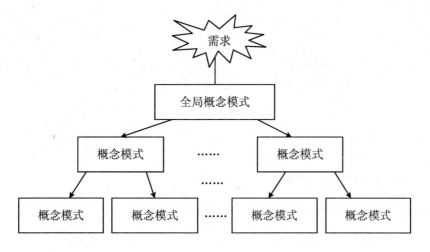

(a)　自顶向下策略

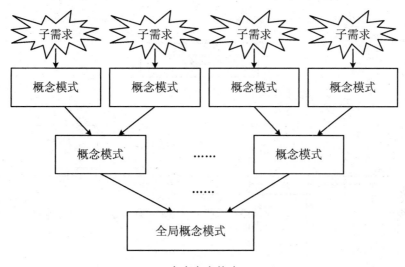

(b)　自底向上策略

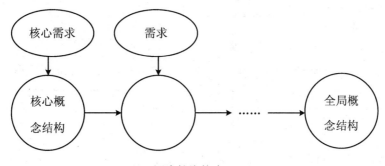

(c)　逐步扩张策略

图 7.7　设计概念结构的策略

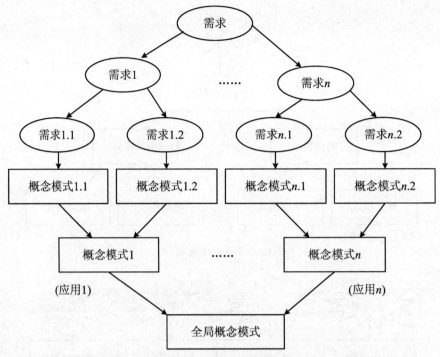

图 7.8　自顶向下分析需求与自底向上设计概念结构

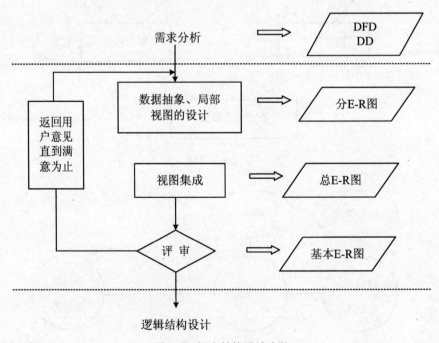

图 7.9　概念结构设计步骤

7.3.3　数据抽象与局部视图设计

概念结构是对现实世界的抽象。所谓抽象就是对实际的人、物、事和概念进行人为处理,抽取所关心的共同特性,忽略非本质的细节,并把这些特性用各种概念精确地加以描述,这些概念组成了某种模型。

抽象有两种形式,一种是系统状态的抽象,即抽象对象;另一种是系统转换的抽象,即抽象运算。在数据库设计中,需要涉及抽象对象和抽象运算。概念设计的目的就是要定义抽象对象的关系结构,有 3 种抽象方式。

(1) 分类(Classification)

分类定义某一类概念作为现实世界中一组对象的类型,将一组具有某些共同特性和行为的对象抽象为一个实体。对象和实体之间是“is member of”的关系。例如,在教学管理中,“赵亦”是一名学生,表示“赵亦”是学生中的一员,她具有学生们共同的特性和行为,如图 7.10 所示。

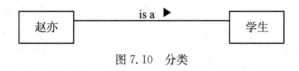

图 7.10　分类

(2) 聚集(Aggregation)

一个类有时是由几个部分组成的,这种特殊的关系称为聚集。部分为类和由它们组成的类之间是一种整体－部分关联。如计算机系统是一个聚集体,这是由主机箱、键盘、鼠标、显示器等组成。而主机箱内除了 CPU 外还带有一个或多个硬盘驱动器、显卡、声卡和其他组件。如图 7.11 所示。

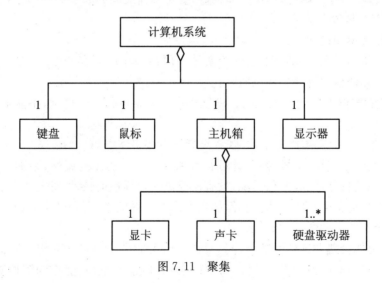

图 7.11　聚集

(3) 概括(Generalization)

定义类型之间的一种子集联系,即将一组具有某些共同特征的对象合并成更高一层意义上的对象。它抽象了类型之间的"is subset of"的语义。例如学生是一个实体型,小学生和中学生也是实体型。小学生、中学生、大学生和研究生是学生的子集。把学生称为超类(Superclass),小学生、中学生、大学生和研究生称为学生的子类(Subclass)。另外,硕士生和博士生又属于研究生类的子类。如图 7.12 所示。

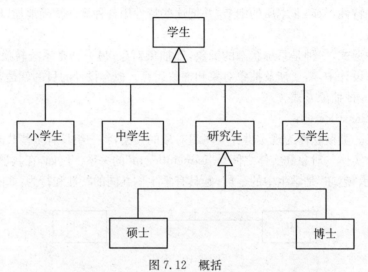

图 7.12   概括

概括有一个很重要的性质:继承性。子类继承超类上定义的所有抽象。当然,子类可以增加自己的某些特殊属性。在继承关系中,子类可以替代父类。也就是说,父类出现的地方,子类都可以出现,但反过来不行。

概念结构设计的第一步就是对需求分析阶段收集到的数据按照 E-R 模型的要求进行分类、组织,形成实体、实体的属性,标识实体的码,确定实体之间的联系类型(1∶1、1∶n、m∶n),设计局部 E-R 图。具体做法是:

(1) 局部 E-R 模型设计

数据抽象后得到了实体和属性,实际上实体和属性是相对而言的,往往要根据实际情况进行必要的调整。在调整中要遵循两条原则:

① 实体具有描述信息,而属性没有。即属性必须是不可分的数据项,不能再由另一些属性组成。

② 属性不能与其他实体具有联系,联系只能发生在实体之间。

例如:学生是一个实体,学号、姓名、性别、系别等是学生实体的属性,系别只表示学生属于哪个系,不涉及系的具体情况,换句话说,没有需要进一步描述的特性,即是不可分的数据项,则根据原则①可以作为学生实体的属性。但如果考虑一个系的系主任、学生人数、教师人数等,则系别应看作一个实体。如图 7.13 所示。

此外,我们可能会遇到这样的情况,同一数据项,可能由于环境和要求的不同,有时作为属性,有时则作为实体,此时必须根据实际情况而定。一般情况下,凡能作为属性对待的,应尽量作为属性,以简化 E-R 图的处理。

下面举例说明局部 E-R 模型设计。

在简单的教务管理系统中,有如下语义约束。

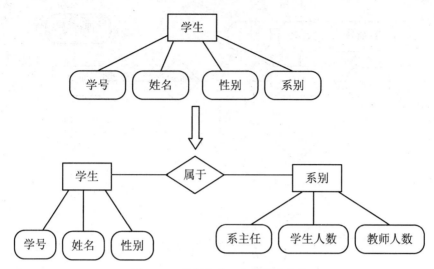

图 7.13 系别作为一个属性或实体

① 一个学生可选修多门课程，一门课程可为多个学生选修，因此学生和课程是多对多的联系；

② 一个教师可讲授多门课程，一门课程可以是多个教师讲授，因此教师和课程也是多对多的联系；

③ 一个系可有多个教师，一个教师只能属于一个系，因此系和教师是一对多的联系，同样系和学生也是一对多的联系。

根据上述约定，可以得到如图 7.14 所示的学生选课局部 E-R 图和如图 7.15 所示的教师任课局部 E-R 图。形成局部 E-R 模型后，应该返回去征求用户意见，以求改进和完善，使之如实地反映现实世界。

E-R 图的优点就是易于被用户理解，便于交流。

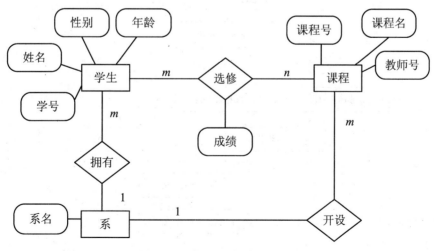

图 7.14 学生选课局部 E-R 图

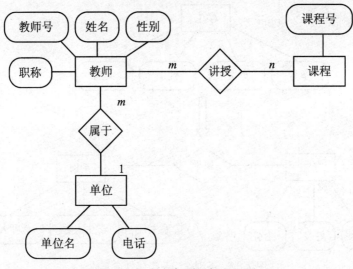

图 7.15 教师任课局部 E-R 图

（2）全局 E-R 模型设计

局部 E-R 模型设计完成之后，下一步就是集成各局部 E-R 模型，形成全局 E-R 模型，即视图的集成。视图集成的方法有两种：

① 多元集成法，一次性将多个局部 E-R 图合并为一个全局 E-R 图，如图 7.16(a)所示。

② 二元集成法，首先集成两个重要的局部视图，然后用累加的方法逐步将一个个新的视图集成进来，如图 7.16(b)所示。

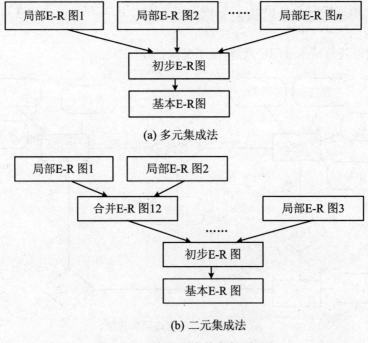

图 7.16 局部视图合并成全局视图

　　在实际应用中,可以根据系统复杂性选择这两种方案。一般采用逐步集成的方法,如果局部视图比较简单,可以采用多元集成法。一般情况下,采用二元集成法,即每次只综合两个视图,这样可降低难度,如图 7.17 所示。无论使用哪一种方法,视图集成均分成两个步骤:

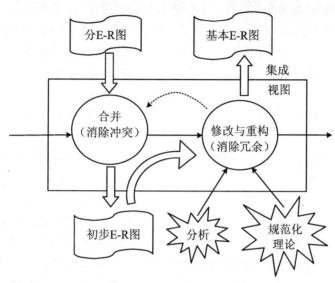

图 7.17　视图集成

　　① 合并,消除各局部 E-R 图之间的冲突,生成初步 E-R 图。
　　② 优化,消除不必要的冗余,生成基本 E-R 图。
　　a) 合并分 E-R 图,生成初步 E-R 图
　　这个步骤将所有的局部 E-R 图综合成全局概念结构。
　　全局概念结构不仅要支持所有的局部 E-R 模型,而且必须合理地表示一个完整、一致的数据库概念结构。由于各个局部应用不同,通常由不同的设计人员进行局部 E-R 图设计,因此,各局部 E-R 图不可避免地会有许多不一致的地方,我们称之为冲突。
　　合并局部 E-R 图时并不能简单地将各个 E-R 图画到一起,而必须消除各个局部 E-R 图中的不一致,使合并后的全局概念结构不仅支持所有的局部 E-R 模型,而且必须是一个能为全系统中所有用户共同理解和接受的完整的概念模型。合并局部 E-R 图的关键就是合理消除各局部 E-R 图中的冲突。
　　各局部 E-R 图之间的冲突主要有 3 类:属性冲突、命名冲突和结构冲突。
　　(ⅰ) 属性冲突
　　属性冲突又分为属性值域冲突和属性的取值单位冲突。
　　① 属性值域冲突,即属性值的类型、取值范围或取值集合不同。比如学号,有些部门将其定义为数值型,而有些部门将其定义为字符型。又如年龄,有的可能用出生年月表示,有的则用整数表示。
　　② 属性的取值单位冲突。比如零件的重量,有的以公斤为单位,有的以斤为单位,有的则以克为单位。属性冲突属于用户业务上的约定,必须与用户协商后解决。
　　(ⅱ) 命名冲突

　　命名不一致可能发生在实体名、属性名或联系名之间,其中属性的命名冲突更为常见。一般表现为同名异义或异名同义(实体、属性、联系名)。

　　① 同名异义,即同一名字的对象在不同的部门中具有不同的意义。比如,"单位"在某些部门表示为人员所在的部门,而在某些部门可能表示物品的重量、长度等属性。

　　② 异名同义,即同一意义的对象在不同的部门中具有不同的名称。比如,对于"房间"这个名称,在教务管理部门中对应为教室,而在后勤管理部门对应为学生宿舍。

　　命名冲突的解决方法同属性冲突,需要与各部门协商、讨论后加以解决。

　　(ⅲ) 结构冲突

　　① 同一对象在不同应用中有不同的抽象,可能为实体,也可能为属性。例如,教师的职称在某一局部应用中被当作实体,而在另一局部应用中被当作属性。

　　这类冲突在解决时,就是使同一对象在不同应用中具有相同的抽象,或把实体转换为属性,或把属性转换为实体。

　　② 同一实体在不同应用中属性组成不同,可能是属性个数或属性次序不同。解决办法是,合并后实体的属性组成为各局部 E-R 图中的同名实体属性的并集,然后再适当调整属性的次序。

　　③ 同一联系在不同应用中呈现不同的类型。比如 E1 与 E2 在某一应用中可能是一对一联系,而在另一应用中可能是一对多或多对多联系,也可能是在 E1、E2、E3 三者之间有联系。

　　上述这种情况应该根据应用的语义对实体联系的类型进行综合或调整。

　　下面以教务管理系统中的两个局部 E-R 图为例,来说明如何消除各局部 E-R 图之间的冲突,进行局部 E-R 模型的合并,从而生成初步 E-R 图。

　　首先,这两个局部 E-R 图中存在着命名冲突,学生选课局部 E-R 图中的实体"系"与教师任课局部 E-R 图中的实体"单位",都是指"系",即所谓的异名同义,合并后统一改为"系",这样属性"名称"和"单位"即可统一为"系名"。

　　其次,还存在着结构冲突,实体"系"和实体"课程"在两个不同应用中的属性组成不同,合并后这两个实体的属性组成为原来局部 E-R 图中的同名实体属性的并集。解决上述冲突后,合并两个局部 E-R 图,生成如图 7.18 所示的初步的全局 E-R 图。

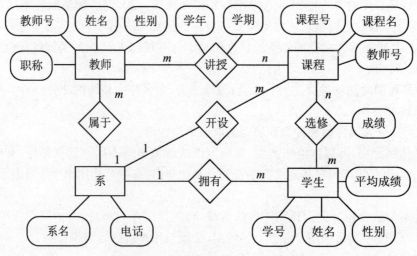

图 7.18　教务管理系统的初步 E-R 图

b) 消除不必要的冗余,设计基本 E-R 图

所谓冗余,在这里指冗余的数据或实体之间冗余的联系。冗余的数据是指可由基本的数据导出的数据,冗余的联系是由其他的联系导出的联系。在上面消除冲突合并后得到的初步 E-R 图中,可能存在冗余的数据或冗余的联系。冗余的存在容易破坏数据库的完整性,给数据库的维护增加困难,应该消除。我们把消除了冗余的初步 E-R 图称为基本 E-R 图。

通常采用分析的方法消除冗余。数据字典是分析冗余数据的依据,还可以通过数据流图分析出冗余的联系。

如在图 7.19 所示的初步 E-R 图中,"课程"实体中的属性"教师号"可由"讲授"这个教师与课程之间的联系导出,而学生的平均成绩可由"选修"联系中的属性"成绩"中计算出来,所以"课程"实体中的"教师号"与"学生"实体中的"平均成绩"均属于冗余数据,作相应的修改。

另外,"系"和"课程"之间的联系"开课",可以由"系"和"教师"之间的"属于"联系与"教师"和"课程"之间的"讲授"联系推导出来,所以"开课"属于冗余联系。

这样,图 7.18 的初步 E-R 图在消除冗余数据和冗余联系后,便可得到基本的 E-R 模型,如图 7.19 所示。

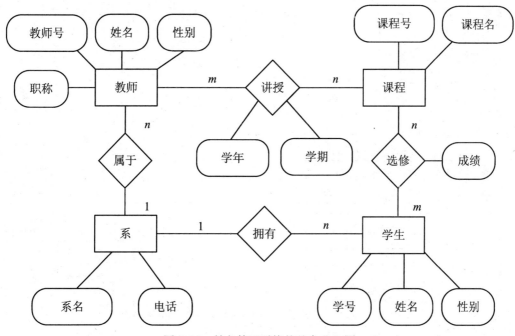

图 7.19　教务管理系统的基本 E-R 图

最终得到的基本 E-R 模型是企业的概念模型,它代表了用户的数据要求,是沟通"要求"和"设计"的桥梁。它决定数据库的总体逻辑结构,是成功建立数据库的关键。如果设计不好,就不能充分发挥数据库的功能,无法满足用户的处理要求。

因此,用户和数据库人员必须对这一模型反复讨论,在用户确认这一模型已正确无误地反映了他们的要求后,才能进入下一阶段的设计工作。

7.4 逻辑结构设计

7.4.1 逻辑结构设计的任务和步骤

概念结构设计阶段得到的 E-R 模型是用户的模型,它独立于任何一种数据模型,独立于任何一个具体的 DBMS。为了建立用户所要求的数据库,需要把上述概念模型转换为某个具体的 DBMS 所支持的数据模型。数据库逻辑设计的任务是将概念结构转换成特定 DBMS 所支持的数据模型的过程。从此开始便进入了"实现设计"阶段,需要考虑到具体的 DBMS 的性能、具体的数据模型特点。

从 E-R 图所表示的概念模型可以转换成任何一种具体的 DBMS 所支持的数据模型,如网状模型、层次模型和关系模型。这里只讨论关系数据库的逻辑设计问题,所以只介绍 E-R 图如何向关系模型进行转换。

一般逻辑设计分为以下 3 步(图 7.20):

① 初始关系模式设计。

② 关系模式规范化。

③ 模式的评价与改进。

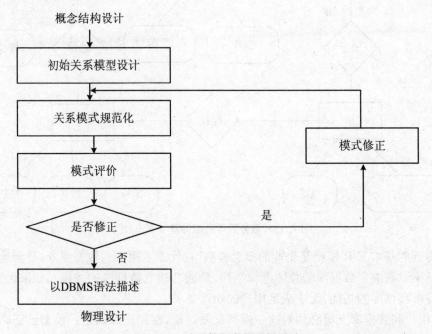

图 7.20 关系数据库的逻辑设计

7.4.2　初始关系模式设计

1. 转换原则

概念设计中得到的 E-R 图是由实体、属性和联系组成的,而关系数据库逻辑设计的结果是一组关系模式的集合。所以将 E-R 图转换为关系模型实际上就是将实体、属性和联系转换成关系模式。在转换中要遵循以下原则:

① 一个实体转换为一个关系模式,实体的属性就是关系的属性,实体的键就是关系的键。但关系的名不一定用实体的名。

② 对于实体间的联系则有以下不同的情况:

·一个 1∶1 联系可转换为一个独立的关系模式,也可以与任意一端对应的关系模式合并。如果转换为一个独立的关系模式,则与该联系相连的各实体的码以及联系本身的属性均转换为关系的属性,每个实体的码均是该关系的候选码。如果与任意一端对应的关系模式合并,则需要在该关系模式的属性中加入另一个关系模式的码和联系本身的属性。

·一个 1∶n 联系可转换为一个独立的关系模式,也可以与 n 端对应的关系模式合并。如果转换为一个独立的关系模式,则与该联系相连的各实体的码以及联系本身的属性均转换为关系的属性,而关系的码为 n 端实体的码。如果与 n 端对应的关系模式合并,则需要在 n 端实体类型转换成的关系模式中加入 1 端实体类型转换成的关系模式的码和联系类型本身的属性。

·一个 m∶n 联系转换为一个独立的关系模式。与该联系相连的各实体的码以及联系本身的属性均转换为关系的属性,各实体码组成关系的码或关系码的一部分。

·3 个或 3 个以上实体间的一个多元联系可以转换为一个独立的关系模式。与该多元联系相连的各实体的码以及联系本身的属性均转换为关系的属性,各实体码组成关系的码或关系码的一部分。

2. 具体做法

(1) 把每一个实体转换为一个关系模式

首先分析各实体的属性,从中确定其主键,然后分别用关系模式表示。例如,以图 7.19 的 E-R 模型为例,4 个实体分别转换成 4 个关系模式:

学生(<u>学号</u>,姓名,性别)

课程(<u>课程号</u>,课程名)

教师(<u>教师号</u>,姓名,性别,职称)

系(<u>系名</u>,电话)

其中,有下划线者表示是主键。

(2) 不同的联系转换为相应的关系模式

联系向关系模式转换时,要根据实体间联系的类型作相应地转换。例如,以图 7.19 的 E-R 模型为例,4 个联系分别转换成 4 个关系模式:

属于(<u>教师号</u>,系名)

讲授(<u>教师号</u>,<u>课程号</u>,学年,学期)

选修(<u>学号</u>,<u>课程号</u>,成绩)

拥有(系名,<u>学号</u>)

对于"属于"和"拥有"关系模式可以与 n 端的实体关系模式合并,最终可以得到如下 6 个关系模式:

学生(学号,姓名,性别,系名)

课程(课程号,课程名)

教师(教师号,姓名,性别,职称,系名)

系(系名,电话)

讲授(教师号,课程号,学年,学期)

选修(学号,课程号,成绩)

其中,下划线表示关系模式的主键,双波浪线表示关系模式的外键。

(3) 特殊情况的处理

3 个或 3 个以上实体间的一个多元联系在转换为一个关系模式时,与该多元联系相连的各实体的主键及联系本身的属性均转换成为关系的属性,转换后所得到的关系的主键为各实体键的组合。

例如,图 7.21 表示供应商、项目和零件 3 个实体之间的多对多联系,如果已知 3 个实体的主键分别为"供应商号"、"项目号"与"零件号",则它们之间的联系"供应"可转换为关系模式,其中供应商号、项目号、零件号为此关系的组合关系键。

供应(供应商号,项目号,零件号,数量)

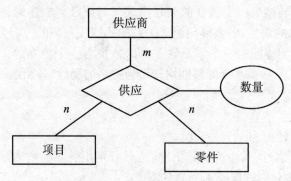

图 7.21 3 个实体之间的 $m : n$ 联系

7.4.3 关系模式规范化

应用规范化理论对上述产生的关系的逻辑模式进行初步优化,以减少乃至消除关系模式中存在的各种异常,改善完整性、一致性和存储效率。

规范化理论是数据库逻辑设计的指南和工具,规范化过程可分为两个步骤:确定范式级别,实施规范化处理。

1. 确定范式级别

考查关系模式的函数依赖关系,确定范式等级,逐一分析各关系模式,考查是否存在部分函数依赖,传递函数依赖等,确定它们分别属于第几范式。

2. 实施规范化处理

确定范式级别后,利用规范化理论,逐一考察各个关系模式,根据应用要求,判断它们是否满足规范要求,可用已经介绍过的规范化方法和理论将关系模式规范化。

综合以上数据库的设计过程,规范化理论在数据库设计中有如下几方面的应用:

① 在需求分析阶段,用数据依赖概念分析和表示各个数据项之间的联系。

② 在概念结构设计阶段,以规范化理论为指导,确定关系键,消除初步 E-R 图中冗余的联系。

③ 在逻辑结构设计阶段,从 E-R 图向数据模型转换过程中,用模式合并与分解方法达到规范化级别。

7.4.4　模式评价与改进

1. 模式评价

关系模式的规范化不是目的而是手段,数据库设计的最终目的是满足应用需求。因此,为了进一步提高数据库应用系统的性能,还应该对规范化后产生的关系模式进行评价、改进,经过反复多次的尝试和比较,最后得到优化的关系模式。

模式评价的目的是检查所设计的数据库模式是否满足用户的功能和效率要求,确定加以改进的部分。模式评价包括功能评价和性能评价。

（1）功能评价

功能评价指对照需求分析的结果,检查规范化后的关系模式集合是否支持用户所有的应用要求。关系模式必须包括用户可能访问的所有属性。在涉及多个关系模式的应用中,应确保连接后不丢失信息。如果发现有的应用不被支持,或不完全被支持,则应该改进关系模式。发生这种问题的原因可能是在逻辑设计阶段,也可能是在需求分析或概念设计阶段。是哪个阶段的问题就返回到哪个阶段去,因此有可能对前两个阶段再进行评审,解决存在的问题。

在功能评价的过程中,可能会发现冗余的关系模式或属性,这时应对它们加以区分,搞清楚它们是为未来发展预留的,还是某种错误造成的,比如名字混淆。如果属于错误处置,进行改正即可,而如果这种冗余来源于前两个设计阶段,则也要返回重新进行评审。

（2）性能评价

对于目前得到的数据库模式,由于缺乏物理设计所提供的数量测量标准和相应的评价手段,所以性能评价是比较困难的,只能对实际性能进行估计,包括逻辑记录的存取数、传送量以及物理设计算法的模型等。

美国密执安大学的 T. Teorey 和 J. Fry 于 1980 年提出的逻辑记录访问（Logical Record Access,LRA)方法是一种常用的模式性能评价方法。LRA 方法对网状模型和层次模型较为实用,对于关系模型的查询也能起一定的估算作用。有关 LRA 方法本书不详细介绍,读者可以参考有关书籍。

2. 模式改进

根据模式评价的结果,对已生成的模式进行改进。

如果因为需求分析、概念设计的疏漏导致某些应用不能得到支持,则应该增加新的关系模式或属性。如果因为性能考虑而要求改进,则可采用合并或分解的方法。

(1) 合并

如果有若干个关系模式具有相同的主键,并且对这些关系模式的处理主要是查询操作,而且经常是多关系的查询,那么可对这些关系模式按照组合使用频率进行合并。这样便可以减少连接操作而提高查询效率。

(2) 分解

为了提高数据操作的效率和存储空间的利用率,最常用和最重要的模式优化方法就是分解,根据应用的不同要求,可以对关系模式进行垂直分解和水平分解。

水平分解是把关系的元组分为若干子集合,定义每个子集合为一个子关系。

对于经常进行大量数据的分类条件查询的关系,可进行水平分解,这样可以减少应用系统每次查询需要访问的记录数,从而提高了查询性能。

例如,有学生关系(学号、姓名、类别……),其中类别包括大专生、本科生和研究生。如果多数查询一次只涉及其中的一类学生,就应该把整个学生关系水平分割为大专生、本科生和研究生3个关系。

垂直分解是把关系模式的属性分解为若干子集合,形成若干子关系模式。垂直分解的原则是把经常一起使用的属性分解出来,形成一个子关系模式。

例如,有教师关系(教师号、姓名、性别、年龄、职称、工资、岗位津贴、住址、电话),如果经常查询的仅是前6项,而后3项很少使用,则可以将教师关系进行垂直分割,得到两个教师关系:

教师关系1(教师号、姓名、性别、年龄、职称、工资)

教师关系2(教师号、岗位津贴、住址、电话)

这样,便减少了查询的数据传递量,提高了查询速度。

垂直分解可以提高某些事务的效率,但也有可能使另一些事务不得不执行连接操作,从而降低了效率。因此是否要进行垂直分解要看分解后的所有事务的总效率是否得到了提高。垂直分解要保证分解后的关系具有无损连接性和函数依赖保持性。

经过多次的模式评价和模式改进之后,最终的数据库模式得以确定。逻辑设计阶段的结果是全局逻辑数据库结构。对于关系数据库系统来说,就是一组符合一定规范的关系模式组成的关系数据库模型。

数据库系统的数据物理独立性特点消除了由于物理存储改变而引起的对应程序的修改。标准的 DBMS 例行程序应适用于所有的访问,查询和更新事务的优化应当在系统软件一级上实现。这样,逻辑数据库确定之后,就可以开始进行应用程序设计了。

7.5　数据库物理设计

数据库在实际的物理设备上的存储结构和存取方法称为数据库的物理结构。为设计好的逻辑数据模型选择一个符合应用要求的物理结构就是数据库的物理设计。

数据库的物理结构是与给定的硬件环境和 DBMS 软件产品有关的,因此数据库的物理设计依赖于具体的 DBMS 产品。

数据库的物理设计通常分为两步：

① 确定数据库的物理结构。

② 对物理结构进行评价，评价的重点是时间和空间效率。

7.5.1　确定物理结构

设计人员必须深入了解给定 DBMS 的功能，DBMS 提供的环境和工具，特别是存储设备的特征。另一方面也要了解应用环境的具体要求，如各种应用的数据量、处理频率和响应时间等。只有"知己知彼"才能设计出较好的物理结构。

1. 存储记录结构的设计

在物理结构中，数据的基本存取单位是存储记录。有了逻辑记录结构以后，就可以设计存储记录结构，一个存储记录可以和一个或多个逻辑记录相对应。存储记录结构包括记录的组成、数据项的类型和长度，以及逻辑记录到存储记录的映射。某一类型的所有存储记录的集合称为"文件"，文件的存储记录可以是定长的，也可以是变长的。

文件组织或文件结构是组成文件的存储记录的表示法。文件结构应该表示文件格式、逻辑次序、物理次序、访问路径、物理设备的分配。物理数据库就是指数据库中实际存储记录的格式、逻辑次序和物理次序、访问路径、物理设备的分配。

决定存储结构的主要因素包括存取时间、存储空间和维护代价 3 个方面。设计时应当根据实际情况对这 3 个方面进行综合权衡。一般 DBMS 也提供一定的灵活性可供选择，包括聚簇和索引。

（1）聚簇（Cluster）

聚簇就是为了提高查询速度，把在一个（或一组）属性上具有相同值的元组集中地存放在一个物理块中。如果存放不下，可以存放在相邻的物理块中。其中，这个（或这组）属性称为聚簇码。

为什么要使用聚簇呢？

聚簇有以下两个作用：

① 使用聚簇以后，聚簇码相同的元组集中在一起了，因而聚簇值不必在每个元组中重复存储，只要在一组中存储一次即可，因此可以节省存储空间。

② 聚簇功能可以大大提高按聚簇码进行查询的效率。例如，假设要查询学生关系中计算机系的学生名单，设计算机系有 300 名学生。在极端情况下，这些学生的记录会分布在 300 个不同的物理块中，这时如果要查询计算机系的学生，就需要做 300 次的 I/O 操作，这将影响系统查询的性能。如果按照系别建立聚簇，使同一个系的学生记录集中存放，则每做一次 I/O 操作，就可以获得多个满足查询条件的记录，从而显著地减少了访问磁盘的次数。

（2）索引

存储记录是属性值的集合，主关系键可以唯一确定一个记录，而其他属性的一个具体值不能唯一确定是哪个记录。在主关系键上应该建立唯一索引，这样不但可以提高查询速度，还能避免关系键重复值的录入，确保了数据的完整性。

在数据库中,用户访问的最小单位是属性。如果对某些非主属性的检索很频繁,可以考虑建立这些属性的索引文件。索引文件对存储记录重新进行内部链接,从逻辑上改变了记录的存储位置,从而改变了访问数据的入口点。关系中数据越多索引的优越性也就越明显。

建立多个索引文件可以缩短存取时间,但是增加了索引文件所占用的存储空间以及维护的开销。因此,应该根据实际需要综合考虑。

2. 访问方法的设计

访问方法是为存储在物理设备(通常指辅存)上的数据提供存储和检索能力的方法。一个访问方法包括存储结构和检索机构两个部分。存储结构限定了可能访问的路径和存储记录;检索机构定义了每个应用的访问路径,但不涉及存储结构的设计和设备分配。

存储记录是属性的集合,属性是数据项类型,可用做主键或辅助键。主键唯一地确定了一个记录。辅助键是用作记录索引的属性,可能并不唯一确定某一个记录。

访问路径的设计分成主访问路径与辅访问路径的设计。主访问路径与初始记录的装入有关,通常是用主键来检索的。首先利用这种方法设计各个文件,使其能最有效地处理主要的应用。一个物理数据库很可能有几条主访问路径。辅访问路径是通过辅助键的索引对存储记录重新进行内部链接,从而改变访问数据的入口点。用辅助索引可以缩短访问时间,但增加了辅存空间和索引维护的开销,设计者应根据具体情况做出权衡。

3. 数据存放位置的设计

为了提高系统性能,应该根据应用情况将数据的易变部分、稳定部分、经常存取部分和存取频率较低部分分开存放。

例如,目前许多计算机都有多个磁盘,因此可以将表和索引分别存放在不同的磁盘上,在查询时,由于两个磁盘驱动器并行工作,可以提高物理读写的速度。

在多用户环境下,可以将日志文件和数据库对象(表、索引等)放在不同的磁盘上,以加快存取速度。另外,数据库的数据备份、日志文件备份等,只在数据库发生故障进行恢复时才使用,而且数据量很大,可以存放在磁带上,以改进整个系统的性能。

4. 系统配置的设计

DBMS产品一般都提供了一些系统配置变量、存储分配参数,供设计人员和DBA对数据库进行物理优化。系统为这些变量设定了初始值,但是这些值不一定适合每一种应用环境,在物理设计阶段,要根据实际情况重新对这些变量赋值,以满足新的要求。

系统配置变量和参数很多,例如,同时使用数据库的用户数、同时打开的数据库对象数、内存分配参数、缓冲区分配参数(使用的缓冲区长度、个数)、存储分配参数、数据库的大小、时间片的大小、锁的数目等,这些参数值影响存取时间和存储空间的分配,在物理设计时要根据应用环境确定这些参数值,以使系统的性能达到最优。

7.5.2 评价物理结构

和前面几个设计阶段一样,在确定了数据库的物理结构之后,要进行评价,重点是时间和空间的效率。

如果评价结果满足设计要求,则可进行数据库实施。

实际上,往往需要经过反复测试才能优化物理设计。

7.6　数据库的实施

数据库实施是指根据逻辑设计和物理设计的结果,在计算机上建立起实际的数据库结构、装入数据、进行测试和试运行的过程。

数据库实施主要包括以下工作:

- 建立实际数据库结构;
- 装入数据;
- 应用程序编码与调试;
- 数据库试运行;
- 整理文档。

7.6.1　建立实际数据库结构

DBMS 提供的数据定义语言(DDL)可以定义数据库结构。可使用 SQL 定义语句中的 CREATE TABLE 语句定义所需的基本表,使用 CREATE VIEW 语句定义视图。

7.6.2　装入数据

装入数据又称为数据库加载(Loading),是数据库实施阶段的主要工作。在数据库结构建立好之后,就可以向数据库中加载数据了。

由于数据库的数据量一般都很大,它们分散于一个企业(或组织)中各个部门的数据文件、报表或多种形式的单据中,它们存在着大量的重复,并且其格式和结构一般都不符合数据库的要求,必须把这些数据收集起来加以整理,去掉冗余并转换成数据库所规定的格式,这样处理之后才能装入数据库。因此,需要耗费大量的人力、物力,是一项非常单调乏味而又意义重大的工作。

由于应用环境和数据来源的差异,所以不可能存在普遍通用的转换规则,现有的 DBMS 并不提供通用的数据转换软件来完成这一工作。

对于一般的小型系统,装入数据量较少,可以采用人工方法来完成。

首先将需要装入的数据从各个部门的数据文件中筛选出来,转换成符合数据库要求的数据格式,然后输入到计算机中,最后进行数据校验,检查输入的数据是否有误。

但是,人工方法不仅效率低,而且容易产生差错。对于数据量较大的系统,应该由计算机来完成这一工作。通常是设计一个数据输入子系统,其主要功能是从大量的原始数据文件中筛选、分类、综合和转换数据库所需的数据,把它们加工成数据库所要求的结构形式,最后装入数据库中,同时还要采用多种检验技术检查输入数据的正确性。

为了保证装入数据库中数据的正确无误,必须高度重视数据的校验工作。在输入子系统的设计中应该考虑多种数据检验技术,在数据转换过程中应使用不同的方法进行多次检验,确认正确后方可入库。

如果在数据库设计时,原来的数据库系统仍在使用,则数据的转换工作是将原来老系统中的数据转换成新系统中的数据结构。同时还要转换原来的应用程序,使之能在新系统下有效地运行。

数据的转换、分类和综合常常需要多次才能完成,因而输入子系统的设计和实施是很复杂的,需要编写许多应用程序,由于这一工作需要耗费较多的时间,为了保证数据能够及时入库,应该在数据库物理设计的同时编制数据输入子系统,不能等物理设计完成后才开始。

7.6.3　应用程序编码与调试

数据库应用程序的设计属于一般的程序设计范畴,但数据库应用程序有自己的一些特点。例如,大量使用屏幕显示控制语句、形式多样的输出报表、重视数据的有效性和完整性检查、有灵活的交互功能。

为了加快应用系统的开发速度,一般选择第四代语言开发环境,利用自动生成技术和软件复用技术,在程序设计编写中往往采用工具(CASE)软件来帮助编写程序和文档,如目前普遍使用的 Power Builder、Delphi 以及由北京航空航天大学研制的 863/CMIS 支持的数据库开发工具 Open Tools 等。

数据库结构建立好之后,就可以开始编制与调试数据库的应用程序,这时由于数据入库尚未完成,调试程序时可以先使用模拟数据。

7.6.4　数据库试运行

应用程序编写完成,并有了一小部分数据装入后,应该按照系统支持的各种应用分别试验应用程序在数据库上的操作情况,这就是数据库的试运行阶段,或者称为联合调试阶段。在这一阶段要完成两方面的工作。

① 功能测试。实际运行应用程序,测试它们能否完成各种预定的功能。

② 性能测试。测量系统的性能指标,分析系统是否符合设计目标。

系统的试运行对于系统设计的性能检验和评价是很重要的,因为有些参数的最佳值只有在试运行后才能找到。如果测试的结果不符合设计目标,则应返回到设计阶段,重新修改设计和编写程序,有时甚至需要返回到逻辑设计阶段,调整逻辑结构。

重新设计物理结构甚至逻辑结构,会导致数据重新入库。由于数据装入的工作量很大,所以可分期分批地组织数据装入,先输入小批量数据做调试用,待试运行基本合格后,再大批量输入数据,逐步增加数据量,逐步完成运行评价。

数据库的实施和调试不是几天就能完成的,需要有一定的时间。在此期间由于系统还不稳定,随时可能发生硬件或软件故障,加之数据库刚刚建立,操作人员对系统还不熟悉,对其规律缺乏了解,容易发生操作错误,这些故障和错误很可能破坏数据库中的数据,这种破坏很可能在数据库中引起连锁反应,破坏整个数据库,因此必须做好数据库的转储和恢复工作,要求设计人员熟悉 DBMS 的转储和恢复功能,并根据调试方式和特点首先加以实施,尽量减少对数据库的破坏,并简化故障恢复。

7.6.5　整理文档

在程序的编码调试和试运行中,应该将发现的问题和解决方法记录下来,将它们整理存档作为资料,供以后正式运行和改进时参考。

全部的调试工作完成之后,应该编写应用系统的技术说明书和使用说明书,在正式运行时随系统一起交给用户。

完整的文件资料是应用系统的重要组成部分,但这一点常被忽视。必须强调这一工作的重要性,以引起用户与设计人员的充分注意。

7.7　数据库的运行和维护

数据库试运行结果符合设计目标后,数据库就投入正式运行,进入运行和维护阶段。数据库系统投入正式运行,标志着数据库应用开发工作的基本结束,但并不意味着设计过程已经结束。

由于应用环境不断发生变化,用户的需求和处理方法不断发展,数据库在运行过程中的存储结构也会不断变化,从而必须修改和扩充相应的应用程序。

数据库运行和维护阶段的主要任务包括以下 3 项内容:

① 维护数据库的安全性与完整性。

② 监测并改善数据库性能。

③ 重新组织和构造数据库。

7.7.1　维护数据库的安全性与完整性

按照设计阶段提供的安全规范和故障恢复规范,DBA 要经常检查系统的安全是否受到侵犯,根据用户的实际需要授予用户不同的操作权限。

数据库在运行过程中,由于应用环境发生变化,对安全性的要求可能发生变化,DBA 要根据实际情况及时调整相应的授权和密码,以保证数据库的安全性。

同样数据库的完整性约束条件也可能会随应用环境的改变而改变,这时 DBA 也要对其进行调整,以满足用户的要求。

另外,为了确保系统在发生故障时,能够及时地进行恢复,DBA 要针对不同的应用要求定制不同的转储计划,定期对数据库和日志文件进行备份,以使数据库在发生故障后恢复到某种一致性状态,保证数据库的完整性。

7.7.2 监测并改善数据库性能

目前许多 DBMS 产品都提供了监测系统性能参数的工具,DBA 可以利用系统提供的这些工具,经常对数据库的存储空间状况及响应时间进行分析评价;结合用户的反映情况确定改进措施;及时改正运行中发现的错误;按用户的要求对数据库的现有功能进行适当的扩充。

但要注意在增加新功能时应保证原有功能和性能不受损害。

7.7.3 重新组织和构造数据库

数据库建立后,除了数据本身是动态变化以外,随着应用环境的变化,数据库本身也必须变化以适应应用要求。

数据库运行一段时间后,由于记录的不断增加、删除和修改,会改变数据库的物理存储结构,使数据库的物理特性受到破坏,从而降低数据库存储空间的利用率和数据的存取效率,导致数据库的性能下降。因此,需要对数据库进行重新组织,即重新安排数据的存储位置,回收垃圾,减少指针链,改进数据库的响应时间和空间利用率,提高系统性能。这与操作系统对"磁盘碎片"的处理的概念相类似。

数据库的重组只是使数据库的物理存储结构发生变化,而数据库的逻辑结构不变,所以根据数据库的三级模式,可以知道数据库重组对系统功能没有影响,只是为了提高系统的性能。

数据库应用环境的变化可能导致数据库的逻辑结构发生变化,比如要增加新的实体,增加某些实体的属性,这样实体之间的联系发生了变化,使原有的数据库设计不能满足新的要求,必须对原来的数据库重新构造,适当调整数据库的模式和内模式,比如要增加新的数据项,增加或删除索引,修改完整性约束条件等。

DBMS 一般都提供了重新组织和构造数据库的应用程序,以帮助 DBA 完成数据库的重组和重构工作。

只要数据库系统在运行,就需要不断地进行修改、调整和维护。一旦应用变化太大,数据库重新组织也无济于事,这就表明数据库应用系统的生命周期结束,应该建立新系统,重新设计数据库。从头开始数据库设计工作,标志着一个新的数据库应用系统生命周期的开始。

本 章 小 结

本章介绍了数据库设计的 6 个阶段,包括:系统需求分析、概念结构设计、逻辑结构设计、物理设计、数据库实施、数据库运行与维护。对于每一阶段,都分别详细讨论了其相应的任务、方法和步骤。

需求分析是整个设计过程的基础,需求分析做得不好,可能会导致整个数据库设计返工重做。

将需求分析所得到的用户需求抽象为信息结构即概念模型的过程就是概念结构设计,概念结构设计是整个数据库设计的关键所在,这一过程包括设计局部 E-R 图、综合成初步 E-R 图、E-R 图的优化。

将独立于 DBMS 的概念模型转化为相应的数据模型,这是逻辑结构设计所要完成的任务。一般的逻辑设计分为 3 步:初始关系模式设计、关系模式规范化、模式的评价与改进。

物理设计就是为给定的逻辑模型选取一个适合应用环境的物理结构,物理设计包括确定物理结构和评价物理结构两步。

根据逻辑设计和物理设计的结果,在计算机上建立起实际的数据库结构,装入数据,进行应用程序的设计,并试运行整个数据库系统,这是数据库实施阶段的任务。

数据库设计的最后阶段是数据库的运行与维护,包括维护数据库的安全性与完整性,监测并改善数据库性能,必要时需要进行数据库的重新组织和构造。

习　　题

7.1　试述数据库设计过程。

7.2　试述数据库设计过程各个阶段的设计描述。

7.3　试述数据库设计的特点。

7.4　需求分析阶段的设计目标是什么?调查的内容是什么?

7.5　数据字典的内容和作用是什么?

7.6　什么是数据库的概念结构?试述其特点和设计策略。

7.7　什么叫数据抽象?试举例说明。

7.8　试述数据库概念结构设计的重要性和设计步骤。

7.9　什么是 E-R 图?构成 E-R 图的基本要素是什么?

7.10　为什么要进行视图集成?视图集成的方法是什么?

7.11　什么是数据库的逻辑结构设计?试述其设计步骤。

7.12　规范化理论对数据库设计有什么指导意义?

7.13　试述数据库物理设计的内容和步骤。

7.14　试述数据输入在实施阶段的重要性是什么?如何保证输入数据的正确性?

7.15　现有一局部应用,包括两个实体:"出版社"和"作者",这两个实体间是多对多的联系,请读者自己设计适当的属性,画出 E-R 图,再将其转换为关系模型(包括关系名、属性名、码和完整性约束条件)。

7.16　请设计一个图书馆数据库,此数据库中对每个借阅者保存读者记录,包括:读者号、姓名、性别、年龄、单位。对每本书存有:书号、书名、作者、出版社。对每本被借出的书存有读者号、借出日期和应还日期。要求:画出 E-R 图,再将其转换为关系模型。

7.17　假设某公司在多个地区设有销售部经销本公司的各种产品,每个销售部聘用多名职工,且每名职工只属于一个销售部。销售部有部门名称、地区和电话等属性,产品有产品编码、品名和单价等属性,职工有职工号、姓名和性别等属性,每个销售部的销售产品有数量属性。

① 根据上述语义画出 E-R 图,要求在图中画出属性并注明联系的类型;

② 试将 E-R 图转换成关系模型,并指出每个关系模式的主码和外码。

第8章 数据库应用系统开发

数据库应用系统的开发是一个计算机专业人士必须掌握的技能,数据库也是计算机在应用上最成功的方面之一。目前数据库应用系统主要有单机数据库应用系统和网络数据库应用系统两种。

单机数据库应用开发,主要是指应用系统与数据库放在一台计算机上来运行和管理,同一时刻只能有一个用户使用和访问数据库,数据库中的数据不能共享。为了提高数据库系统的安全性和可靠性,并将数据提供给多个用户共享,于是出现了网络数据库系统。

网络数据库应用是指在计算机网络环境下运行的数据库系统,它的数据库分散配置在网络节点上,能够对网络用户提供远程数据访问服务。网络数据库系统又分为 C/S(Client/Server)数据库系统和基于 Web 方式的 B/S(Browser/Server)数据库系统。

目前数据库系统的应用主要以网络版的数据库应用为主流,本章主要以网络数据库应用开发来介绍数据库应用系统的开发技术。

8.1 数据库应用结构

20 世纪 80 年代以来微型计算机和计算机网络飞速发展。由于不断增加的分布式的信息处理要求,计算机网络得到了广泛的应用。传统的大型主机和亚终端系统受到了以微机为主体的微机网络的挑战,规模向下优化和规模私有化已是大势所趋,客户机/服务器(C/S)计算模式应运而生。

进入 20 世纪 90 年代后,由于信息技术发展和信息量的膨胀,信息的全球化打破了地域界限,Internet 技术以惊人的速度发展,促使客户机/服务器计算模式向 Internet 迁移,产生了浏览器/服务器(B/S)工作模式。客户机/服务器和浏览器/服务器是当前网络中心计算的两种主要工作模式。客户机/服务器一般被设计成局部的应用,工作在局域网上;而在 Internet 上的浏览器/服务器是工作在全局观念范围的,无平台限制。

网络数据库系统可以按照客户机/服务器模式或浏览器/服务器模式建立,但无论采用哪种计算模式,数据库都驻留在后台服务器上,通过网络通信,为前端用户提供数据库服务。

8.1.1 基于客户机/服务器模式的数据库系统

客户机/服务器(C/S)模式是以网络环境为基础、将计算应用有机地分布在多台计算机中的结构。从用户的观点来看,客户机/服务器系统基本由三个部分组成:客户机、服务器以及客户机与服务器之间的连接件。如图 8.1 所示。

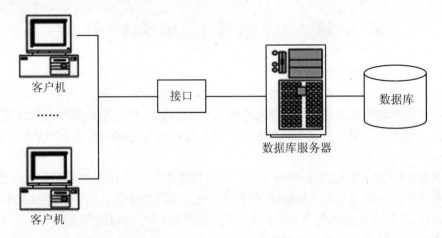

图 8.1　客户机/服务器结构

（1）客户机

客户机是一个面向最终用户的接口或应用程序,它通过向服务器请求数据服务,然后做必要的处理,将结果显示给用户。

（2）服务器

服务器的主要功能是建立进程和网络服务地址,监听用户的调用,处理客户的请求,将结果返回给客户,释放与客户的连接。

（3）连接件

客户机与服务器之间的连接是通过网络连接实现的,对应用系统来说这种连接更多的是一种软件通信工程(如网络协议等)。

在客户机/服务器数据库系统中的客户端应用系统的开发,与一般的应用软件系统的开发基本相同,所不同的是在系统设计中要考虑客户机与服务器之间的工作量分配原则问题,在实现方面要考虑如何建立和撤销与服务器的连接,如何访问数据库中的数据问题。

在客户机上可以有自己专用的局部数据库,在客户端需要安装客户端组件,也需要配置数据源。它的数据库接口应与服务器端的一致,如都使用 ODBC。

对于应用系统没有一个标准的开发方法,应当根据实现情况采用适宜的方法与技术。特别是应当考虑应用系统的复杂程度和所要处理的数据量,并且权衡这些因素与网络、服务器的功能。一个有效的做法是在客户机与服务器之间分配工作量,对于那些局限于本地使用的数据表,应存放在本地数据库中。为了优化远程数据访问,应当遵循以下两个基本原则:

① 完全在服务器上执行查询,不要直接检索数据并在本地处理;

② 尽量减少与数据库服务器的连接次数和网上传输的数据量。

应用系统的开发可以采用常规的设计语言,如 Visual Basic、C++、Borland Delphi、Java 和 C♯等,在其中嵌入 SQL 语句,用以存取数据库中的数据,由宿主语言程序对数据进行处理。使用这些工具可以很容易地建立应用系统的功能菜单,建立数据窗口,查询数据,创建查询结果的分析图和报表。所有对数据库的操作都能自动生成 SQL 脚本,极大地减轻编程的工作量。

　　C/S 结构是一个开放的体系结构,使得数据库不仅要支持开放性而且要开放系统本身。这种开放性包括用户界面、软硬件平台和网络协议。利用开放性在客户机上提供应用程序接口(API)及网络接口,使用户可按照他们所熟悉的、流行的方式开发客户机应用。在服务器方面,通过对核心 RDBMS 的功能调用,使网络接口满足了数据完整性、保密性及故障恢复等要求。有了开放性,数据库服务器就能支持多种网络协议,运行不同厂家的开发工具,而某一个应用开发工具也可以在不同的数据库服务器上使用和存取不同数据源中的数据,从而给应用系统的开发提供了极大的灵活性。C/S 的内部结构如图 8.2 所示。

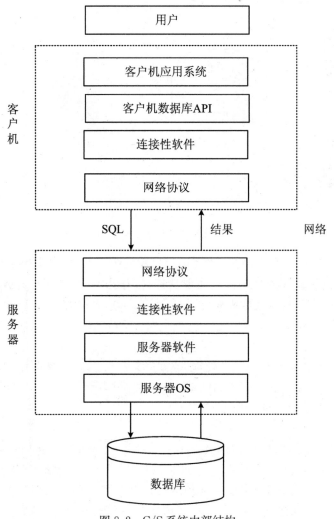

图 8.2　C/S 系统内部结构

　　C/S 两层模式结构虽然实现了功能分布,但还不均衡。两层结构中客户机上都必须安装应用程序和工具,使客户机上的软件过于庞大,从而影响效率。如果连接的客户机数目激增,服务器的性能会因为无法进行负载均衡而大大下降。另外,每一次应用需求变化,都需要对客户机和服务器的应用程序进行修改,给应用的维护和升级造成极大的不便。为了解决上述问题,引入了三层 B/S 结构。

8.1.2　基于浏览器/服务器模式的数据库系统

在 Internet 和 Intranet 上的浏览器/服务器(B/S)结构,从本质上讲与传统的 C/S 结构一样,都是用同一种请求和应答方式来执行应用的。但传统的 C/S 结构模式在客户端集中了大量的应用软件,而 B/S 是一种基于 Hyperlink(超链接)、HTML(超文本标记语言)的三层或多层体系结构,客户端仅需要单一的浏览器软件,通过浏览器即可访问几个应用平台,形成一种一点对几点、多点对多点的结构模式。如图 8.3 所示。

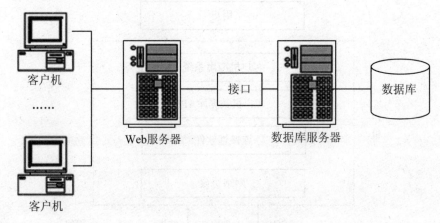

图 8.3　三层 B/S 体系结构

在三层模式结构中,表示层存在于客户端,只需安装一个 Web 浏览器软件(例如 Internet Explorer 或 Navigator)。Web 服务器的主要功能是:作为一个 HTTP 服务器,处理 HTTP 协议,接受请求并按照 HTTP 格式生成响应;执行服务器端脚本(如 VBScript、JavaScript 等);对于数据库应用,能够创建、读、修改、删除视图实例。Web 服务器通过对象中间件技术(Java、DCOM、CORBA 等),在网络上寻找对象应用程序,完成对象之间的通信。数据层存在于数据库服务器上,安装有 DBMS,提供 SQL 处理、数据库管理等服务。Web 服务器与数据库服务器的接口方式有 ODBC、OLE/DB、ADO、JDBC、Native Call 等。

浏览器/服务器系统有 3 种工作方式。

1. 简单式

即基于浏览器的浏览器/服务器模式,利用 HTML 页面在用户的计算机上表示信息。在静态网页中,Web 浏览器需要一个 HTML 页时,提交一个 URL 地址到 Web 服务器。Web 服务器从 Internet 上检索到所需的本地或远程网页,并将所需网页返回到 Web 浏览器上。Web 浏览器显示由 HTML 写成的文档、图片、声音或图像,而 Web 服务器则是将 Web 页发送到浏览器的具有特殊目的的文件服务器。浏览器打开一个和服务器的连接,服务器返回页面结果并关闭连接。

2. 交互式

在这种方式中,浏览器显示的不只是静态的和服务器端传送来的被动的页面信息。在打开与服务器的连接及传输数据以前,HTML 页面显示供用户输入的表单、文本域、按钮,通过这些内容与用户交互。HTTP 服务器将用户输入信息传递给客户服务器程序或脚本进行处理，Web 服务器再从 DBMS 服务器中检索数据，然后把结果组成新页面返回给浏览器，最后中断浏览器和服务器的本次连接。这个模型允许用户从各种后端服务器中请求信息。

从被访问的数据来看，该模型所访问的数据往往是只读的，如帮助文件、文档、用户信息等。这些非核心数据一般没有处理功能，它们总是处在低访问率上。这种模型已是一个三层结构了，浏览器通过中间层软件 CGI 间接操作 Server 程序，CGI 与服务器端的数据库互相沟通，再将查询结果传送到客户端，而不是一味地将服务器端的数据全部接受过来。当然，这个三层结构还是相当粗糙的。

3. 分布式

这种模型将机构中目前已有的设施与分布式数据源结合起来，最终会代替真正开放的客户机/服务器应用程序。它无需下载 HTML 页面，客户程序是由可下载的 Java 编写的，并可以在任何支持 Java 的浏览器上执行 Applet。当 HTTP 服务器将含有 Java Applet 的页面下载到浏览器时，Applet 在浏览器中运行并通过构件（Component）支持的通信协议（IIOP，DCOM）与传输服务器上的小服务程序（Servlet）通信会话。这些小服务程序按构件的概念撰写，它收到信息后，经过 JDBC、ODBC 或本地方法向数据库服务器发出请求，数据库服务器接到命令后，再将结果传送给 Servlet，最后将结果送至浏览器显示出来。可以看出，这里已出现了一个比较明晰的中间层，客户端的应用程序已分为两层：GUI 界面（Applet）和中间层软件。

如果某个数据库应用超过 3 个独立的代码层，那么这个应用叫做 N 层应用，就不再叫 4 层或者 5 层等名称，而是统称为 N 层。如在 3 层结构的基础上，可以在每层之间加入一个或者多个服务层，形成 N 层结构，如图 8.4 所示。

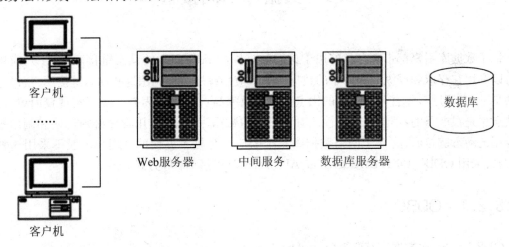

图 8.4　N 层体系结构

目前，通常用来开发动态网页的工具有 ASP、JSP、ASP. NET 和 PHP 等。

8.1.3　B/S 模式与 C/S 模式比较

传统的基于 C/S 模式的管理信息系统经过十几年的发展，已得到广泛的应用，它为企业管理信息系统的共享集成和分布式应用做出了巨大贡献。但是传统的 C/S 结构存在许多缺点，如安装、升级、维护困难；使用不方便，培训费用高；软件建设周期长，适应性差；系统生命周期短，移植性差；系统建设质量难以保证。

B/S 模式与 C/S 模式相比有许多优点：

① B/S 是一种瘦客户机模式，客户端软件仅需安装浏览器，应用界面单一，客户端硬件配置较低。

② B/S 具有统一的浏览器客户端软件，易于管理和维护。在 C/S 模式中，操作人员必须熟悉不同的界面，为此要对操作员进行大量培训，而在 B/S 模式中，因客户端浏览器的人机界面风格单一，系统的开始和维护工作变得简单易行，有利于提高效率。不仅节省了开发和维护客户端软件的时间与精力，而且方便了用户的使用。客户端的数量几乎不受限制，具有极大的可扩展性。

③ 无须开发客户端软件，浏览器软件容易从网上下载或升级。

④ B/S 应用的开发效率高，开发周期短，见效快。其版本更新只须集中在服务器端代码。

⑤ 平台无关性。B/S 模式系统具有极强的伸缩性，可以透明地跨越网络、计算机平台，无缝地联合使用数据库、超文本、多媒体等多种形式的信息；可以选择不同的厂家提供的设备和服务。

⑥ 开放性。B/S 模式采用公开的标准和协议，系统资源的冗余度小，可扩充性良好。

8.2　数据库访问接口

每个数据库引擎都带有自己的用于访问数据库的 API 函数的动态链接库（DLL），应用程序可以利用它存取和操纵数据库中的数据。如果应用程序直接调用这些动态链接库，就说它执行的是"固有调用"，固有调用接口的优点是执行效率高，由于是"固有"，编程实现较简单，但它的缺点也是很严重的：不具有通用性。对于不同的数据库引擎，应用程序必须连接和调用不同的专用的动态链接库，这对于网络数据库系统的应用是极不方便的。用户一般不采用这种方式，通常采用 ODBC、OLE DB、ADO（或 ADO. NET）和 JDBC 等方式。

8.2.1　ODBC

ODBC 是"开放数据库互联"（Open Database Connectivity）的简称。ODBC 是 Microsoft 公司提出的应用程序通用编程接口（API）标准，用于对数据库的访问。

ODBC 实际上是一个数据库访问函数库，使应用程序可以直接操纵数据库中的数据。ODBC 是基于 SQL 语言的，是一种在 SQL 和应用界面之间的标准接口，它解决了嵌入式 SQL 接口非规范核心，免除了应用软件随数据库的改变而改变的麻烦。ODBC 的一个最显著的优点是，用它生成的程序是与数据库或数据库引擎无关的，为数据库用户和开发人员屏蔽了异构环境的复杂性，提供了数据库访问的统一接口，为应用程序实现与平台的无关性和可移植性提供了基础,因而 ODBC 获得了广泛的支持和应用。

ODBC 的结构如图 8.5 所示,它由四个主要成分构成:应用程序、驱动程序管理器、驱动程序、数据源。

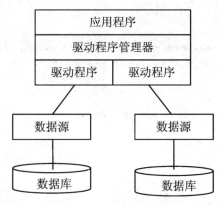

图 8.5　ODBC 结构示意图

1. 应用程序(Application)

应用程序执行处理并调用 ODBC 函数,其主要任务如下:

- 连接数据库。
- 提交 SQL 语句给数据库。
- 检索结果并处理错误。
- 提交或者回滚 SQL 语句的事务。
- 与数据库断开连接。

2. 驱动程序管理器(Driver Manager)

每种数据库引擎都需要向 ODBC 驱动程序管理器注册它自己的 ODBC 驱动程序,这种驱动程序对于不同的数据库引擎是不同的。ODBC 驱动程序管理器能将与 ODBC 兼容的 SQL 请求从应用程序传给驱动程序,随后由驱动程序把对数据库的操作翻译成相应数据库引擎所提供的固有调用,对数据库实现访问操作。

3. 驱动程序

ODBC 通过驱动程序来提供数据库独立性。驱动程序是一个用于支持 ODBC 函数调用的模块,应用程序调用驱动程序所支持的函数来操纵数据库。若想使应用程序操作不同类型的数据库,就要动态连接到不同的驱动程序上。ODBC 驱动程序处理 ODBC 函数调用,将应用程序的 SQL 请求提交给指定的数据源,接受由数据源返回的结果,传回给应用程序。

4. 数据源

数据源是用户、应用程序要访问的数据文件或数据库,以及访问它们需要的有关信息。它定义了数据库服务器名称、登录名称和密码等选项。

在客户机/服务器结构的数据库系统中,ODBC 标准使得不同的数据源可以提供统一的数据访问界面。客户应用通过 ODBC 接口以实现对于不同数据源的访问。

5. ODBC 的数据源配置

ODBC 的数据源配置可通过 ODBC 数据源管理器来进行,在 Windows XP 中添加 ODBC

数据源的方法如下：

① 单击"控制面板"→"性能和维护"→"管理工具"打开管理工具窗口。

② 双击数据源（ODBC）图标打开 ODBC 数据源管理器，如图 8.6 所示。选择一个 DSN 类型，3 种数据源名的区别如下：

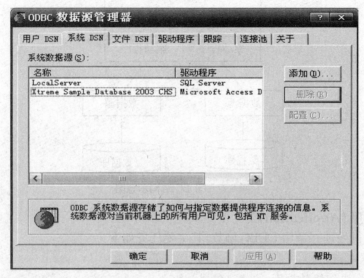

图 8.6　ODBC 数据源管理器

·用户 DSN。这些数据源对计算机来说是本地的，并且只能被当前用户访问。

·系统 DSN。这些数据源对于计算机来说是本地的，但并不是用户专用的，任何具有权限的用户都可以访问系统 DSN。

·文件 DSN。这些数据源不必是用户专用的或对计算机来说是本地的。

③ 单击"添加"按钮，弹出"创建新数据源"对话框，如图 8.7 所示。选择数据源使用的驱动程序名称，如 SQL Server。

图 8.7　选择数据源驱动程序

④ 单击"完成"按钮,在弹出对话框中输入数据源名及服务器名。如图 8.8 所示。

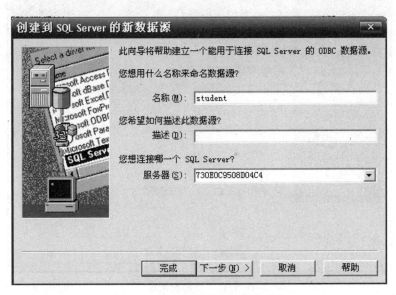

图 8.8　输入数据源名和服务器名

⑤ 单击"完成"按钮,在弹出对话框中选择"使用用户输入登录 ID 和密码的 SQL Server 验证",然后输入登录的 ID 和密码。如图 8.9 所示。

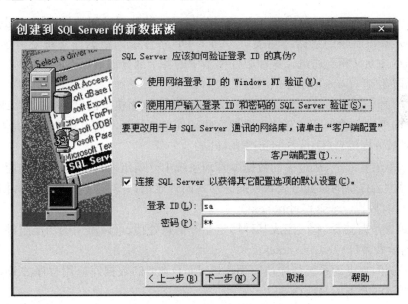

图 8.9　输入登录账号和密码

⑥ 单击"下一步"按钮,在弹出对话框中选择"更改默认的数据库为"选项,在其下拉列表中选择想要连接的数据库,如 student。如图 8.10 所示。

⑦ 单击"下一步"按钮,在弹出对话框中单击"完成"按钮,在弹出对话框中选择进行数据源测试,如果测试成功,就可看到已设置好的数据源名。

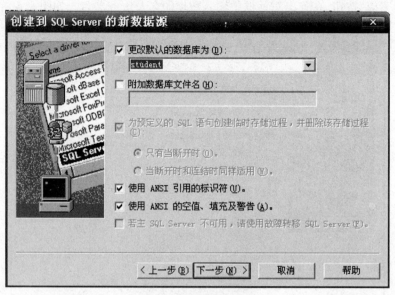

图 8.10　选择数据库

8.2.2　OLE DB

OLE DB 是一组"组件对象模型"(COM)接口,是一种数据访问的技术标准,封装了 ODBC 的功能,目的是提供统一的数据访问接口。OLE DB 将传统的数据库系统划分为多个逻辑部件,部件间相对独立又相互通讯。这种组件模型中的各个部分被冠以不同的名称:

(1) 数据提供者(Data Provider)

提供数据存储的软件组件,小到普通的文本文件、大到主机上的复杂数据库,或者电子邮件存储,都是数据提供者的例子。有的文档把这些软件组件的开发商也称为数据提供者。

(2) 数据服务提供者(Data Service Provider)

位于数据提供者之上、从过去的数据库管理系统中分离出来、独立运行的功能组件,这些组件使得数据提供者提供的数据以表状数据的形式向外表示,并实现数据的查询和修改功能。

(3) 业务组件(Business Component)

利用数据服务提供者、专门完成某种特定业务信息处理、可以重用的功能组件。

(4) 数据消费者(Data Consumer)

任何需要访问数据的系统程序或应用程序,除了典型的数据库应用程序之外,还包括需要访问各种数据源的开发工具或语言。

由于 OLE DB 和 ODBC 标准都是为了提供统一的访问数据接口,所以曾经有人疑惑:OLE DB 是不是替代 ODBC 的新标准? 答案是否定的。实际上,ODBC 标准的对象是基于 SQL 的数据源,而 OLE DB 的对象则是范围更为广泛的任何数据存储。从这个意义上说,符合 ODBC 标准的数据源是符合 OLE DB 标准的数据存储的子集。符合 ODBC 标准的数据源要符合 OLE DB 标准,还必须提供相应的 OLE DB 服务程序(Service Provider)。现在,微软自己已经为所有的 ODBC 数据源提供了一个统一的 OLE DB 服务程序,叫做 ODBC OLE DB Provider。

8.2.3　ADO 和 ADO.NET

ADO(ActiveX Data Objects,ActiveX 数据对象)技术则是一种良好的解决方案,它构建于 OLE DB API 之上,提供一种面向对象的、与语言无关的应用程序编程接口。ADO 的应用场合非常广泛,而且支持多种程序设计语言,兼容所有的数据库系统,从桌面数据库到网络数据库等,ADO 都提供相同的处理方法。

ADO 支持开发 C/S 和 B/S 应用程序的关键功能包括:

① 独立创建对象

使用 ADO 不再需要浏览整个层次结构来创建对象,因为大多数的 ADO 对象可以独立创建。这个功能允许用户只创建和跟踪需要的对象,这样,ADO 对象的数目较少,所以工作集也更小。

② 成批更新

通过本地缓存对数据的更改,然后在一次更新中把它们全部写到服务器。

③ 支持带参数和返回值的存储过程。

④ 不同的游标类型

包括对 SQL Server 和 Oracle 这样的数据库后端特定的游标的支持。

⑤ 可以限制返回行的数目和其他的查询目标来进一步调整性能。

⑥ 支持从存储过程或批处理语句返回的多个记录集。

随着应用程序开发模式的发展和演变,新的应用程序模型要求具有越来越松散的耦合。ADO.NET 对 ADO 进行了大量的改进,它提供了平台互操作性和可伸缩的数据访问功能。在.NET 框架中,传送数据采用可扩展标记语言(XML,Extensible Markup Language)格式,因此任何能够读取 XML 格式的应用程序都可以进行数据处理。

相对于 ADO 来说,ADO.NET 更适合于分布式及 Internet 等大型应用程序环境。在数据传送方面,ADO.NET 更主要提供对结构化数据的访问能力,而 ADO 则只强调完成各个数据源之间的数据传送功能。另外,ADO.NET 集成了大量用于数据库处理的类,这些类代表了那些具有典型数据库功能(索引、视图、排序等)的容器对象,而 ADO 则主要以数据库为中心,它不像 ADO.NET 那样能构成一个完整的结构。在 ADO.NET 中使用了 ADO 中的某些对象,如 Connection 对象和 Command 对象,也引入了一些新的对象,如 Data Set 对象、Data Adapter 对象和 Data Reader 对象等。

ADO.NET 和 .NET 框架中的 XML 类集中于 DataSet 对象。无论 DataSet 是文件还是 XML 流,它都可以使用来自 XML 源的数据来进行填充。无论 DataSet 中数据的数据源是什么,DataSet 都可以写为符合 XML,并且将其架构包含为 XML 架构定义语言架构。由于 DataSet 固有的序列化格式为 XML,它是在层间移动数据的优良媒介,这使 DataSet 成为以远程方式向 XML Web Services 发送数据和架构上下文以及从 XML Web Services 接收数据和架构上下文的最佳选择。

8.2.4 JDBC

JDBC(Java Database Connectivity)是 SUN 公司针对 Java 语言提出的与数据库连接的 API 标准。与 ODBC 类似,JDBC 是特殊类型的 API,这些 API 支持对数据库的连接和基本的 SQL 功能,包括建立数据库连接、执行 SQL 语句、处理返回结果等。与 ODBC 不同的是,JDBC 为单一的 Java 语言的数据库接口。

JDBC 的结构同样有一个 JDBC 驱动程序管理器作为 Java 应用程序与数据库的中介,它把对数据库的访问请求转换和传送给下层的 JDBC-Net 驱动程序,或者转换为对数据库的固有调用。更多的实现方式是通过 JDBC-ODBC 桥接驱动程序,转化为一个 ODBC 调用,进行对数据库的操作。

Java 程序可以通过 JDBC 来访问 ODBC 中的数据源,其结构如图 8.11 所示,其中 JDBC-ODBC 桥驱动程序在 JDBC 和 ODBC 之间建立起一个桥梁。

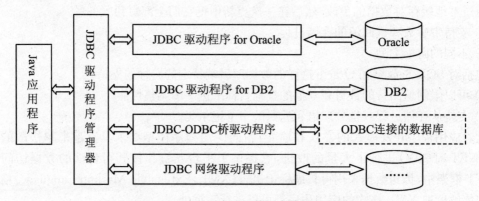

图 8.11　Java 程序访问数据库结构示意图

JDBC 驱动程序可以分为下面 4 种类型:

(1) JDBC-ODBC 桥驱动程序

JDBC-ODBC 桥是 Sun JDK 所提供的驱动程序,这是将 JDBC 的调用转换成 ODBC 的调用并送至 ODBC 的驱动程序。由于并不是所有的数据库系统都需要提供 JDBC 驱动程序,这是一种现成可用的驱动程序,其缺点是在客户端的机器需要安装数据库的客户端链接库,并且由于它需要经过多层转换,因此效率较差,并不适合大量数据处理的情况。

(2) 本机应用编程接口的 Java 驱动程序

此类驱动程序 JDBC 调用客户端的、针对特殊数据库系统的 API,如 Oracle、Sysbase、Informix、DB2 或其他的 DBMS,像桥驱动程序一样,这种类型的驱动程序要求在每一个客户机上安装一些二进制代码。

(3) 数据库中间件的纯 Java 驱动程序

此类驱动程序将 JDBC 调用转换成为中间件供应商的协议,然后通过中间件服务器转换成为 DBMS 协议。网络服务器中间件可以连接所有 Java 客户端到各种不同的数据库,但是具体的协议取决于供应商。通常这种方式是 JDBC 最方便的选择,供应商可为 Internet 用户提供产品套件。

（4）直接连接数据库的纯 Java 驱动程序

这种驱动程序是本地协议的纯 Java 驱动程序,它转换 JDBC 调用由 DBMS 直接使用的网络协议。这种方式允许从客户机到 DBMS 服务器的直接调用,是 Internet 访问的一种行之有效的解决方案。因为这些协议是专用的,因此数据库供应商将成为这种驱动程序的主要来源。

JDBC 的体系结构由两层组成:JDBC API 和 JDBC 驱动程序 API,前者应用到 JDBC 管理器的连接,后者支持 JDBC 管理器到数据库驱动程序的连接,浏览器从服务器上下载含有 JDBC 接口的 Java Applet,由浏览器直接与服务器连接,自行进行数据交换。JDBC API 定义了 Java 中的类,用来表示数据库连接、SQL 指令、结果集合、数据库图元数据等。

目前,Java 使用最多的 Applet 是 Web 文件的一个组成部分。其中有数据库存取的 Applet 和能够使用 JDBC 来接触数据库的 Applet。Java Applet 通过 JDBC 访问数据库的工作流程如图 8.12 所示。

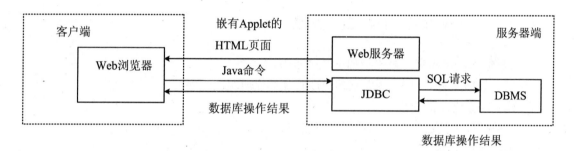

图 8.12　Applet 通过 JDBC 访问数据库的工作流程

首先 Web 浏览器从 Web 服务器上下载嵌有 Applet 的 HTML 页面,解释并执行 Applet 字节码。当执行到有访问数据库的 Java 语句时,Applet 直接将相应的 Java 命令发送给服务器上的 JDBC。通过 JDBC 向后端数据库发出 SQL 请求,然后数据库将处理结果通过 JDBC 直接返回给 Applet。Applet 通过 JDBC 访问数据库的方法是一种 Web 数据库访问的实现方案。

与 Applet 不同,Java Application 构建的应用是一种常规性程序,它使用 JDBC 访问数据库更像是一种传统的客户/服务器方式。Application 可以直接放在客户机上而不需从 Web 服务器中下载,所以 Application 的最广泛的用途是应用于 Intranet,当然它也能通过 Intranet 访问数据库。

8.3　数据库应用开发

Java 在实际应用中和数据库有着密切的关系,Java 编程工具以其诸多优点而越来越受到程序开发人员的喜爱,其市场占有率越来越大,下面就以 Java 工具为例,来介绍 JDBC 在数据库应用开发中的关键技术。

8.3.1　数据库应用环境配置

要在应用程序中使用数据库,即要建立应用程序和数据库的连接,前提条件是各种资源要准备好,即进行环境配置工作:

① 安装 JDBC API。在下载和安装 JDK 时,已经安装好了 JDBC API,因为 JDBC API 是由 Java API 中的一些类和接口组成的,它们是在 java. sql 包中。

② 安装数据库。如果你的计算机上还没有安装所需要的数据库,则必须按照厂商提供的说明书安装一个数据库。常用的数据库有 SQL Sever、Oracle 、MySQL、DB2 等。

③ 创建数据库。创建一个数据库实例。

④ 安装数据库驱动程序。驱动程序的安装要根据你使用的数据库以及想要使用的 JDBC 驱动程序类型来进行。

8.3.2　数据库应用编程的步骤

编写数据库应用程序一般包括如下几个步骤:

① 指定数据库驱动程序,并向驱动程序管理器注册驱动程序;

② 建立与数据库的连接;

③ 对数据库中的表和表中的数据进行操作;

④ 返回操作结果;

⑤ 关闭与数据库的连接。

安装数据库的驱动程序很简单,只需给出驱动程序的名字,将它传递给 Class 类的 forName()方法就可以了。Class 类是负责系统管理的一个类,其中的 forName()方法是一个 static 方法,因此,不用定义对象,直接用类名后跟方法名就可以了。例如,安装 JDBC-ODBC 驱动程序的语句如下:

Class. forName("sun. jdbc. odbc. JdbcOdbcDriver");

又如,安装 Oracle JDBC 驱动程序,可以使用如下语句:

Class. forName("oracle. jdbc. driver. OracleDriver");

一旦完成驱动程序的安装,就可以进行后面的工作了。

8.3.3　建立连接

DriverManager 类和 Driver 接口主要用于建立数据库的连接和关闭数据库,并可获得数据库驱动程序的各种信息。

DriverManager 类负责管理 JDBC 驱动程序并建立与数据库的连接。用 Class. forName() 语句完成驱动程序的加载和注册后,就可以用 DriverManager 类来建立 Java 程序和数据库的连接。

DriverManager 类的主要方法如下,这些方法都是 static 方法:

• Connection getConnection(String url)　建立和数据库的连接,其中 url 是要连接数据库的 URL

• Connection getConnection(String url, String user, String password)　建立和数据库的连接,其中 url 是要连接数据库的 URL,user 是用户名,password 是用户密码

• void registerDriver(Driver driver)　注册一个驱动程序

• Driver getDriver(String url)　返回 url 指定的驱动程序

• void setLoginTimeout(int seconds)　设置登录时等待的最长时间

• int getLoginTimeout()　返回登录时等待的最长时间

其中,最常用的方法是和数据库建立连接的 getConnection()。例如,程序中要和一个数据库建立连接,可以使用语句:

DriverManager. getConnection(url, user, pwd);

其中,url 的格式为:jdbc:<subprotocol>:<subname>。subprotocol 是用来说明驱动程序类型的,subname 是数据源名,假设为上面所建的和 SQL Server 连接的 student。具体用法可通过下面的例子来说明。

```java
import java. sql. * ;
public class DbConnection
{
    public static void main(String agrs[])
    {
        String driver = "sun. jdbc. odbc. JdbcOdbcDriver";
        String connStr= "jdbc:odbc:student";
        String useName="sa";
        String password="sa";
        Connection con= null;
        try
        {
            Class. forName(driver);                    //加载驱动程序
            System. out. println("驱动程序加载成功!");
        }
        catch(ClassNotFoundException e)
        {
        System. out. println("驱动程序加载失败!");
        }
        try
        {
```

```
            con=DriverManager. getConnection(connStr, useName, password);
            System. out. println("数据库连接成功!");
        }
        catch(SQLException e)
        {
            System. out. println("数据库连接失败!");
        }
        finally
        {
        //关闭语句和数据连接
        try { if(con! =null) con. close();}
            catch(SQLException e)
                {
                System. out. println("关闭数据库时出现异常!");
                }
            }
        }
    }
```

8.3.4　操作数据库

Connection 接口和 Statement 接口负责管理数据库,向数据库发送 SQL 语句,以及返回执行结果。Connection 接口负责维护 Java 程序和数据库之间的连接,执行 SQL 语句,返回执行结果。Connection 接口由数据库制造商提供的驱动程序实现。用户编程时可直接定义 Connection 对象。其使用方式如下面代码所示:

Connection con = DriverManager. getConnection(connStr, "sa", "sa");

Statement 对象有 3 种:Statement、PreparedStatement 和 CallableStatement。它们都专用于发送选定类型的 SQL 语句:Statement 对象用于执行不带参数的 SQL 语句,PreparedStatement 对象用于执行带或不带 IN 参数的预编译 SQL 语句;CallableStatement 对象用于执行对数据库已有存储过程的调用。下面分别介绍这三种 Statement 接口的用法。

1. Statement

因为 Statement 只是一个接口,没有构造方法,所以不能直接创建它的实例。但 Connection 接口提供了 createStatement 方法专门用于创建 Statement 对象,其使用方式如下面代码所示:

Statement stmt=con. createStatement();

创建 Statement 对象之后,就可以用于执行 SQL 语句;Statement 接口有 4 个基本的方法可以使用:executeQuery、executeUpdate、execute 和 executeBatch,具体选用哪种方法要根据执行的 SQL 语句的类型和返回的结果来确定,下面将介绍这 4 个方法的用途和使用方式。

（1）executeQuery 方法

executeQuery 方法用于执行产生单个结果集的 SQL 语句,如 SELECT 语句。executeQuery 的返回值是一个结果集。executeQuery 方法在 Statement 接口中完整的声明如下:

ResultSet executeQuery(String sql) throws SQLException

在下面的例子中将使用 executeQuery 方法执行一个查询 xs 数据表的 SQL 语句,并将结果集返回显示:

学生表的结构如下:

　　xs([学号][char](6),

　　[姓名][char](8),

　　[专业名][char](10),

　　[性别][bit],

　　[出生日期][smalldatetime],

　　[总学分][tinyint],

　　[备注][text])

注意:在下面的所有实例中,唯一不同只是 try 块中的内容,因此省略了其他相同的代码。

```
try
  {
    con=DriverManager. getConnection(connStr,useName,password);
    System. out. println("数据库连接成功!");
    stmt=con. createStatement();//创建 Statement 语句
    sql="select * from xs";
    ResultSet rs=stmt. executeQuery(sql);
    //使用 executeQuery()方法执行 SQL 查询语句
    while(rs. next())
      {
        String sno=rs. getString("学号");
        String sname=rs. getString("姓名");
        String sdept=rs. getString("专业名");
        System. out. println(sno+"   "+sname+"   "+sdept);
      }//显示返回的结果集
    rs. close();
    stmt. close();
  }
```

（2）executeUpdate 方法

executeUpdate 方法用于执行 INSERT、UPDATE 或 DELETE 语句以及数据定义语句,如 CREATE TABLE 和 DROP TABLE 等。executeUpdate 的返回值是一个整数,表示受影响的行数。对于数据定义语句的返回值为零。executeUpdate 方法在 Statement 接口中完整的声明如下：

int executeUpdate(String sql) throws SQLExecption;

在下面的例子中将使用 executeUpdate 方法执行一个删除 xs 表中的记录,并显示受影响的行数：

```
    try
    {
        con＝DriverManager. getConnection(connStr, useName, password);
        System. out. println("数据库连接成功!");
        stmt＝con. createStatement();
        sql＝"delete from xs where 学号＝'001221'";
        int affectedRowCount＝stmt. executeUpdate(sql);
        //使用 executeUpdate()方法执行删除语句
        System. out. println("删除记录的个数为:"＋affectedRowCount);
        stmt. close();
    }
```

（3）execute 方法

execute 方法最常用于动态处理未知的 SQL 语句,在这种情况下事先无法得知该 SQL 语句的具体类型及返回值,必须用 execute 方法执行。也就是说 execute 方法既可以执行查询语句也可以执行修改语句。

另外,在某些特殊的情况下,SQL 语句会返回多个结果集,这种情况下必须使用 execute 方法。

execute 方法的返回值是一个布尔值,如果执行得到的是结果集时返回 true,否则为 false。程序员可以根据返回值调用 getResultSet 或 getUpdate 方法进一步获取实际的执行结果,然后还可以调用 getMoreResults 方法转移到下一个执行结果。execute 方法在 Statement 接口中完整的声明如下：

boolean execute(String sql) throws SQLExecption;

在下面的例子中将使用 execute 方法执行一个更新 xs 表中通信工程系学生的总学分,并显示受影响的行数;另外,显示计算机系学生的信息：

```
    try
      {
          con=DriverManager. getConnection(connStr,useName,password);
          System. out. println("数据库连接成功!");
          stmt=con. createStatement();
          sql="update xs set 总学分=总学分+1 where 专业名=
              '通信工程';select * from xs where 专业名='计算机'";
          boolean isResultSet=stmt. execute(sql);
          //使用 execute()方法执行 SQL 语句
          int count=0;
          while(true)
          {
              if(isResultSet)
          {
              count++;
              ResultSet rs=stmt. getResultSet();
              //获取结果集
              System. out. println("返回结果集的个数为:"+count);
              while(rs. next())
                  {
                  String sno=rs. getString("学号");
                  String sname=rs. getString("姓名");
                  String sdept=rs. getString("专业名");
                  System. out. println(sno+"   "+sname+"   "+sdept);
                  }
              rs. close();
          }
          else
          {
              int affectedRowcount=stmt. getUpdateCount();
              System. out. println("返回结果集的个数为:"+count);
              System. out. println("返回结果集的个数为:"+affectedRowcount);
              if(affectedRowcount==-1)break;
          }
          isResultSet=stmt. getMoreResults();
          }
          stmt. close();
      }
```

（4）executeBatch 方法

executeBatch 方法用于以批处理的形式执行多个更新语句，它们可以是 INSERT、UPDATE 或 DELETE 语句以及数据定义 SQL 语句，但不能包含返回结果集的 SQL 语句。executeBatch 方法可以将多个更新语句一次发送给数据库，减少了调用的次数，因此，可以显著地提高性能。

executeBatch 方法可以一次执行多个更新语句，其返回值就相应地是一个更新计数数组。executeBatch 方法在 Statement 接口中完整的声明如下：

int[] executeBatch() throws SQLExecption；

另外，为了支持批量更新还有两个辅助的方法：

addBatch：向批处理中加入一个更新语句；

clearBatch：清空批处理中的更新语句。

在下面的例子中将使用 executeBatch 方法执行一个删除操作和一个插入操作，并显示每条操作受影响的行数：

```
try
{
    con = DriverManager. getConnection(connStr,useName,password);
    System. out. println("数据库连接成功!");
    stmt＝con. createStatement();
    stmt. addBatch("delete from xs where 专业名＝'计算机'");
    //使用 addBatch()方法添加一个删除语句
    stmt. addBatch("insert into xs values('001218','孙研',
        '通信工程',1,'99/03/03',50,'三好学生')");
    //使用 addBatch()方法添加一个插入语句
    int[] affectedRowCount＝stmt. executeBatch();
    for(int i＝0;i＜affectedRowCount. length;i＋＋)
    {
        System. out. println("第"＋(i＋1)＋
        "个更新语句影响的数据行数为:"＋affectedRowCount[i]);
    }
    stmt. close();
}
```

2. PreparedStatement

PreparedStatement 是 Statement 的子接口，PreparedStatement 的实例包含已编译的 SQL 语句。由于 PreparedStatement 对象已预编译过，所以其执行速度要快于 Statement 对象。因此，多次执行的 SQL 语句经常创建为 PreparedStatement 对象，以提高效率。

PreparedStatement 也是使用 Connection 接口提供的方法创建其对象的，但由于其对象是预编译的，需要在创建对象的同时指定 SQL 字符串。创建方式如下面代码段所示：

PreparedStatement pstmt＝con. prepareStatement("INSERT INTO student VALUES(?,?,?)");

　　在上面创建 PreparedStatement 对象时输入的 SQL 字符串参数中可以看到有几个问号（?），这里的问号是 SQL 语句中的占位符，表示 SQL 语句中的可替换参数，也称为 IN 参数，它们在执行之前必须赋值。因此，PreparedStatement 还添加了一系列的方法，用于设置发送给数据库以取代 IN 参数占位符的值。

　　由于在创建 PreparedStatement 对象时已经指定了 SQL 字符串，因此在使用 executeQurey、executeUpdate 和 execute 这 3 种方法时不再需要 SQL 语句参数。下面将给出一个使用 PreparedStatement 执行 SQL 语句的完整实例：

```
try
  {
      con=DriverManager. getConnection(connStr,useName,password);
      System. out. println("数据库连接成功!");
      PreparedStatement pstmtDelete=
      con. prepareStatement("delete from xs where 学号=?");
      PreparedStatement pstmtSelect=
      con. prepareStatement("select * from xs where 学号=?");
      PreparedStatement pstmtInsert=
      con. prepareStatement("insert into xs(学号,姓名,专业名) values(?,?,?)");
      //创建 PreparedStatement 语句
      int id=4;
      for(int i=0;i<3;i++,id++)
   {   pstmtSelect. setString(1,"00110"+Integer. toString(id). trim());
          //使用 setXXX 方法设置 IN 参数
          ResultSet rs=pstmtSelect. executeQuery();
          while(rs. next())
            {
            System. out. println("学号:"+rs. getString(1)+
                "姓名:"+rs. getString(2));
            }
          pstmtDelete. setString(1,"00110"+Integer. toString(id). trim());
          pstmtDelete. executeUpdate();
          pstmtInsert. setString(1,"00110"+id);
          pstmtInsert. setString(2,"王林"+id);
          pstmtInsert. setString(3,"计算机");
          pstmtInsert. executeUpdate();
          //执行 PreparedStatement 语句
   }
  }
```

3. CallableStatement

CallableStatement 是 PreparedStatement 的子接口，CallableStatement 对象为所有的 DBMS 提供了一种标准形式调用存储过程的方法。对存储过程的调用是 CallableStatement 对象所含的内容。这种调用是由一种换码语法来写的，有两种形式：

(1) 带结果参数的存储过程的调用语法

{? ＝call 过程名[(?,?,…)]}

(2) 不带结果参数的存储过程的调用语法

{call 过程名}

CallableStatement 也是使用 Connection 接口提供的方法创建其对象的，创建方式如下：

CallableStatement cstmt＝con. prepareCall("{call 过程名(?,?,…)} ");

已知 student 的存储过程 totalcredit 的内容如下：

```
create proc totalcredit @name varchar(40),@total int output
as
select @total＝sum(学分) from xs,xs_kc where 姓名＝@name and xs.
    学号＝xs_kc. 学号 group by xs. 学号;
```

下面将给出一个使用 CallableStatement 执行存储过程 totalcredit 的完整实例：

```
try
  { con = DriverManager. getConnection(connStr,useName,password);
    System. out. println("数据库连接成功!");
    String callSql = " {call totalcredit(?,?)} ";
    callCmd = conn. prepareCall(callSql);
    //使用 prepareCall()方法创建调用存储过程的对象
    callCmd. setString( 1 ,"程明" );
    //设置输入参数
    callCmd. registerOutParameter( 2 ,Types. INTEGER);
    //设置输出参数
    callCmd. execute();
    //执行存储过程
    int i= callCmd. getInt(2);
    System. out. println(i);
  }
```

8.3.5 处理结果集

使用 Statement 实例执行一个查询 SQL 语句之后会得到一个 ResultSet 对象,通常称之为结果集,它其实就是符合条件的记录集合。在获得结果集之后,通常需要从结果集中检索并显示其中的信息。

1. 使用基本结果集

基本结果集虽然功能有限,但却是最常用的一种结果集。对于一般的查询操作,它已经能够满足编程要求。

结果集的类型是由 Statement 对象的创建方式决定的,因为所有的结果集对象都是由 Statement 对象执行查询 SQL 语句或存储过程时返回的。如前面的例子中要返回结果集都是使用此种方式。

其常用的方法有:

- boolean next():将游标移动到下一行,如果游标位于一个有效数据行则返回 true。
- getXXX(int columnIndex):按列号获得当前行中指定数据列的值。
- getXXX(String columnname):按列名获得当前行中指定数据列的值。

2. 使用可滚动结果集

当需要在结果集中任意移动游标时,则应该使用可滚动结果集。

(1) 创建方式

如果需要执行时返回可滚动结果集,则需用以下 3 种方法创建 Statement 对象:

- createStatement(int resultSetType, int resultSetconcurrency)
- prepareStatement(String sql, int resultSetType, int resultSetconcurrency)
- prepareCall(String sql, int resultSetType, int resultSetconcurrency)

其中 resultSetType 参数是用于指定滚动的类型,resultSetconcurrency 参数用于指定是否可以修改结果集。这两个参数值都使用 resultSet 中的常量,这些常量的描述如表 8.1 所示。

表 8.1　resultSet 中用于指定可滚动结果集和可更新结果集的常量

常　量	含义描述
TYPE_FORWARD_ONLY	结果集不可滚动,只能从前向后操作记录
TYPE_SCROLL_INSENSITIVE	结果集可滚动,但当结果集处于打开状态时,对底层数据表中的变化不敏感
TYPE_SCROLL_SENSITIVE	结果集可滚动,但当结果集处于打开状态时,对底层数据表中的变化敏感
CONCUR_READ_ONLY	结果集不可更新,所以能够提供最大可能的并发级别
CONCUR_UPDATABLE	结果集可更新,所以只能提供受限的并发级别

(2) 主要方法

可滚动结果集除了具有基本结果集所有的方法外,还提供了多种移动和定位游标的方法,下面分别介绍这些方法。

- boolean previous()：将游标向后移动一行,如果游标位于一个有效数据行则返回 true。
- boolean first()：将游标移动到第一行,如果游标位于一个有效数据行则返回 true。
- boolean last()：将游标移动到最后一行,如果游标位于一个有效数据行则返回 true。
- void beforeFirst()：将指针移动到此 ResultSet 对象的开头,正好位于第一行之前。
- void afterLast()：指针移动到此 ResultSet 对象的末尾,正好位于最后一行之后。
- boolean absolute(int row)：将指针移动到此 ResultSet 对象的给定行编号。
- boolean relative(int rows)：按相对行数(或正或负)移动指针。

(3) 代码实例

以下代码实例将展示可滚动结果集中各种方法的使用:

```
try
    {
        con=DriverManager. getConnection(connStr,useName,password);
        System. out. println("数据库连接成功!");
        stmt=con. createStatement(ResultSet. TYPE_SCROLL_INSENSITIVE,
            ResultSet. CONCUR_READ_ONLY);
        //设置结果集类型为可滚动结果集
        sql="select  *  from xs";
        ResultSet rs=stmt. executeQuery(sql);
        while(rs. next())
            {
            String sno=rs. getString("学号");
            //使用 getXXX(int columnName)方法取得列值
            String sname=rs. getString(2);
            //使用 getXXX(int columnIndex)方法取得列值
            String sdept=rs. getString("专业名");
            System. out. println(sno+"    "+sname+"    "+sdept);
            }
        rs. first();
        String sno=rs. getString("学号");
        String sname=rs. getString(2);
        String sdept=rs. getString("专业名");
        System. out. println(sno+"    "+sname+"    "+sdept);
        rs. close();
        stmt. close();
    }
```

3. 使用可更新结果集

当需要更新结果集的数据并将这些更新保存到数据库时,使用可更新结果集则有可能大大降低程序员的工作量。

（1）创建方式

如果需要执行时返回可更新结果集，应将创建 Statement 对象的方法中的 resultSetconcurrency 参数设置为 ResultSet. CONCUR_UPDATABLE 常量。

（2）主要方法

可更新结果集增加的方法主要都与结果集中数据更新相关，下面分别介绍：

• void updateXXX(int columnIndex，XXX x)：按列号修改当前行中指定数据列类型为 XXX 的值 x。

• void updateXXX(int columnName，XXX x)：按列名修改当前行中指定数据列类型为 XXX 的值 x。

• void updateRow()：使用当前数据行的新内容更新底层数据库。

• void insertRow()：将插入行的内容插入到数据库中并同时插入到底层数据库中。

• void deleteRow()：将当前数据行从结果集中删除并从底层数据库中删除该数据行。

• void cancelRowUpdates()：取消使用 updateXXX 方法对当前行数据所作的修改，当然在此之前如果调用了 updateRow 方法，则修改不能取消。

• void moveToInsertRow()：将游标移动到结果集对象的插入行。

• void moveToCurrentRow()：将游标移动到当前行。

（3）代码实例

以下代码实例将展示可更新结果集中方法的使用：

```
try
  { con=DriverManager. getConnection(connStr,useName,password);
    System. out. println("数据库连接成功!");
    stmt=con. createStatement(ResultSet. TYPE_SCROLL_INSENSITIVE,
    ResultSet. CONCUR_UPDATABLE);
    //设置结果集类型为可更新结果集
    sql="select * from xs";
    ResultSet rs=stmt. executeQuery(sql);
    while(rs. next())
      { String sno=rs. getString("学号");
        String sname=rs. getString(2);
        String sdept=rs. getString("专业名");
        System. out. println(sno+"  "+sname+"  "+sdept);
      }
    rs. first(); //将游标移动到结果集的第一行
    rs. updateString(1,"000000");
    rs. updateString(2,"李四");
    rs. updateRow();
```

```
            rs. moveToInsertRow();//将游标移动到结果集的插入行
            rs. updateString(1,"001007");
            rs. updateString(2,"王五");
            rs. updateString(3,"计算机");
            rs. insertRow();
            rs. last();//将游标移动到结果集的最后一行
            rs. deleteRow();
            rs. close();
            stmt. close();
        }
```

本 章 小 结

　　客户机/服务器系统(C/S)与浏览器/服务器系统(B/S)是在网络环境下数据库应用的两种主要形式。C/S 系统一般工作在局域网上;B/S 系统工作在 Internet 或 Intranet 上,无平台的限制。随着 Internet 的迅速发展,B/S 系统获得了日益广泛的应用。

　　在三层的浏览器/Web 服务器/数据库服务器系统中,客户机上只需要一个浏览器软件,Web 服务器处理浏览器的服务请求,就能实现应用逻辑,并与数据库服务器建立联系。数据库服务器负责操作数据库,提供数据服务。

　　常用的数据访问接口有 ODBC、OLE DB、ADO、ADO. NET 和 JDBC 等。ODBC 屏蔽了异构环境的复杂性,提供了数据库访问的统一接口,为应用程序实现与平台的无关性和可移植性提供了基础。OLE DB 将传统的数据库系统划分为多个逻辑部件,部件间相对独立又相互通讯。ADO 技术则是一种良好的解决方案,它构建于 OLE DB API 之上,提供一种面向对象的、与语言无关的应用程序编程接口。ADO. NET 对 ADO 进行了大量的改进,它提供了平台互操作性和可伸缩的数据访问功能。JDBC 则为单一的 Java 语言的数据库接口。

　　Java 在实际应用中和数据库有着密切的关系,Java 编程工具以其诸多优点而越来越受到程序开发人员的喜爱,其市场占有率越来越大。Java 通过 JDBC 技术连接数据库;JDBC 配合 Java 可跨平台应用。

习　　题

8.1　简要说明 C/S 模式与 B/S 模式的异同。

8.2　简要说明 ODBC 的工作原理。

8.3 简要说明 JDBC 的工作原理。

8.4 简要说明 OLE DB 和 ODBC 的区别。

8.5 简要说明 OLE DB 和 ADO 的区别。

8.6 简要说明 ADO 和 ADO. NET 的区别。

8.7 编写数据库应用程序一般包括哪几个步骤?

8.8 Statement 对象用于执行 SQL 语句的方法有哪些? 它们分别在哪种情况下使用?

8.9 使用 JDBC 操作数据库要用到 java. sql 和 javax. sql 这两包中的哪些接口? 它们的功能分别是什么?

第9章 数据库安全性

在信息时代,信息安全问题变得越来越重要,已经变成21世纪的热点课题之一。信息系统安全是一个综合性课题,它涉及立法、管理、技术、操作等许多方面,其中数据库的安全又是信息系统安全的最重要的部分,因为数据库存放着各种组织或个人的大量数据,而这些数据有可能是非常重要的,比如:国家机密、军事情报、金融数据以及秘密项目的开发存档等。下面我们将讨论数据库安全的有关问题和技术。

9.1 数据库安全概述

数据库的安全性,是指保护数据库以防止对数据库的不合法使用和因偶然或恶意的原因使数据库中数据遭到非法更改、破坏或泄露等所采取的各种技术、管理、立法及其他安全性措施的总称。数据库的安全性是评价数据库的系统性能的一个重要指标。安全性问题不是数据库系统所特有的,几乎所有计算机系统都有这个问题。只是数据库系统中存有大量的数据,而且这些数据为许多用户所共享,从而使得数据库的安全问题更加重要。

数据库的安全不是孤立的,它与许多方面都有联系,不仅包括数据库系统本身的安全问题,还与计算机系统的安全紧密相连,是计算机系统安全的一部分。而计算机系统安全问题可概括起来分为计算机系统本身的技术问题、管理问题、政策法律问题。这些问题涵盖:计算机安全理论与策略、计算机安全技术、安全管理、安全评价、安全产品、计算机犯罪与侦察、计算机安全法律、安全监察等问题,是一个涉及技术、管理、法律、心理等多学科的交叉领域。

我们要讨论的主要是技术问题。

9.2 计算机系统及数据库系统安全标准简介

计算机安全标准的制订是计算机安全中一个重要的研究领域。许多重要的国际标准化组织,如 IEEE、X/OPEN 等,都在这方面开展了大量的工作。在各种已经制订的标准中,最有影响的首推 TCSEC 和 CC 这两个标准。

TCSEC:1985 年美国国防部(DoD)正式颁布的《DoD 可信计算机系统评估标准》(Trusted Computer System Evaluation Criteria),简称为 TCSEC 或 DoD。

TCSEC 只是最早的标准,其后其他国家相继推出自己的类似标准,如:欧洲的信息安全技术评估标准(ITSEC)、加拿大的可信计算机产品评估标准(CTCPEC)等。但它们之间存在着概念及技术上的一些差别。为了满足全球化的需要,这些组织于 1993 年开始了标准的统一化,以建立通用的标准(Common Critiria),简称 CC。经过多年的努力,最终 CC 2.1 版于 1999 年被 ISO 采用为国际标准,2001 年被我国接受为国家标准。目前,CC 是国际上通行的标准。

以上是计算机系统的安全标准。数据库系统的安全标准是在计算机系统的安全标准之上建立起来的。1991 年 4 月,美国国家计算机安全中心颁布了“可信计算机系统评估标准关于可信数据库系统的解释”(Trusted Database management system Interpretation of the trusted computer evaluation criteria)简称 TDI,将 TCSEC 扩展到数据库管理系统。

下面将简单介绍 TCSEC/TDI 和 CC 这两种标准。

9.2.1 TCSEC/TDI 标准

TCSEC/TDI 主要从 4 个方面来描述安全性划分的标准:安全策略(Security Policy)、可依赖性(Accountability)、保证(Assurance)、文档(Documentation)。4 个方面的标准又可细分为若干子项。具体内容描述如表 9.1 所示:

表 9.1 TCSEC/TDI 标准的基本内容

R1	安全策略
R1.1	自主存取控制(Discretionary Access Control,DAC)
R1.2	客体重用(Object Reuse)
R1.3	标记(Labels)
R1.3.1	标记完整性(Label Integrity)
R1.3.2	标记信息探察(Label Information Exploration)
R1.3.3	主体敏感性标记(Subject Sensitivity Labels)
R1.3.4	设备标记(Device Labels)
R1.4	强制存取控制(Mandatory Access Control,MAC)
R2	可依赖性
R2.1	标识与鉴定(Identification&Authentication)
R2.1.1	可信路径(Trusted Path)
R2.2	审计(Audit)
R3	保证
R3.1	操作保证(Operation Assurance)
R3.1.1	系统体系结构(System Architecture)
R3.1.2	系统完整性(System Integrity)
R3.1.3	隐蔽信道分析(Covert Channel Analysis)

续表

	R3.1.4	可信设备管理(Trusted Facility Management)
	R3.1.5	可信恢复(Trusted Recovery)
	R3.2	生命周期保证(Life Cycle Assurance)
	R3.2.1	安全测试(Security Testing)
	R3.2.2	设计规范和验证(Design Specification&Verification)
	R3.2.3	配置管理(Configration Management)
	R3.2.4	可信分配(Trusted Distribution)
R4		文档
	R4.1	安全特性用户指南(Security Features User's Guide)
	R4.2	可信设施手册(Trusted Facility Manual)
	R4.3	测试文档(Test Documentation)
	R4.4	设计文档(Design Documentation)

根据计算机系统对各项指标的支持情况,TCSEC/TDI 将系统分为 4 组,每组又分为若干细项,共计 7 个等级,见表 9.2。

表 9.2 TCSEC/TDI 安全级别

安全级别	定义
A1	验证设计(Verified Design)
B3	安全域(Security Domains)
B2	结构化保护(Structural Protection)
B1	标记安全保护(Labeled Security Protection)
C2	受控的安全保护(Controlled Access Protection)
C1	自主安全保护(Discretionary Security Protection)
D	最小保护(Minimal Protection)

D 级:最低保护。保留 D 级的目的是为了将一切不符合更高标准的系统,都归于 D 级。

C1 级:只提供初级的自主安全保护。能够实现对用户和数据的分离,进行自主存取控制,保护和限制用户权限的传递(这些概念将在后面介绍)。现有的商业系统基本都可以满足这一级别的要求。

C2 级:实际上是安全产品的最低级别,提供受控的存取保护,即将 C1 级的自主存取控制进一步地细化,以个人身份注册负责,并实施审计和资源隔离。很多产品已得到该级别的认证,但它们在其名称中往往并不突出"安全"这一特色。如:操作系统的 Windows 2000,数据库产品的 Oracle 7 等。

B1 级:对系统的数据加以标记,并对标记的主体和客体实现强制的存取控制以及审计等安全机制(这些概念将在后面介绍)。B1 级产品能够较好地满足大型企业或一般政府部门对于数

据的安全需求,这一级别的产品才被认为是真正的安全产品。满足此级别的产品一般都冠以
"安全"或"可信"字样,作为区别于普通产品的安全品牌出售。例如,国产的产品有:中软开发的
COSIX 64 操作系统,武汉华工达梦数据库有限公司开发的达梦数据库 DM5,北京人大金仓信
息技术股份有限公司的 Kingbase ESV6.1;国外的产品有:惠普公司的 HP-UXBLSrelease 9.0.
9+,Oracle 公司的 Trusted Oracle 7 等。

　　B2 级:建立形式化的安全策略模型并对系统内的所有主体和客体实施自主存取控制和强
制存取控制。目前经过认证的 B2 级及以上的产品还比较稀少。

　　B3 级:该级的可靠计算基础(Trusted Computing Base,TCB)必须满足访问监视器的要求,
审计跟踪能力更强,并提高系统恢复过程。

　　A1 级:在提供 B3 级保护的同时,并有系统的形式化设计说明和验证以确保各种安全措施
得以正确地实现。

　　应该指出,B2 级以上的系统标准更多地还处于理论研究阶段,产品化的程度并不高,其应
用也多限于一些特殊的部门如国防部门。

　　上面介绍的是 TCSEC/TDI 标准,下面来看看 CC 标准。

9.2.2　CC 标准

　　CC 标准具有结构开放、表达方式通用的特点,使用面向对象技术来描述,即"类—子类—组
件"的结构来描述,组件是最小的构件。

　　CC 标准由 3 部分构成。

　　第一部分:简介及一般模型,介绍标准中的有关术语、基本概念、一般模型及与评估有关的
框架。

　　第二部分:安全功能要求,介绍一系列功能组件、子类、类。共有 11 类,它们是:安全审计、
通信、密码保护、用户数据库、标识和鉴别、安全管理、隐私、TSF 保护类、资源利用类、TOE 访问
类、可信路径/信道类。这 11 个类又分为 66 个子类,由 135 个组件构成。

　　第三部分:安全保障要求,给出了 7 个类:配置管理、交付与运行、开发、指导性文档、生命周
期支持、测试、脆弱性评定,共 26 个子类,74 个组件。另外,在第三部分,还给出了对系统安全
评估的评估保证级(Evaluation Assurance Level,EVL)。

　　评估保证级共分为 7 个级别:EVL1～EVL7,它们能和 TCSEC/TDI 标准的级别粗略地对
应起来,见表 9.3。

表 9.3　CC 标准的评估保证级与 TCSEC/TDI 标准的安全级别的对应关系

CC 标准的评估保证级	定义	TCSEC/TDI 标准的安全级别
EVL1	功能测试	C1
EVL2	结构测试	C1
EVL3	系统的测试与检查	C2
EVL4	系统的设计、测试与复查	B1

续表

CC 标准的评估保证级	定义	TCSEC/TDI 标准的安全级别
EVL5	半形式化设计与测试	B2
EVL6	半形式化验证的设计与测试	B3
EVL7	形式化验证的设计与测试	A1

9.3　数据库安全控制技术

在数据库系统中,安全措施不是孤立的,它是建立在系统环境中的,而计算机系统本身也有自己的安全保护,其安全模型如图 9.1 所示。

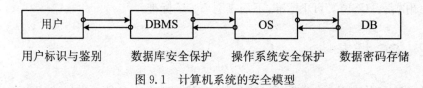

图 9.1　计算机系统的安全模型

数据库安全控制的核心是保证对数据库信息的安全存取服务,即在向合法用户合法要求提供可靠的信息服务的同时,又拒绝非法用户对数据的各种访问要求或合法用户的非法要求。具体实现这些安全控制的技术主要有下面几种。

9.3.1　用户标识与鉴别

用户标识与鉴别是计算机系统也是数据库系统的安全机制中提供最重要、最外层的安全保护措施。每当用户要求进入系统时,由系统核对,通过鉴定后才提供系统的使用权。

标识用户最简单、最常用、最基本的方法就是用户名,而鉴别则是系统确定用户身份的方法和过程。目前鉴别用户身份的方法主要有下面几种:

① 用户口令:这是最常用的方式。

② 用户与系统对话:用户与系统有事先约定的一段对话,这相当于多个口令。

③ 用户的个人特征:用个人独一无二的特征作为口令,如指纹、虹膜、人脸等。

④ 存有用户信息的硬件:用硬件存储用户信息。比如:磁卡、IC 卡、U-key 等。

当然也可以同时使用几种方法,进行鉴别;也可以辅助其他的方式以提高安全性。比如:指定只能用特定的计算机访问数据库,从而大大地限制了能够访问数据库的权限范围。

9.3.2　存取控制

数据库安全性技术中最重要的技术就是 DBMS 的存取控制技术。数据库安全必须确保只授权给有资格的用户访问数据库的权限,同时令所有未被授权的人员无法进入数据库系统。

目前实现存取控制的方式主要有两种,自主存取控制和强制存取控制。

1. 自主存取控制

数据库自主存取机制定义一个用户对另一个对象的访问权限。对访问权限的定义称为授权。数据库安全性就是确保只有有权限的用户才能访问相应的对象,反之则不能。几乎所有的数据库系统都采用这种方式。

在自主存取控制中,用户对于不同的数据库对象有不同的存取权限,不同的用户对同一数据库对象也有不同的权限,而且,用户还可以将自己的权限授权给其他用户。自主存取控制能够通过授权机制有效地控制用户对数据的访问,但是由于用户对数据访问权限的设定有一定的自主性,用户有可能由于疏忽而将某些权限传授给他人,从而可能造成数据的无意泄露。因此,在安全性要求更高的数据库系统当中,有必要采取更严格的措施来保证对数据访问的限制。

2. 强制存取控制

所谓强制存取控制是指系统为保证更高程度的安全性,按照相应标准中安全策略的要求,所采取的强制存取检查手段。它不是用户能直接感知或进行控制的,它适合于那些对数据有严格要求的部门,如军事部门或政府部门。

在强制存取控制中,DBMS 所管理的全部实体被分为主体和客体。

主体是系统中的主动实体,包括 DBMS 所管理的所有用户,也包括代表用户的实际进程。客体是被动实体,是被主体操纵和访问的,包括文件、关系表、索引、视图、数据等。对于二者,DBMS 为它们每个实体指派一个敏感度标记。

敏感度标记被分成若干级,比如:绝密、机密、可信、公开等。主体的敏感度标记称为许可证级别,客体的敏感度标记称为密级。强制存取控制就是通过比较二者的敏感度标记,最终确定主体能否存取客体。

具体应遵循的规则如下:

① 仅当主体的许可证级别大于或等于客体的密级时,该主体才能读取相应的客体。

② 仅当主体的许可证级别等于客体的密级时,该主体才能写相应的客体。

规则①的意义很容易理解,规则②则不是显而易见,需要解释一下。相应级别的主体只能存入或修改同级别的客体,它不能修改不同级别的客体。这就完全杜绝了通过计算机上级修改下级所上报的所有原始数据,保证了原始数据的客观性。

最后,需要提醒的是,较高安全性的系统一般都包含较低安全性系统的保护措施,对于强制存取控制也不例外,实现强制存取控制的系统都包含自主存取控制。系统首先检查自主存取控制,然后再检查强制存取控制,只有二者的检查都通过,操作方能进行。

9.3.3 数据库的视图机制

在前面的章节已经提到视图的概念及相关 SQL 命令,在这一章,我们可以从安全角度来研究视图机制。进行存取权限控制时,可以为不同的用户定义不同的视图,把用户可以访问的数据限制在一定范围之内,换句话说,就是通过视图机制把用户不需要访问的数据隐藏起来,从而间接地实现对数据库提高安全性保护的目的。

视图机制还可以对部分列以及只对某些记录进行保护。而前面介绍的命令只能对表级实行保护,不能精确到行级或列级的保护。举例来说:

例 9.1　假设有表 STUDENT(学号、姓名、出生年月、性别、籍贯、年级),每个指导员只分管一个年级,因此对每个指导员进行限制,使其只能查看本年级的学生的信息,从而实现对其他年级学生的信息的隐藏和保护。

a) 建立视图

```
CREATE VIEW LEVEL_STUDENT
    AS
    SELECT * FROM STUDENT
    WHERE SCLASS='2'
WITH CHECKPOINT;
```

建立 2 年级学生的视图。

b) 授权

```
GRANT SELECT ON LEVEL_STUDENT
    TO 王二;
```

显然,王二这个指导员只能查询 2 年级学生的信息。

9.3.4　数据加密

用户标识和鉴定、存取机制等安全措施,都是防止从数据库系统窃取或破坏数据,但数据常常是通过通信线路进行传输,有人可能通过不正常渠道,窃听信道,以窃取数据。对于这种情况,上述几种安全措施就无能为力了。为了防止这类窃取活动,最常用的方法就是对数据加密。传输中的数据是经过加密的,即使非法人员窃取这种经过加密的数据,也很难解密。

加密的基本思想就是根据一定算法将原始数据(明文,Plain Text)变换为不可直接识别的格式(密文,Cipher Text)。具体的方法有两种:一种是替换法,该方法使用密匙(Encryption Key)将明文中的每一个字符转换为密文中的一个字符;另一种方法是排列法,该方法仅将明文中的字符按不同的顺序重新排列。单独使用这两种方法的任意一种都是不够安全的,但将这两种方法结合起来就能提供相当高的安全标准。采用这种结合算法的例子就是美国 1977 年制定的官方加密标准 DES(Data Encryption Standard)。

由于加密和解密都非常消耗系统资源,降低了数据库的性能。因此,在一般数据库系统中,数据加密作为可选的功能,允许用户自由选择,只有那些对保密要求特别高的数据,才值得采用此方法。

9.3.5　数据库的审计

任何安全措施都不可能是完美无缺的,前面介绍的几项技术也不例外,蓄意破坏、意图非法窃取数据的人总是会想尽办法来攻破这些安全措施,而且,事实表明,时有成功。前面介绍的技术属于犯罪的预防这一类。下面介绍的技术应该属于另一类,即犯罪的侦破与惩罚。审计就是犯罪侦破中的一个重要措施,它跟踪记录用户对数据库的所有操作,并把这些信息保存在审计日志中。技术人员可以利用这些信息,分析导致数据库泄露或损坏的一系列事件,从而找出非法访问数据的人、时间、地点、内容等有关信息,以达到对犯罪人员惩戒的目的。

审计通常是很耗费时间和空间的,所以这项功能一般是作为 DBMS 的可选项,主要用于安全性要求较高的部门或单位。审计功能所记录的信息一般包括:

- 操作类型,如修改、查询等;
- 操作涉及的数据,如表、视图、记录、属性等;
- 操作日期和时间;
- 操作终端标识与用户标识等。

审计一般分为用户级审计和系统级审计。对于用户级审计,用户一般可以进行下列操作或设定:

- 选定审计选项;
- 指定对该用户的某些数据对象的访问进行审计;
- 指定对某些操作进行审计;
- 指定审计信息的细节。

对于系统级审计,只有 DBA 才有权限进行操作,除了上面在用户级审计提到的那些功能外,还具有下列功能:

- 对于 Logon、Logoff、GRANT、REVOKE 进行记录;
- 启动或停止系统审计功能;
- 为数据库表设定缺省选项。

下节将结合 Oracle 数据库实例具体讨论审计命令。

9.4　自主存取控制的 SQL 命令

首先介绍数据库权限的概念。

9.4.1　权限

用户(或应用程序)使用数据库的方式称为权限(Authorization)。权限分为两类:系统权限和对象权限。

当前大型数据库系统一般都支持 C2 级中的自主存取控制(DAC),有些数据库系统同时还支持 B1 级中的强制存取控制(MAC)。本节主要介绍数据库系统的对象权限。

对象权限有模式对象的操作权限和数据对象的操作权限,分别为:

CREATE:创建新的模式(表)或视图。

DROP:撤销模式(表)或视图。

ALTER:改变模式(表)的结构。

INDEX:创建和删除索引。

SELECT:查询数据。

INSERT:插入数据。

UPDATE:修改数据。

DELETE:删除数据。

具体使用中,可根据需要给用户授予上述权限中的一个或多个,也可以不授予任何一个权限。

9.4.2　授权与收回授权

数据库系统采用 GRANT 语句向用户授予对数据对象的操作权限。拥有授权权限的用户,把限于特定对象上的某些权限授予其他用户。

授出的权限可以由 DBA 或其授权者收回。数据库采用 REVOKE 语句收回授予的权限。

具体的授权语句 GRANT 与收回授权语句 REVOKE 参见 4.6 节。

大家已经看到,用户对自己创建的对象可以自由地进行授权和收回授权,所以这种存取控制被称为自主存取控制。

9.4.3　数据库角色

当很多用户拥有相同的若干权限,我们可以将这些用户分为一组,并且可以对这些权限实行统一管理。具体的做法就是将这些权限打包并进行命名,这就是角色。具体使用和管理角色一般分为 4 个步骤。

在 SQL 中,首先使用 CREATE ROLE 语句创建角色,然后类似于授权和收回授权的操作,用 GRANT 语句给角色授权,REVOKE 语句收回角色的权限。其后就可以将角色授予某个用户组、单个用户或其他角色。当给用户成功授予了某个角色以后,用户就将会拥有这个角色所包括的所有权限。

1. 角色的建立

使用角色之前首先要创建角色。创建角色的语句语法如下:

　　CREATE ROLE ＜角色名＞;

角色名不能与数据库中已有的用户对象名相同。

2. 给角色授权

给角色授权命令是 GRANT 语句,与向用户授权的命令语法基本相同。

　　GRANT ＜权限＞[,＜权限＞,…]|＜角色＞[,＜角色＞,…]

　　　　[ON[＜模式名＞.]＜数据库对象名＞]

　　　　TO ＜角色名＞[,＜角色名＞,…]

　　　　[WITH ADMIN OPTION];

3. 将角色的权限授予其他用户

在正确创建角色并为角色分配了适当的权限后,就可以将角色授予用户了。

```
GRANT <角色名>[,<角色名>,…]
    TO <用户名>[,<用户名>,…]
[WITH ADMIN OPTION];
```

4. 收回角色的权限

从角色中收回已授予的权限或角色的 SQL 命令是 REVOKE,与收回用户权限语句的语法基本相同。

```
REVOKE <权限>[,<权限>,…]|<角色>[,<角色>,…]|
    [ALL[PRIVILEGES]
    FROM <角色名>[,<角色名>,…];
```

例 9.2 通过创建角色来实现将一组权限授予某一个用户。

① 建立角色 SC_ROLE

```
CREATE ROLE SC_ROLE;
```

② 给角色 SC_ROLE 授权

```
GRANT SELECT, UPDATE, INSERT
    ON SCORE
    TO SC_ROLE;
```

③ 将角色的权限授予用户 TEACHER

```
GRANT SC_ROLE
    TO TEACHER;
```

④ 收回角色 SC_ROLE 的部分权限

```
REVOKE UPDATE, INSERT
    ON SCORE
FROM SC_ROLE;
```

从这个例子不难看出,当用户很多时,使用角色会使权限的管理更加方便。

此外,还有"设置默认角色"、"启用角色"和"禁止角色"等操作命令,在此不再说明,请参阅相关数据库产品的手册。

9.5　数据库安全性实例——Oracle 系统

下面我们以 Oracle 9i 系统为例,进一步说明数据库中安全性措施。

Oracle 数据库的安全分为两类:系统安全性和数据安全性。Oracle 数据安全控制机制包括 6 个方面,我们主要介绍其中的用户管理、权限管理、角色管理和数据库审计 4 个方面。

9.5.1　用户管理

Oracle 数据库通过设置用户及其登录口令等安全参数来控制用户对数据库的访问和操作。

Oracle 系统有两个预定义的系统用户：SYS 和 SYSTEM，在创建 Oracle 数据库时自动创建。SYS 用户是具有最高权限的数据库管理员，拥有 Oracle 数据库字典和相关的数据库对象；SYSTEM 用户拥有 Oracle 的数据表。在早期的 Oracle 版本中，SYS 和 SYSTEM 的登录口令由系统缺省设定。自 Oracle 9.2 版本以后，SYS 和 SYSTEM 的登录口令在安装 Oracle 系统时指定。

登录 Oracle 系统的其他用户账户由 DBA 或者安全管理员创建。用户在访问 Oracle 数据库前必须被数据库系统识别和验证。Oracle 最常用的验证方式为用户身份认证，即 Oracle 数据库系统使用创建用户时指定的用户名和口令对用户的身份进行验证，只有通过数据库身份认证后才可以登录数据库系统。Oracle 系统允许用户重复三次登录数据库，如果三次登录未通过，Oracle 系统客户端自动退出。

创建用户的命令格式：

CREATE USER <用户名> IDENTIFIED BY <口令>

［DEFAULT TABLESPACE <表空间名>］

［TEMPORARY TABLESPACE <临时表空间名>］

［ACCOUNT LOCK|UNLOCK］；

创建用户后，必须对该用户授权，否则该用户不能登录和使用数据库。

使用 DROP USER 语句可以删除数据库用户。当一个用户被删除时，其所拥有的所有对象也随之被删除。其命令格式：

DROP USER <用户名> ［CASCADE］；

用户创建后，可以对用户信息进行修改，包括口令、认证方式、默认表空间等参数。如修改用户口令的命令格式为：

ALTER USER <用户名> IDENTIFIED BY <新口令>；

9.5.2 权限与角色管理

对于已经注册到 Oracle 数据库的用户需要进行存取权限的控制。Oracle 创建用户账户后，并不意味着用户就可以对 Oracle 数据库进行操作。用户对数据库进行访问或执行任何操作，都需要拥有执行指定操作的权限。

1. 权限与角色

Oracle 系统的权限包括系统权限和对象权限两类。系统权限是指在数据库级别执行某种操作的权限，或针对某一类对象执行某种操作的权限，对象权限是指对某个特定的数据库对象执行某种操作的权限。在 Oracle 数据库中，采用非集中式的授权机制，一般由数据库管理员负责授予与收回系统权限，也可以授予与收回所有数据库对象的权限，每个用户授予与收回自己创建的数据库对象的权限。

Oracle 9i 提供了多达 100 种以上的不同的系统权限，可以参考相关的 Oracle 书籍。

每一种系统权限分别是能使用户进行某种或某一类特定的数据库操作。由于系统权限功能十分强大，能够影响到整个数据库系统的运行安全，所以授予系统权限时要十分慎重，只给极少数的用户（一般为数据库管理员）授予系统权限，而对于一般的开发用户则不能授予系统权限。

Oracle 系统的对象权限参见上节所述,这里不再介绍。

一个数据库系统有很多用户,给不同的用户授予权限是一件非常费时费力的工作。特别当许多用户具有相同一组权限时,也必须一次次为这些用户授权或收回权限。为了简化和规范对用户的权限管理,就有了角色的概念。

所谓角色,就是权限和角色的集合,但本质上是权限的集合。通过把角色分配给某个用户,实际上就是把该角色所代表的一组权限一起分配给了某个用户。

2. 系统预定义角色

Oracle 数据库在创建时,系统自动创建了一些常用的角色,这些角色已经由系统授予了相应的权限。数据库管理员可以直接利用预定义的角色为用户分配权限,也可以修改 Oracle 预定义角色的权限。

Oracle 系统预定义了 5 种最常用的角色,见表 9.4。

表 9.4　Oracle 数据库系统预定义的角色

角色名	具有的部分权限
CONNECT	基本的用户角色,允许被授权用户连接到数据库,然后在相关的模式中创建表、视图、同义词、序列、数据库链接和一些其他的对象类型
RESOURCE	用于典型的应用程序开发人员。被授权用户拥有 CONNECT 角色的所有权限,拥有创建表、数据簇、序列、过程、函数、包、触发器、对象类型等
DBA	用于管理员族的用户。被授权用户执行任何数据库功能,它包含了所有的系统权限。拥有 DBA 角色的用户可以向任何其他数据库用户或角色授予或收回任何系统权限
IMP_FULL_DATABASE	完全的和增量的数据库导入的所有系统权限
EXP_FULL_DATABASE	完全的和增量的数据库导出的所有系统权限

需要特别强调的是,DBA 角色拥有了数据库的所有权限,一个数据库系统可以有多个拥有 DBA 角色(最高权限)的用户,但对用户授予 DBA 角色需要慎之又慎。

3. 利用角色进行权限管理

对于权限和角色来说,经常使用的功能是授予和收回权限和角色。权限和角色可以授予给用户或角色,也可以从用户或角色那里收回。

例 9.3　将 CONNECT、RESOURCE 角色授予用户 user1。

GRANT CONNECT, RESOURCE TO user1;

例 9.4　收回用户 user1 的 CONNECT、RESOURCE 角色。

REVOKE CONNECT, RESOURCE FROM user1;

9.5.3　Oracle 审计

Oracle 的审计功能很灵活,是否使用审计,对哪些表进行审计,对哪些操作进行审计都可以选择。Oracle 提供 AUDIT 及 NOAUDIT 语句来指定的。这里需注意的是 AUDIT 语句只改变了审计状态,并没有真正激活审计。在初始化 Oracle 系统时,审计功能是关闭的,即缺省值是审计不工作。

启用 Oracle 审计功能后,每一项被审计的操作都会产生一条审计记录。在 Oracle 中,审计设置以及审计的内容均存放在数据字典中。其中审计设置记录在数据字典表 SYS. TABLES 中,审计内容记录在数据字典表 SYS. AUDIT $ 、SYS. AUDIT_TRAIL 等数据字典中。

Oracle 的跟踪审计命令的一般语句格式为:

　　　AUDIT {[<option>,<option>]…|ALL} [ON o_name]
　　　　　　[BY u_name [,u_name]…]
　　　　　　[BY {ACCESS|SESSION}]
　　　　　　[WHENEVER [NOT] SUCCESSFUL];

其中,各参数说明如下:

option:SQL 语句选项或系统权限选项。

o_name:模式对象名。

u_name:如指定用户,表示只审计指定用户的 SQL 语句,不审计其他用户的 SQL 语句。如不指定用户,将对所有用户审计;

by session:每个会话相同语句只审计一次,系统默认。

by access:每次都将审计。

Whenever [NOT] Successful:只审计(不)成功的语句。

如果不想让系统继续做审计工作,可以通过 NOAUDIT 命令停止审计。该命令的参数与 AUDIT 命令的参数相同。

关闭审计的命令为:

　　　NOAUDIT {[<option>,<option>]…|ALL} [ON o_name]
　　　　　　[BY u_name [,u_name]…]
　　　　　　[BY {ACCESS|SESSION}]
　　　　　　[WHENEVER [NOT] SUCCESSFUL]

Oracle 审计特性提供了 3 种级别的审计,分别是语句审计、权限审计和模式对象审计。权限审计和模式对象审计是对所有用户,通常是由 DBA 设置的。

同时,还可以配合使用触发器来实现特定的细粒度的审计功能实现,以达到互补的效果,提供更全面和强有力的审计证据支持。自定义审计主要根据特定的需要而编写触发器来实现,如果我们需要对系统事件,如数据库系统的启动和关闭进行审计,可以通过编写触发器来实现。当然,为了存储审计日志,我们需要建立数据库表来存储日志。

下面用具体例子来介绍简单的审计命令。

1. 语句审计

语句级审计表示只审计某种类型的 SQL 语句,只针对语句本身,而不针对语句所操作的对象。可以审计某个用户,也可以审计所有用户的 SQL 语句。

SQL 语句选项参数不需要写出全部的 SQL 语句,只需要写出语句的选项即可,这样可以代表某一类的 SQL 语句。如果想知道当前对哪些用户进行了哪些权限级别的审计,可以通过查询数据字典 DBA_STMT_AUDIT_OPTS 来了解细节。

例 9.5　对用户 user1 执行过的所有 SELECT 成功语句进行审计。

AUDIT SELECT

　　BY USER1

WHENEVER SUCCESSFUL；

2. 权限审计

权限级审计表示只审计某一系统权限的使用状况,可以审计某个用户,也可以审计所有用户。

系统权限选项包含了大部分的对数据库对象的 DDL 操作,如 ALTER、CREATE、DROP 等等。如果想知道当前对哪些用户进行了哪些权限级别的审计,可以通过查询数据字典 DBA_PRIV_AUDIT_OPTS 来了解细节。

例 9.6　对所有执行过 CREATE INDEX 语句的所有用户操作进行审计。

AUDIT CREATE ANY INDEX；

3. 模式对象审计

模式对象级审计用于监视所有用户对某一指定用户对象的存取状况,模式对象级审计是不分用户的,其重点关注的是哪些用户对某一指定用户表的操作。如果想知道当前对哪些用户的哪些实体进行了实体级审计及审计的选项,可以通过查询数据字典 DBA_OBJ_AUDIT_OPTS 来了解实施细节。

例 9.7　对用户 user1 的 SCORE 表进行 INSERT,UPDATE,DELETE 成功的操作进行审计。

AUDIT INSERT,UPDATE,DELETE ON user1. SCORE

　　WHENEVER SUCCESSFUL；

本 章 小 结

本章介绍了计算机及数据库安全性的概念,以及关于计算机及数据库安全性的两个流行标准。

数据库安全性技术主要包括:用户标识与鉴别、存取控制、视图机制、数据加密、数据库审计。存取控制主要分为:自主存取控制和强制存取控制。

支持自主存取的 SQL 的命令:GRANT、REVOKE 以及与权限有关的角色的概念及命令。

数据库审计的概念及命令:AUDIT 和 NOAUDIT。

习　　题

9.1　解释下列术语:①数据库的安全性;②自主存取;③强制存取;④数据库角色;⑤审计。

9.2　简述 TCSEC/TDI 标准及其安全级别划分。

9.3　简要比较 TCSEC/TDI 标准和 CC 标准。

9.4　Oracle 系统的安装分为哪两部分?

9.5　用 SQL 命令实现下列要求:

① 建立具有 CONNECT 权限的用户 TOM;

② 授予 TOM 关于 STUDENT 表的所有权限;

③ 授予 TOM 关于 SCORE 表的 SELECT、UPDATE 权限,并且使他有继续传授该权限的权力;

④ 授予 TOM 关于 SCORE 表的列(成绩)的 UPDATE 权限;

⑤ 收回 TOM 关于 STUDENT 表的所有权限;

⑥ 收回 TOM 关于 SCORE 表的 SELECT、UPDATE 权限以及从所有由他得到该权限的用户收回此权利。

9.6　简述强制存取的两条规则。

9.7　简述审计功能的得与失。

9.8　简述数据库加密常用的两种方法。

第 10 章　数据库恢复技术

当用户开始使用一个数据库时,数据库中的数据必须是可靠的、正确的。尽管数据库系统中采取了各种保护措施来防止数据库系统中的数据被破坏和丢失,但是计算机系统运行中发生的各类故障,如硬件设备和软件系统的故障以及来自多方面的干扰和破坏,如未经授权使用数据库的用户修改数据,利用计算机进行犯罪活动等仍是不可避免的,都可能会直接影响数据库系统的安全性。同时由于事务处理不当或程序员的误操作等,也可能破坏数据库。这些故障或错误都会造成运行事务非正常中断,可能会影响到数据库中数据的正确性,甚至破坏数据库,导致数据库中全部或部分数据丢失。在发生上述故障后,DBA 必须快速重新建立一个完整的数据库系统,把数据库从错误状态恢复到某一已知的正确状态(也称为一致性状态),保证用户的数据与发生故障前完全一致,这就是数据库恢复。数据库恢复要基于数据库备份文件,以保证可以成功实施恢复。

10.1　数据库故障

造成数据库系统故障的原因很多,大致有 5 类。

① 软件故障。事务的一些操作可能引发故障,如应用程序运行错误,用户强制中断事务执行等。另外,操作系统以及数据库管理系统存在的错误也会引发故障。

② 硬件故障。如计算机系统的 CPU、内存故障等。

③ 电源问题。电源电压过高或过低,频率达不到要求等。

④ 操作员错误。如数据输入、删除数据错误等。

⑤ 灾害和恶意破坏。不可抗拒的自然灾害,如火灾、地震、计算机病毒或计算机犯罪等。

一旦发生上述故障,就有可能造成数据的破坏或丢失。

根据故障产生的原因,总结数据库系统中可能发生的各类故障,可以归纳出数据库故障的种类有以下 4 类:

① 事务故障。

② 系统故障。

③ 介质故障。

④ 恶意破坏或计算机病毒。

1. 事务故障

事务故障只发生在事务上,而整个数据库系统仍在控制下运行。事务故障有的是可以通过事务程序本身发现的,有的是非预期的,不能由事务程序发现和处理的。

例如:银行转账事务,这个事务把一笔金额从一个账户 A01 转给另一个账户 B02。

```
BEGIN TRANSACTION
    UPDATE ACCOUNT
        SET BALANCE = BALANCE－AMOUNT
    WHERE ACOUNT='A01';          /＊AMOUNT 为转账金额 ＊/
    IF(BALANCE ＜ 0 ) THEN
    {PRINT '金额不足,不能转账';
        ROLLBACK;               /＊撤销刚才的修改,恢复事务＊/
    }
ELSE
    {UPDATE ACCOUNT
        SET BALANCE=BALANCE ＋ AMOUNT
    WHERE ACOUNT='B01';
    COMMIT;
    }
```

这个例子所包含的两个更新操作要么全部完成要么全部不做。否则就会使数据库处于不一致状态。例如,只把账户 A01 的余额减少了而没有把账户 B01 的余额增加。

在这段事务处理程序中若出现账户 A01 余额不足的情况,应用程序可以发现并让事务回滚,撤销已做的修改,将数据库恢复到转账前的正确状态。

更多的情况下,事务故障是非预期的,即不能由应用程序发现和处理。如运算溢出、并发事务发生死锁而被选中撤销该事务、违反了某些完整性约束等。

事务故障意味着事务没有达到预期的终点(COMMIT 或者显式的 ROLLBACK),因此,数据库可能处于不正确状态。故障恢复处理程序要在不影响其他事务运行的情况下,强行回滚(ROLLBACK)该事务,即撤销该事务已经做出的任何对数据库的更新,使得该事务好像根本没有执行一样。这类恢复操作称为事务撤销(UNDO)。

2. 系统故障

系统故障常称为软故障(Soft Crash)。系统故障是指造成系统停止运转的任何事件,使得系统要重新启动。例如,特定类型的硬件错误(CPU 故障)、操作系统故障、DBMS 代码错误、突然停电等等。这类故障影响正在运行的所有事务,但不破坏数据库。这时主存中的内容,尤其是数据库缓冲区中的内容都被丢失,使得所有运行事务都非正常终止。发生系统故障时,一些尚未完成事务的结果可能已写入磁盘上的物理数据库,有些已完成的事务可能有一部分甚至全部数据仍留在缓冲区,尚未写回到磁盘上的物理数据库中,从而造成数据库可能处于不正确的状态。为保证数据一致性,故障恢复处理程序必须在系统重新启动时让所有非正常终止的事务回滚,强行撤销(UNDO)所有未完成事务。重做(Redo)所有已提交的事务,以将数据库真正恢复到一致状态。

3. 介质故障

介质故障称为硬故障(Hard Crash)。硬故障指外存故障,如磁盘损坏等。这类故障将破坏数据库或部分数据库,并影响正在存取这部分数据的所有事务。这类故障比前两类故障发生的可能性小得多,但破坏性最大。故障恢复处理程序只能把其他备份数据或其他介质中的内容再复制回来,并重做自备份点后开始的所有成功的事务。

4. 恶意破坏或计算机病毒

计算机病毒是具有破坏性、可以自我复制的计算机程序。计算机病毒已成为计算机系统的主要威胁,自然也是数据库系统的主要威胁。

恶意破坏主要指计算机病毒非法入侵数据库系统破坏数据库,其对数据库的破坏后果是很严重的。因此数据库一旦遭计算机病毒或恶意破坏仍要用恢复技术把数据库加以恢复。

总结各类故障,对数据库的影响有两种可能性。

① 数据库本身已被破坏:根本无法从数据库中读取数据,或者数据库中大部分数据都有错误。此时原有的数据库已不能使用。

② 数据库没有被破坏:某些数据可能不正确。这是由于事务的运行被非正常终止造成的。此时原有的数据库还能使用,但须改正错误数据。

如果因为某种原因,一个事务不能从头到尾地成功执行,数据库就处于一个不一致性状态。这是不允许的。这时需要将数据库恢复到事务执行前的状态。

作为数据库管理系统,应具有在最短的时间内,把数据库从被破坏、不正确的状态恢复到最近一个正确的状态。数据库管理系统的备份和恢复机制就是保证数据库系统出现故障时,能够将数据库系统还原到正确状态。

数据库恢复的基本原理是数据重复存储,就是"冗余"(Redundancy)。这就是说,数据库中任何一部分被破坏的或不正确的数据可以根据存储在系统别处的冗余数据来重建。

10.2　恢复的实现技术

数据库恢复机制包括一个数据库恢复子系统和一套特定的数据结构。数据库恢复机制涉及的两个关键问题是:第一,如何建立冗余数据;第二,如何利用这些冗余数据实施数据库恢复。

数据库的恢复基本原理很简单,就是"冗余"(Redundancy),即数据库数据重复存储。建立冗余数据最常用的技术是数据转储和登录日志文件。通常在一个数据库系统中,这两种方法是一起使用的。

为了有效地恢复数据库,必须对数据库进行数据备份。数据备份的功能是在用户数据一旦发生损坏后,利用备份信息可以使损坏数据得以恢复,从而保障了用户数据的安全性。通常需要把整个数据库备份两个以上的副本,这些备用的数据文本称为后备副本或后援副本(Backup)。后备副本应存放在与运行数据库不同的存储介质上,一般是存储在磁带或光盘上,并保存在安全可靠的地方。

数据转储是定期的,而不是实时的,所以利用数据转储并不能完全恢复数据库,它只能将数据库恢复到开始备份的那一时刻。如果没有其他技术措施或支持,在备份点之后对数据库所做的更新将会丢失,也就是说数据库不能恢复到最新的状态。因此,必须把各事务对数据库的更新活动登记下来,建立日志文件(Log File)。这样,后援副本加上日志文件就能把数据库恢复到某一时刻的正确状态。

10.2.1　数据转储

数据转储是数据库恢复中采用的基本技术。定期地将整个数据库复制到磁带或光盘上保存起来的过程称之为数据转储(Dump)或备份,数据转储工作一般由数据库管理员(DBA)承担。定期备份数据库是最稳妥的防止介质故障的方法,它能有效地恢复数据库。是一种既廉价又保险,同时又是最简单的能够恢复大部分或全部数据的方法。即便采取了冗余磁盘阵列技术,数据转储也是必不可少的。

当数据库遭到破坏后可以将后备副本重新装入,这时只能将数据库恢复到转储时的状态,要想恢复到故障发生时的状态,必须重新运行自转储以后的所有更新事务。例如,在图 10.1中,系统在 T_a 时刻停止运行事务进行数据库转储,在 T_b 时刻转储完毕,得到 T_b 时刻的数据库一致性副本。系统运行到 T_e 时刻发生故障。为恢复数据库,首先由 DBA 重装数据库后备副本,将数据库恢复至 T_b 时刻的状态,然后重新运行自 T_b 时刻至 T_e 时刻的所有更新事务,这样就把数据库恢复到故障发生前的一致状态。

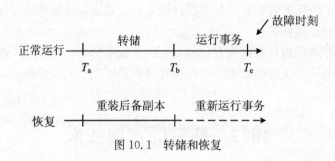

图 10.1　转储和恢复

转储是十分耗费时间和资源的,不能频繁进行。DBA 应该根据数据库使用情况确定一个适当的转储周期。

数据转储操作可以动态进行,也可以静态进行。

1. 静态转储

静态转储也称作离线或脱机备份,是指在系统中无运行事务时进行的转储操作。即转储操作开始的时刻,数据库处于一致性状态,而转储期间不允许(或不存在)对数据库的任何存取、修改活动。显然,静态转储得到的一定是一个数据一致性的副本。

静态转储简单,但转储必须等待正运行的用户事务结束才能进行,同样,新的事务必须等待转储结束才能执行。显然,这会降低数据库的可用性。

2. 动态转储

动态转储也称作在线备份,是指转储操作和用户事务可以并发执行,转储期间允许数据库进行存取或修改。动态转储克服了静态转储的缺点,它不用等待正在运行的用户事务结束,也不会影响新事务的运行。这种方法虽然能够备份数据库中的全部数据,但在备份过程中数据库系统的性能将受到很大影响(降低)。

数据转储还可以分为海量转储和增量转储两种方式。

3. 海量转储

海量转储是指每次转储全部数据库（静态或动态），即完整地备份整个数据库，同时也备份与该数据库相关的事务处理日志。这种方式通常在第一次转储时使用或一句、一月进行一次转储时使用，因为进行海量转储需要很长的时间。

4. 增量转储

增量转储是指每次只转储上一次转储后更新过的数据。这部分相对整个数据库来说数据量要小得多。所以，每天的转储通常以增量转储方式进行。

从恢复角度看，使用海量转储得到的后备副本进行恢复一般说来会更方便些。但如果数据库很大，事务处理又十分频繁，则增量转储方式更实用更有效。

也有将数据转储这种备份方式称之为数据库导出（或卸出），如 Oracle 提供数据导出命令 Export。

10.2.2　日志文件

为了保证数据库恢复工作的正常进行，数据库系统需要建立日志文件。

1. 日志文件的格式和内容

日志文件是用来记录事务对数据库的更新操作的文件。事务在运行过程中，系统把事务开始、事务结束以及对数据库的插入、修改和删除的每一次操作作为一条记录写入"日志"文件。

每个日志记录（Log Record）的内容主要包括：

- 事务的开始（BEGIN TRANSACTION）标记
- 事务标识（标明是哪个事务）
- 操作的类型（插入、删除或修改）
- 操作对象（记录内部标识）
- 更新前数据的旧值（对插入操作而言，此项为空值）
- 更新后数据的新值（对删除操作而言，此项为空值）
- 事务的结束（COMMIT 或 ROLLBACK）标记

一般日志文件与其他数据库文件应不在同一存储设备上，这样可避免同时受硬件引起的故障的影响。日志文件比较庞大，大型应用系统的日志文件每天可达几十兆或数百兆。因此在运行过程中，应采用各种压缩技术，减少所需的存储空间，提高恢复工作的效率。例如，对已经发出 COMMIT 的事务不会再被撤销了，就不需要保留旧值，但新值仍需保留，以便事务重做。

2. 日志文件的作用

日志文件在数据库恢复中起着非常重要的作用。可以用来进行事务故障恢复和系统故障恢复，并协助后备副本进行介质故障恢复。具体地讲：

① 事务故障恢复和系统故障必须用日志文件。

② 在动态转储方式中必须建立日志文件，后援副本和日志文件综合起来才能有效地恢复数据库。

③ 在静态转储方式中，当数据库毁坏后可重新装入后援副本把数据库恢复到转储结束时

刻的正确状态,然后利用日志文件,把已完成的事务进行重做处理,对故障发生时尚未完成的事务进行撤销处理。这样不必重新运行那些已完成的事务程序就可把数据库恢复到故障前某一时刻的正确状态。

3. 登记日志文件(Logging)

把对数据的更新写到数据库中和把表示这个更新操作的日志记录写到日志文件中是两个不同的操作。有可能在这两个操作之间发生故障,即这两个写操作只完成了一个。如果先写了数据库修改,而在运行日志记录中没有登记这个更新,则以后就无法恢复这个修改了。如果先写日志,但没有更新数据库,按日志文件恢复时只不过是多执行一次不必要的 UNDO 操作,并不会影响数据库的正确性。所以为了安全,一定要先写日志文件,即首先把日志记录写到日志文件中,然后写数据库的修改。这就是"先写日志文件"(Write ahead Log Rule)的原则。

具体地说,为了安全,保证数据库是可恢复的,登记日志文件时必须遵循两条原则:

① 必须先写日志文件,后写数据库。

② 直到事务的全部运行记录都已写入日志文件后,才允许结束事务。

10.2.3 归档日志文件

一个大型的数据库运行系统,一天可以产生数百兆的日志记录。因此把日志记录完全存放在磁盘中是不现实的。一般把日志文件划分成两部分,一部分是当前活动的联机部分,称为联机日志文件,存放在运行的数据库系统的磁盘上;另一部分就是归档日志文件,其存储介质一般是磁带或光盘。当一个联机日志文件被填满后就发生日志切换,形成数据库的归档日志文件。需要注意的是,归档日志文件必须绝对可靠地保存。

10.3 恢 复 策 略

当系统运行过程中发生故障,利用数据库后备副本和日志文件就可以将数据库恢复到故障前的某个一致性状态。不同故障其恢复策略和方法也不一样,但总体上来说,可分为两种情况考虑:

① 数据库已被破坏。这时数据库已不能使用,需要装入最近一次的后备副本,然后利用日志文件执行"重做"(Redo)操作将数据库恢复到一致性状态。

② 数据库未被破坏,但某些数据不正确或不可靠。这时只有通过日志文件执行"撤销"(Undo)操作,将数据库恢复到某个一致性状态。

10.3.1 事务故障的恢复

事务故障是指事务在运行至正常终止点前被中止,这时恢复子系统应利用日志文件撤销(UNDO)此事务已对数据库进行的修改。

事务故障的恢复是由系统自动完成的,对用户是透明的。

事务故障的恢复步骤是:

① 反向扫描文件日志(即从最后向前扫描日志文件),查找该事务的更新操作。

② 对该事务的更新操作执行逆操作。即将日志记录中"更新前的值"写入数据库。这样,如果记录中是插入操作,则相当于做删除操作(因此时"更新前的值"为空)。若记录中是删除操作,则做插入操作。若是修改操作,则相当于用修改前值代替修改后值。

③ 继续反向扫描日志文件,查找该事务的其他更新操作,并做同样处理。

④ 如此处理下去,直至读到此事务的开始标记,事务故障恢复就完成了。

10.3.2　系统故障的恢复

系统故障造成数据库不一致状态的原因有两个,一是未完成事务对数据库的更新可能已写入数据库,二是已提交事务对数据库的更新可能还留在缓冲区没来得及写入数据库。因此恢复操作就是要撤销故障发生时未完成的事务,重做已完成的事务。

系统故障的恢复是由系统在重新启动时自动完成的,不需要用户干预。

系统故障的恢复步骤是:

① 正向扫描日志文件(即从头扫描日志文件),找出在故障发生前已经提交的事务(这些事务既有 BEGIN TRANSACTION 记录,也有 COMMIT 记录),将其事务标识记入重做(REDO)队列。同时找出故障发生时尚未完成的事务(这些事务只有 BEGIN TRANSACTION 记录,无相应的 COMMIT 记录),将其事务标识记入撤销(UNDO)队列。

② 对撤销队列中的各个事务进行撤销(UNDO)处理。

进行 UNDO 处理的方法是,反向扫描日志文件,对每个 UNDO 事务的更新操作执行逆操作,即将日志记录中"更新前的值"写入数据库。

③ 对重做队列中的各个事务进行重做(REDO)处理。

进行 REDO 处理的方法是:正向扫描日志文件,对每个 REDO 事务重新执行日志文件登记的操作。即将日志记录中"更新后的值"写入数据库。

10.3.3　介质故障的恢复

发生介质故障后,磁盘上的物理数据和日志文件被破坏,这是最严重的一种故障,恢复方法是重装数据库,然后重做已完成的事务。

系统故障的恢复步骤是:

① 装入最新的数据库后备副本(离故障发生时刻最近的转储副本),使数据库恢复到最近一次转储时的一致性状态。

对于动态转储的数据库副本,还须同时装入转储开始时刻的日志文件副本,利用恢复系统故障的方法(即 REDO+UNDO),才能将数据库恢复到一致性状态。

② 装入相应的日志文件副本(包括联机日志和归档日志文件副本),重做已完成的事务。这里不必做 UNDO 操作。即:

首先扫描日志文件,找出故障发生时已提交的事务的标识,将其记入重做队列。

然后正向扫描日志文件,对重做队列中的所有事务进行重做处理。即将日志记录中"更新后的值"写入数据库。

直至处理完所有的日志文件,这时数据库恢复至故障前某一时刻的一致状态。

介质故障的恢复需要 DBA 介入。但 DBA 只需要重装最近转储的数据库副本和有关的各日志文件副本,然后执行系统提供的恢复命令即可,具体的恢复操作仍由 DBMS 完成。

10.4　具有检查点的恢复技术

当数据库系统发生故障,利用日志技术进行数据库恢复时,必须检查日志,决定哪些事务需要 REDO(重做),哪些事务需要 UNDO(撤销)。原则上,我们需要检查所有日志记录。这种方法存在两个问题:

① 搜索整个日志将耗费大量的时间。

② 很多需要重做的事务其更新实际上已经写到数据库中。尽管对它们重做不会造成不良后果,但又重新执行了这些操作,浪费了大量时间。

为了解决这些问题,又发展了具有检查点的恢复技术。这种技术在日志文件中增加一类新的记录——检查点记录(Check Point)。

当事务正常运行时,数据库系统按一定的时间间隔设置检查点,也可以按照某种规则建立检查点,如日志文件已写满一半建立一个检查点。用户也可以在事务中设置检查点,要求系统记录事务的状态。建立检查点记录包括两项处理:

① 把数据库缓冲区的内容强制写入外存的日志中。

② 在日志中写一个日志记录,它的内容包含当时正活跃的所有事务的一张表,以及该表中的每一个事务的最近的日志记录在日志上的地址。

使用检查点方法可以改善恢复效率。当系统周期性地把所有被修改的缓冲区写入磁盘时,相应地在日志文件中写入检查点记录。因此,在数据库发生故障时,系统需要恢复数据库,就可以根据最新的检查点的信息,从检查点开始执行,而不必从头开始执行那些被中断的事务。因为当事务 T 在一个检查点之前提交,T 对数据库所做的修改一定都已写入数据库,写入时间是在这个检查点建立之前或在这个检查点建立之时。这样,在进行恢复处理时,没有必要对事务 T 执行 REDO 操作。

系统出现故障时恢复子系统将根据事务的不同状态采取不同的恢复策略。存在有 5 种不同的事务,如图 10.2 所示。

假设系统在 T_f 时刻发生故障,故障发生前的最近一个检查点设为 T_c。

T_1:在检查点之前提交。

T_2:在检查点之前开始执行,在检查点之后故障点之前提交。

T_3:在检查点之前开始执行,在故障点时还未完成。

T_4:在检查点之后开始执行,在故障点之前提交。

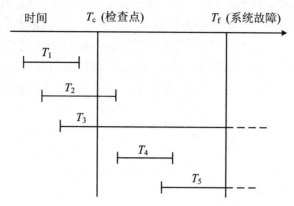

图 10.2　五种不同的事务采取不同的恢复策略

T_5：在检查点之后开始执行，在故障点时还未完成。

T_3 和 T_5 在故障发生时刻还未完成，故应予撤销；T_2 和 T_4 在检查点之后才提交，它们对数据库所做的修改在故障发生时可能还在缓冲区中，尚未写入数据库，所以要 REDO；T_1 在检查点之前已提交，所以不必执行 REDO 操作。

使用检查点方法进行恢复的步骤是：

故障之后重启系统时，DBMS 的恢复子系统首先找到最近的检查点的日志记录，然后建立 REDO 表和 UNDO 表，分别把 T_2、T_4 和 T_3、T_5 放入 REDO 表和 UNDO 表。然后系统反向扫描日志，把 UNDO 表中的事务撤销；接着正向扫描日志，把 REDO 表中的事务重做。当这些恢复工作完成后，系统才准备接受新的事务处理请求。

10.5　冗余磁盘阵列与数据库镜像

我们已经看到，介质故障是对系统影响最为严重的一种故障。系统出现介质故障后，用户应用全部中断，恢复起来也比较费时。而且 DBA 必须周期性地转储数据库，这也加重了 DBA 的负担。

随着磁盘容量越来越大，价格越来越便宜，为避免磁盘介质出现故障影响数据库的可用性，许多数据库管理系统提供了冗余磁盘阵列或数据库镜像（Mirror）功能用于数据库恢复。

冗余磁盘阵列也称作 RAID（Redundant Array of Independent Disk）技术。

简单地说，RAID 是一种把多块独立的硬盘（物理硬盘）按不同的方式组合起来形成一个硬盘组（逻辑硬盘），从而提供比单个硬盘更高的存储性能和提供数据备份的技术。组成磁盘阵列的不同方式称为 RAID 级别（RAID Levels）。在用户看起来，组成的磁盘组就像是一个硬盘，用户可以对它进行分区，格式化等等。总之，对磁盘阵列的操作与单个硬盘一模一样。不同的是，磁盘阵列的存储速度要比单个硬盘高很多，而且可以提供自动数据备份。

RAID 技术经过不断的发展，现在已拥有了从 RAID0 到 RAID6 等 7 种基本的 RAID 级别。另外，还有一些基本 RAID 级别的组合形式，如 RAID10（RAID0 与 RAID1 的组合），

RAID50(RAID0 与 RAID5 的组合)等。不同 RAID 级别代表着不同的存储性能、数据安全性和存储成本。最为常用的是 RAID0、RAID1、RAID3、RAID5 等几种 RAID 形式。其中 RAID0 为非冗余,而 RAID1 即为磁盘镜像技术。如果不要求可用性,选择 RAID0 可以获得最佳性能;如果可用性和性能是重要的而成本不是一个主要因素,则根据硬盘数量选择 RAID1;如果可用性、成本和性能都同样重要,则根据一般的数据传输和硬盘的数量可以选择 RAID3 或 RAID5。

　　磁盘镜像技术常常用于要求高可靠性的数据库系统。数据库以双副本的形式存放在二个独立的磁盘系统中,每个磁盘系统有各自的控制器和 CPU,且可以互相自动切换。当写入数据时,数据库系统同时把同样的数据分别写入两个磁盘,DBMS 自动保证镜像数据与主数据的一致性。这样,一旦出现介质故障,当一个磁盘中的数据被破坏时,可由镜像磁盘继续提供使用,同时 DBMS 自动利用镜像磁盘数据进行数据库的恢复,不需要关闭系统和重装数据库副本。当读数据时,则可以任意读其中一个磁盘上的数据。在没有出现故障时,数据库镜像还可以用于并发操作,即当一个用户对数据加排他锁修改数据时,其他用户可以读镜像数据库上的数据,而不必等待该用户释放锁。

　　由于数据库镜像是通过复制数据实现的,频繁地复制数据自然会降低系统运行效率,因此在实际应用中用户往往只选择对关键数据和日志文件镜像,而不是对整个数据库进行镜像。

10.6　Oracle 备份与恢复技术

　　上面我们介绍了恢复技术的一般原理,实际 DBMS 产品中的恢复策略往往都有自己的特色。下面我们简单介绍一下 Oracle 的备份与恢复技术,以加深对数据库恢复技术的理解。

Oracle 中恢复机制也采用了转储和登记日志文件两个技术。

Oracle 数据库是一个完善的数据库管理系统,为了能够让用户安全放心地使用数据库,Oracle 提供了多种备份与恢复技术。用户可以根据实际需要设计实用可靠的备份和恢复方案。

　　对 Oracle 数据库而言,数据库备份可分为物理备份(Physical Backups)和逻辑备份(Logical Backups)两种。物理备份就是对数据库的物理文件进行复制,是制定备份和恢复策略主要考虑的问题。逻辑备份则是利用 Oracle 导出工具并储存在一个二进制文件的逻辑数据。针对不同类型的故障,应该使用不同的备份策略。物理备份常用于介质损坏或者文件丢失的情况,而逻辑备份常用于错误执行了数据库操作或者数据库数据丢失的情况。一般来说,采用逻辑备份作为物理备份的补充。

10.6.1　物理备份与恢复

　　所谓的物理备份,就是将组成数据库的文件复制到一个备份存储介质中,以避免物理故障造成的损失。一个 Oracle 数据库的完整备份包括下列文件:

- 全部数据文件
- 控制文件

　　• 联机日志文件

　　• 归档日志文件

　　• 各种参数配置文件，包括数据库启动参数文件（init. ora）、网络配置文件（tnsnames. ora、listener. ora）、数据库密码文件（pwd<SID>. ora，其中<SID>代表相应的 Oracle 数据库系统标识符）等。

　　在发生物理故障的时候，可用这些备份文件将数据还原，使损失减小到最少。

　　物理备份可以进一步分为冷备份和热备份。

1. 冷备份

　　冷备份也叫脱机备份，是指在数据库关闭状态下将所有的数据库文件复制到另一个磁盘或磁带上去。

　　冷备份必须是数据库完全关闭的情况下进行。当数据库不完全关闭或异常关闭时，执行数据库文件系统备份无效。而且，冷备份必须是完全备份，即备份整个数据库的文件。特别需要提出的是，冷备份只能将数据库恢复到“某一时间点上（即开始备份时刻）”。

2. 热备份

　　热备份也叫联机备份，是指在数据库系统正常运行的状态下进行的数据库备份。这种备份可以是数据库的部分备份，既备份数据库的某个表空间或某个数据文件，也可备份控制文件。要进行热备份，数据库必须处于归档日志状态下。

　　关于物理备份和恢复，本书不作介绍，读者可参阅相关书籍。要进行快速有效的数据库恢复，必须对 Oracle 数据库的体系结构有所学习和了解。

10.6.2　逻辑备份与恢复

　　所谓的逻辑备份，通常是 SQL 语句的集合。这些 SQL 语句用来重新创建数据库对象（数据库、基本表、视图、索引、存储过程、触发器等）和数据库表中的记录。在发生逻辑故障的时候，或者需要对数据库服务器进行迁移或升级的时候，可以执行这些 SQL 语句，使数据库中的数据还原到原来的状态。

　　逻辑备份和恢复又称导出/导入，导出是数据库的逻辑备份，导入是数据库的逻辑恢复。Oracle 逻辑备份是使用 Oracle 提供的操作系统工具 Export、Import 将数据库中的数据导出、导入，可以在命令行下直接键入“exp”和“imp”命令来运行这两个工具。使用 exp 命令将数据库中的数据移出数据库，这些数据的读取与其物理位置无关，“导出”文件为二进制操作系统文件。使用 imp 命令读取导出文件中的数据，并通过执行几步操作将数据移入到另一个数据库中以恢复数据库。

1. exp(逻辑导出)命令

　　使用 exp 命令将数据库中需要备份的数据库对象的定义和相关的数据导出到导出文件中，以作为备份或者再将此文件导入到其他数据库中。“导出”数据的读取与其物理位置无关，“导出”文件为二进制操作系统文件。

　　导出命令的基本格式如下：

　　EXP［username/password@数据库连接符］KEYWORD=（value1，value2，…，valueN）

其中，KEYWORD 是导出命令的一些参数名称，value 表示该参数的取值。

使用 exp 命令导出数据时，可以使用一些关键字。系统提供了这些关键字的使用说明。输入命令：

exp help＝y

会自动显示说明。如表 10.1 所示。

表 10.1　exp 参数描述

关键字	说明（默认）	关键字	说明（默认）
USERID	用户名/口令	FULL	导出整个文件(N)
BUFFER	数据缓冲区大小	OWNER	所有者用户名列表
FILE	输出文件(EXPDAT.DMP)	TABLES	表名称列表
COMPRESS	导入到一个区(Y)	RECORDLENGTH	IO 记录的长度
GRANTS	导出权限(Y)	INCTYPE	增量导出类型
INDEXES	导出索引(Y)	RECORD	跟踪增量导出(Y)
DIRECT	直接路径(N)	TRIGGERS	导出触发器(Y)
LOG	屏幕输出的日志文件	STATISTICS	分析对象(ESTIMATE)
ROWS	导出数据行(Y)	PARFILE	参数文件名
CONSISTENT	交叉表的一致性(N)	CONSTRAINTS	导出的约束条件(Y)
OBJECT_CONSISTENT	只在对象导出期间设置为读的事务处理(N)		
FEEDBACK	每 x 行的显示进度(0)		
FILESIZE	每个转储文件的最大大小		
FLASHBACK_SCN	用于将会话快照设置回以前状态的 SCN		
FLASHBACK_TIME	用于获取最接近指定时间的 SCN 的时间		
QUERY	用于导出表的子集的 select 子句		
RESUMABLE	遇到与空格相关的错误时挂起(N)		
RESUMABLE_NAME	用于标识可恢复语句的文体字符串		
RESUMABLE_TIMEOUT	RESUMABLE 的等待时间		
TTS_FULL_CHECK	对 TTS 执行完整的或部分相关性检查		
TABLESPACES	要导出的表空间列表		
TRANSPORT _TABLESPACE	导出可传输的表空间元数据(N)		
TEMPLATE	调用 iAS 模式导出的模板名		

需要说明的是：

· 只有拥有 EXP_FULL_DATABASE 权限的用户才能导出全部的数据库，或者导出其他用户的数据库对象和数据。

· 所有用户都可以在表和用户模式下导出数据。

· 当 file 参数没有指定绝对路径时，将在当前目录下生成导出文件。

在使用 exp 导出数据时，可以根据需要按三种不同的方式导出数据，即表模式、用户模式、完全数据库模式。

（1）表模式导出

导出数据库中特定用户所有的一个或几个指定的表。导出内容包括表结构定义、表数据、表拥有者的授权和索引、表完整性约束条件以及表上的触发器等。

使用表模式的关键字为 tables＝＜表名＞或 tables＝（＜表名 1＞，＜表名 2＞，…）。

例 10.1　导出 scott 账户下的 emp 表，导出文件名为 test.dmp。

C:\Documents and Settings\Administrator＞exp scott/tiger tables＝emp file＝test.dmp

（2）用户模式导出

导出属于一个或者几个用户的所有数据库对象和数据。导出内容包括该用户下所有表定义、表数据、表拥有者的授权和索引、表完整性约束条件以及表上的触发器等。

使用用户模式的关键字为 owner＝＜username＞。

例 10.2　导出 scott 账户下的数据库对象和数据，导出文件名为 test.dmp。

C:\Documents and Settings\Administrator＞exp scott/tiger owner＝scott file＝test.dmp

（3）完全数据库模式导出

导出整个数据库中除 sys 模式以外的所有数据库对象和数据。导出内容包括与表相关的定义、表数据、表拥有者的授权和索引、表完整性约束条件、表触发器等，还有表空间、角色等一些内容。

使用完全数据库模式的关键字为 full＝y。还可以通过设置关键字 inctype 的取值，进一步分为以下 3 种导出类型：

inctype＝Complete：完全导出，导出数据库的所有对象。此种类型为缺省设置。

inctype＝Incremental：增量导出，导出上次导出后修改的对象。

inctype＝Cumulative：累积导出，导出上次累积或完全导出后修改的对象。每次累积导出后，前面的增量导出不再需要。

例 10.3　导出所有的数据库对象和数据，导出文件名为 test.dmp。

C:\Documents and Settings\Administrator＞exp system/manager full＝y constraints＝y file＝test.dmp

说明：关键字 constraints＝y，保证了表的完整性约束条件也进行相关的输出。

例 10.4　导出所有的数据库对象而不导出数据，导出文件名为 test.dmp。

C:\Documents and Settings\Administrator＞exp system/manager full＝y rows＝no file＝test.dmp

参数 FULL＝Y，在与 ROWS＝N 一起使用时，可以导出整个数据库的结构。

2. imp(逻辑导入)命令

使用 imp 命令是从导出文件中读取所需数据库对象的定义和相关的数据，然后将它们导入到数据库中，以恢复数据库。

导出命令的基本格式如下：

IMP［username/password@数据库连接符］KEYWORD＝（value1，value2，…，valueN）其中，KEYWORD 是导入命令的一些参数名称，value 表示该参数的取值。

使用 imp 命令导入数据时,可以使用一些关键字。系统提供了这些关键字的使用说明。输入命令:

　　　　imp help＝y

会自动显示说明。如表 10.2 所示。

表 10.2　imp 参数描述

关键字	说明(默认)	关键字	说明(默认)
USERID	用户名/口令	FULL	导入整个文件(N)
BUFFER	数据缓冲区大小	FROMUSER	所有人用户名列表
FILE	输入文件(EXPDAT.DMP)	TOUSER	用户名列表
SHOW	只列出文件内容(N)	TABLES	表名列表
IGNORE	忽略创建错误(N)	RECORDLENGTH	IO 记录的长度
GRANTS	导入权限(Y)	INCTYPE	增量导入类型
INDEXES	导入索引(Y)	COMMIT	提交数组插入(N)
ROWS	导入数据行(Y)	PARFILE	参数文件名
LOG	屏幕输出的日志文件	CONSTRAINTS	导入限制(Y)
DESTROY	覆盖表空间数据文件(N)		
INDEXFILE	将表/索引信息写入指定的文件		
SKIP_UNUSABLE_INDEXES	跳过不可用索引的维护(N)		
FEEDBACK	每 x 行显示进度(0)		
TOID_NOVALIDATE	跳过指定类型 ID 的验证		
FILESIZE	每个转储文件的最大大小		
STATISTICS	始终导入预计算的统计信息		
RESUMABLE	在遇到有关空间的错误时挂起(N)		
RESUMABLE_NAME	用来标识可恢复语句的文本字符串		
RESUMABLE_TIMEOUT	RESUMABLE 的等待时间		
COMPILE	编译过程,程序包和函数(Y)		
STREAMS_CONFIGURATION	导入 Streams 的一般元数据(Y)		
STREAMS_INSTANITATION	导入 Streams 的实例化元数据(N)		

下列关键字仅用于可传输的表空间			
关键字	说明(默认)	关键字	说明(默认)
TRANSPORT_TABLESPACE	导入可传输的表空间元数据(N)		
TABLESPACES	将要传输到数据库的表空间		
DATAFILES	将要传输到数据库的数据文件		
TTS_OWNERS	拥有可传输表空间集中数据的用户		

需要说明的是:执行 IMP 命令的用户至少必须有 connect 特权,如果执行的是完全导入(full＝y),则必须具有 imp_full_database 特权。

　　在使用 imp 导入数据时,可以根据需要按 3 种不同的方式导入数据,即表模式、用户模式、完全数据库模式。

　　(1) 表模式导入

　　对导入文件中的一个或几个指定表的结构和数据进行导入。

　　表模式的导入并不要求导出文件一定是以表模式导出生成的,只要在导出文件中有该表的定义和相关的数据即可。需要指出的是导出时候的模式与导入的模式可能不是一个模式,所以需要指定 FROMUSER 和 TOUSER 参数,它们分别表示导出时模式对应的用户和导入时模式对应的用户。

　　例 10.5　将例 10.2 的导出文件 test. dmp 中 emp 表,导入到 hr 用户中。

　　C:\Documents and Settings\Administrator>imp system/manager fromuser=scott touser=hr tables=emp file=test. dmp

　　说明:这里要保证用户 scott 的 emp 表在 test. dmp 备份中,用户 hr 已经存在。

　　由于导入/导出可能的模式和方式都不一致,还有单纯导入一张表可能会有一些约束关系无法导入到当前的目标环境中,所以可能会出现一些警告信息,可不必在意。

　　(2) 用户模式导入

　　把某个用户的所有数据库对象和数据都导入到指定的另一个用户下。

　　例 10.6　将例 10.2 的导出文件 test. dmp 中所有数据库对象和数据,导入到 hr 用户中。

　　C:\Documents and Settings\Administrator>imp system/manager fromuser=scott touser=hr file=test. dmp

　　说明:这里要保证用户 hr 已经存在。

　　(3) 完全数据库模式导入

　　对整个数据库的所有数据库对象和数据进行导入。

　　例 10.7　将例 10.3 的导出文件 test. dmp 中所有数据库对象和数据进行导入。

　　C:\Documents and Settings\Administrator>imp system/manager full=y file=test. dmp

　　说明:这里要保证数据库是运行的,且有与原数据库相对应的表空间。

　　Oracle 的逻辑备份还可以使用 Oracle 企业管理器(Oracle Enterprise Manager,OEM),通过图形化界面中的导出工具和导入工具来完成数据库备份和恢复工作,本书不再作介绍,读者可以参阅 Oracle 书籍。

本 章 小 结

　　备份与恢复关系到数据库安全。数据库备份就是对数据库中重要的数据和信息进行复制,数据库恢复是指一旦发生故障后,把数据库恢复到故障发生前的正确状态,确保数据不会丢失。

　　数据库恢复子系统是 DBMS 的一个重要组成部分,而且还相当庞杂。数据库系统所采用的恢复技术是否行之有效,不仅对数据库系统的可靠程度起着决定性作用,而且对数据库系统的运行效率也有着很大影响,是衡量数据库系统性能优劣的重要指标。

　　数据库的恢复基本原理是重复存储数据库的数据,即"冗余"。建立冗余数据最常用的技术是数据转储和登录日志文件。数据库恢复的基本方法是利用数据转储的后备副本和日志文件。经常性地做数据库备份是数据库管理员的重要职责之一。

　　为加深对数据库恢复技术的理解,本章最后简单介绍了 Oracle 的备份与恢复技术,其中重点介绍了 Oracle 的逻辑备份与恢复技术。

习　　题

　　10.1　数据库运行中可能产生哪些类型的故障? 哪些故障影响事务的正常执行? 哪些故障破坏数据库数据?

　　10.2　什么是数据库的恢复? 数据库恢复的基本技术有哪些?

　　10.3　针对不同的故障类型(事务故障、系统故障和介质故障),试述恢复的策略和方法。

　　10.4　数据库转储的意义是什么? 试比较各种数据转储方法。

　　10.5　试述日志先写规则的内容,以及为什么该规则是必要的。

　　10.6　为什么采用具有检查点的恢复技术? 该技术有什么优点?

　　10.7　什么是数据库镜像? 数据库镜像的作用有哪些?

　　10.8　在 Oracle 环境中,需要把一台机器上 A 用户的数据迁移到另一台机器上的 B 用户中,请给出移植方案与步骤。

第11章　并发控制

　　数据库特点之一就是数据资源是共享的,可以由多个用户使用。为了充分利用数据库资源,应该允许多个用户程序并行地存取数据库。这样就会产生多个用户并发地存取同一数据的情况。如果多个用户同时操作一个数据库,同时操作一个基本表,甚至同时操作一条记录或同时操作一个字段,这些用户会不会发生冲突呢? 会不会破坏数据库数据的一致性,使用户得到一个不正确的数据呢?

　　当多个用户并发地存取数据库时就会产生多个事务同时存取同一数据的情况。若对并发操作不加控制或控制不当就可能会存取不正确的数据,破坏事务的隔离性和数据库的一致性。因此,在多用户环境中,DBMS 应该采取措施防止并发操作对数据库带来的危害。并发控制机制就是在多个事务对数据库并发操作情况下,对数据库的操作实行的管理和控制。

　　DBMS 的并发控制机制,就是负责协调并发事务的执行,保证数据库的完整性和一致性,避免用户得到不正确的数据。并发控制机制是衡量一个 DBMS 性能的重要标志之一。

11.1　并发控制概述

　　多个事务对数据库的并发操作会给数据库带来一些问题,主要有 3 类:丢失修改、不可重复读、读"脏"数据,如表 11.1 所示。

11.1.1　丢失修改(Lost Update)

　　两个事务 T_1 和 T_2 读入同一数据并修改,T_2 提交的结果破坏了 T_1 提交的结果,导致 T_1 的修改被丢失,如表 11.1(a)所示。我们考虑火车售票系统中的一个活动序列:

　　① 旅客甲来到 1♯售票窗口,购买 1 张 2009 年 1 月 1 日 T65 次列车的硬卧车票,售票员 1(事务 T_1)读出当日 T65 次列车的余票信息,设 $A=10$。

　　② 旅客乙来到 2♯售票窗口,购买 1 张 2009 年 1 月 1 日 T65 次列车的硬卧车票,售票员 2(事务 T_2)也读到了当日 T65 次列车相同的余票信息,$A=10$。

　　③ 售票员 1 售给旅客甲一张当日 T65 次列车 15 车厢 9 号下铺的硬卧票,修改余票额 $A \leftarrow A-1$,所以 A 为 9,把 A 写回数据库。

　　④ 售票员 2 也卖给旅客乙一张当日 T65 次列车 15 车厢 9 号下铺的硬卧票,修改余票额 $A \leftarrow A-1$,所以 A 仍为 9,把 A 写回数据库。

结果明明把 2009 年 1 月 1 日 T65 次列车 15 车厢 9 号下铺的硬卧票售出了两张,而数据库中当日该车次的硬卧票余票额却只减少了 1,同一张卧铺票售给了两个人。

表 11.1　三类数据不一致性

时间	(a) 丢失修改		(b) 不可重复读		(c) 读"脏"数据	
	事务 T_1	事务 T_2	事务 T_1	事务 T_2	事务 T_1	事务 T_2
1	读 $A=10$		读 $B=10$		读 $C=10$	
2		读 $A=10$	读 $B=10$		$C \leftarrow C \times 5$	
3	$A \leftarrow A-1$			$B \leftarrow B \times 5$	写回 $C=50$	
4		$A \leftarrow A-1$		写回 $B=50$		读 $C=50$
5	写回 $A=9$		读 $B=50$			
6		写回 $A=9$	(两次读取的值不一样)		rollback (C 恢复为 10)	
7						
8						

11.1.2　不可重复读(Non-Repeatable Read)

不可重复读也称不一致分析问题。很多应用可能需要校验功能,这时往往需要连续两次或多次读数据进行校验分析,由于有其他事务的干扰,使得前后结果不一致,从而产生校验错误。如在表 11.1(b)中,事务 T_1 读取数据后,事务 T_2 执行更新操作,使 T_1 无法再现前一次读取结果。具体地讲,不可重复读包括 3 种情况:

① 事务 T_1 读取某一数据后,事务 T_2 对其做了修改,当事务 T_1 再次读该数据时,得到与前一次不同的值。例如,在表 11.1(b)中,T_1 读取 $B=10$ 进行运算,T_2 读取同一数据 B,对其进行修改后将 $B=50$ 写回数据库。T_1 为了对读取值校对重读 B,B 已为 50,与第一次读取值不一致。

② 事务 T_1 按一定条件从数据库中读取了某些数据记录后,事务 T_2 删除了其中部分记录,当 T_1 再次按相同条件读取数据时,发现某些记录神秘地消失了。

③ 事务 T_1 按一定条件从数据库中读取某些数据记录后,事务 T_2 插入了一些记录,当 T_1 再次按相同条件读取数据时,发现多了一些记录。

后两种不可重复读的情况也称为"幻影"(Phantom Row)现象。

11.1.3　读"脏"数据(Dirty Read)

读"脏"数据也称为提交依赖问题,是指事务 T_1 修改某一数据,但尚未提交(Commit),事务 T_2 读取同一数据后,T_1 由于某种原因被撤销,这时 T_1 已修改过的数据恢复原值,T_2 读到的数据就与数据库中的数据不一致,则 T_2 读到的数据就为"脏"数据,即不正确的数据。例如,在表

11.1(c)中，T_1 读取 $C=10$ 进行运算将 C 值修改为 50，T_2 读取 $C=50$，而 T_1 由于某种原因撤销本次的修改，C 恢复原值 $C=10$。但 T_2 读到的 C 为 50，与数据库内容（$C=10$）不一致，这就是"脏"数据。

在数据库技术中，把未提交的随后又被撤销的更新数据称为"脏"数据。

产生上述 3 类数据不一致性的主要原因是并发操作破坏了事务的隔离性。并发控制就是要用正确的方式调度并发操作，保证事务的隔离性，使一个用户事务的执行不受其他事务的干扰，从而避免造成数据的不一致性。

并发控制的主要技术是封锁（Locking）等方法。

11.2 封 锁

封锁是实现并发控制的一个非常重要的技术。其基本思想很简单：即当一个事务需要存取一个数据对象（基本表、若干元组或若干个数据项）时，事务必须获得该对象的某种控制权，以避免来自其他事务的干扰，使得其他事务无法访问该对象，尤其是阻止其他事务更新该对象。

11.2.1 封锁机制

所谓封锁就是事务 T 在对某个数据对象（如基本表、若干元组或若干个数据项）等操作之前，先向系统发出请求，对其加锁。加锁后事务 T 就对该数据对象有了一定的控制，在事务 T 释放它的锁之前，其他的事务不能更新此数据对象。

一个好的 DBMS 应该可以在同一时刻允许尽可能多的用户访问某个数据对象，即并发性，而且还要保证操作结果的正确性，即数据一致性。

DBMS 采用的基本的封锁类型有两种：排他锁（Exclusive Locks，简记为 X 锁）和共享锁（Share Locks，简记为 S 锁）。

排他锁：又称为写锁。若事务 T 对数据对象 A 加上 X 锁，则只允许 T 读取和修改 A，其他任何事务都不能再对 A 加任何类型的锁，直到 T 释放 A 上的锁。这就保证了其他事务在 T 释放 A 上的锁之前不能再读取和修改 A。

共享锁：又称为读锁。若事务 T 对数据对象 A 加上 S 锁，则事务 T 可以读 A，但不能修改 A，其他事务只能再对 A 加 S 锁，而不能加 X 锁，直到 T 释放 A 上的 S 锁。这就保证了其他事务可以读 A，但在 T 释放 A 上的 S 锁之前不能对 A 做任何修改。

我们约定：使用 Lock X(A) 表示对数据对象 A 实现 X 封锁，如果 X 封锁没有获准，那么事务进入等待状态，等待封锁获准后，事务重新执行 Lock X(A) 操作。使用 Lock S(A) 表示对数据对象 A 实现 S 封锁。如果 S 封锁没有获准，那么事务进入等待状态，等待封锁获准后，事务重新执行 Lock S(A) 操作。使用 Upgrade 表示当事务获准对数据对象 A 的 S 封锁后，在数据对象 A 的修改前把 S 封锁升级为 X 封锁。使用 Unlock (A) 表示释放数据对象 A 上的任何封锁。

T_2 ＼ T_1	X锁	S锁	—
X锁	N	N	Y
S锁	N	Y	Y
—	Y	Y	Y

图 11.1　封锁类型的相容矩阵

X锁和S锁的控制方式可用锁类型相容矩阵（Compatibility Matrix）表示，如图 11.1 所示。该相容矩阵解释如下："Y"＝Yes，表示相容，封锁请求被满足；"N"＝No，表示冲突，封锁请求不能被满足。如果两个封锁是不相容的，后提出封锁请求的事务要等待；"—"，表示未加任何封锁。

11.2.2　封锁协议

在运用X锁和S锁这两种基本封锁，对数据对象加锁时，还需要约定一些规则，例如，应何时申请X锁或S锁、持锁时间、何时释放等。称这些规则为封锁协议（Locking Protocol）。对封锁方式规定不同的规则，就形成了各种不同级别的封锁协议。

① 事务 T_1 在读数据对象 A 时，需获得该对象上的S锁。

② 事务 T_1 在更新数据对象 A 时，需获得该对象上的X锁；如果事务 T_1 先前已获得了该数据对象上的S锁，必须将其从S锁升级到X锁。

③ 如果另一事务 T_2 的申请锁请求因为事务 T_1 已具有的锁冲突而被拒绝，事务 T_2 将处于等待状态，直至获得所需要的锁。

④ X锁将一直保持到事务结束（Commit 或 Rollback）。根据不同的封锁级别要求，S锁或者保持到事务结束，或者读完数据对象后释放。

下面分析使用封锁协议如何解决 3 类不一致性问题，如表 11.2 所示。

1. 丢失修改问题

在表 11.2(a)中，事务 T_1 在读取数据对象 A 进行修改之前先对 A 加X锁，当事务 T_2 读取数据对象 A 进行修改之前也要先请求对 A 加X锁，由于锁冲突被拒绝，T_2 事务等待。T_1 完成修改操作并 Commit 后，T_1 释放 A 上的X锁，使 T_2 获得 A 的X锁可以继续运行下去，此时再读取 $A＝9$ 按此新的值运算，得到结果值 $A＝8$，保存并 Commit，避免了丢失 T_1 的修改。

2. 不可重复读问题

在表 11.2(b)中，事务 T_1 在读取数据对象 A、B 之前先对 A、B 加S锁，当事务 T_2 读取数据对象 B 进行修改之前要先请求对 B 加X锁，由于锁冲突被拒绝，T_2 事务等待。T_1 完成验算操作并 Commit 后，T_1 释放 A、B 上的S锁，使 T_2 获得 B 的X锁可以继续运行下去，避免了事务 T_1 的不可重复读问题。

3. 读"脏"数据问题

在表 11.2(c)中，事务 T_1 在读取数据对象 C 进行修改之前先对 C 加X锁，当事务 T_2 读取数据对象 C 之前也要先请求对 C 加S锁，由于锁冲突被拒绝，T_2 事务等待。T_1 做出 Rollback 后，T_1 释放 C 上的X锁，使 T_2 获得 C 的S锁，读取 $C＝10$，避免了事务 T_2 读"脏"数据。

表 11.2　使用封锁协议解决 3 类数据不一致性

	(a) 无丢失修改		(b) 可重复读		(c) 不读"脏"数据	
时间	事务 T_1	事务 T_2	事务 T_1	事务 T_2	事务 T_1	事务 T_2
1	Lock X(A)		Lock S(A)		Lock X(C)	
2	读 A=10		Lock S(B)		读 C=10	
3		Lock X(A)	读 A=50		C←C×5	
4	A←A−1	Wait	读 B=10		写回 C=50	
5	写回 A=9	Wait	A←A+B			Lock S(C)
6	Commit	Wait	(A=60)			Wait
7	UnLock (A)	Wait		Lock X(B)	Rollback	Wait
8		重做 Lock X(A)	读 A=50	Wait	(C 恢复为 10)	Wait
9		读 A=9	读 B=10	Wait	UnLock (C)	Wait
10		A←A−1	A←A+B	Wait		重做 Lock S(C)
11		写回 A=8	Commit	Wait		读 C=10
12		Commit	(UnLock A)	Wait		Commit
13		UnLock (A)	(UnLock B)	Wait		UnLock (C)
14			重做 Lock X(B)	Wait		
15			读 B=10	Wait		
16			B←B×2	Wait		
17			写回 B=20	Wait		
18			Commit			
19			UnLock (B)			

采用封锁技术解决不一致性问题,排除的不一致性种类越多,则并发度就越低,系统开销就越大,效率也越低。因此在具体实现中,通常把一致性分为 3 个等级,根据不同的要求选择应达到的级别。

1 级一致性:对事务 T 为修改数据对象 A 建立的 X 锁直到事务结束才释放,解决丢失修改问题。

2 级一致性:在 1 级一致性的基础上再加上事务 T 为读取数据对象 A 建立的 S 锁,读完后即可释放 S 锁,解决丢失修改和读"脏"数据问题。

3 级一致性:对事务 T 为数据对象 A 建立的 X 锁和 S 锁都直到整个事务结束之后才释放,解决了全部的不一致性问题。

3 个级别的封锁协议及其一致性保证如表 11.3 所示。

表 11.3　不同级别的封锁协议

封锁协议级别	X 锁		S 锁	一致性保证		
	事务结束释放	操作结束释放	事务结束释放	不丢失修改	不读"脏"数据	可重复读
1 级	√			√		
2 级	√	√		√	√	
3 级	√		√	√	√	√

11.3　死　　锁

封锁的目的是为了避免干扰,但是如果封锁不当,则会引发另外的问题,主要为死锁。

11.3.1　产生死锁的原因

表 11.4　死锁的示例

时间	事务 T_1	事务 T_2
1	Lock X(A)	
2		Lock X(B)
3	读 A=10	
4		读 B=20
5	Lock X(B)	
6	Wait	Lock X(A)
7	Wait	Wait
8	Wait	Wait

假设两个更新事务 T_1 和 T_2,事务 T_1 封锁了数据对象 A,T_2 封锁了数据对象 B,然后 T_1 又请求封锁 B,因 T_2 已封锁了 B,于是 T_1 等待 T_2 释放 B 上的锁。接着 T_2 又申请封锁 A,因 T_1 已封锁了 A,T_2 也只能等待 T_1 释放 A 上的锁。这样就出现了 T_1 在等待 T_2(释放 B 的 X 锁),而 T_2 又在等待 T_1(释放 A 的 X 锁)的局面,T_1 和 T_2 两个事务永远不能结束,形成死锁。如表 11.4 所示。

死锁发生时两个或多个事务同时处于等待状态,每个事务都在等待其他的事务释放锁使其可以继续执行下去。产生死锁的结果可能会使两个或多个事务无限期地等待下去,如果不能及时发现并解决死锁问题,可能会认为系统出错或死机,而这是不允许出现的。

有两种解决死锁的方法,即预防死锁发生的方法和死锁的诊断与解除方法

11.3.2　死锁的预防

在数据库中,产生死锁的原因是两个或多个事务都已封锁了一些数据对象,然后又都请求对已被其他事务封锁的数据对象加锁,从而出现死循环等待。防止死锁的发生其实就是要破坏产生死锁的条件。

预防死锁通常有两种方法:

(1) 一次封锁法

一次封锁法要求每个事务必须一次将所有要使用的数据全部加锁,否则就不能继续执行。一次封锁法虽然可以有效地防止死锁的发生,但存在以下两个问题:

· 扩大了封锁的范围,从而降低了系统的并发度;

· 数据库中数据是不断变化的,所以很难事先精确地确定每个事务所要封锁的数据对象。

(2) 顺序封锁法

顺序封锁法是预先对数据对象规定一个封锁顺序,所有事务都按这个顺序实行封锁。顺序封锁法可以有效地防止死锁,但也同样存在以下两个问题:

· 数据库中封锁的数据对象极多,且是不断地变化,要维护这样的资源的封锁顺序非常困难,成本很高。

· 事务的封锁请求可以随着事务的执行而动态地决定,很难事先确定每一个事务要封锁哪些对象,因此也就很难按规定的顺序去施加封锁。

可见,采用预防死锁的策略并不适合数据库的特点,因此 DBMS 在解决死锁的问题上普遍采用的是诊断并解除死锁的方法。

11.3.3 死锁的诊断与解除

在数据库上不可能完全避免发生死锁,因此系统必须能够发现死锁,并在发现死锁后能够解除死锁。

数据库系统中诊断死锁发生的方法一般使用超时法和事务等待图法。

(1) 超时法

如果一个事务的等待时间超过了规定的时限后就认为发生了死锁。超时法实现简单,但非常不可靠。一是有可能误判死锁,事务因为其他原因使等待时间超过时限,系统会误认为发生了死锁。二是时限若设置得太长,死锁发生后不能及时发现。

(2) 事务等待图法

发现死锁的有效方法是等待图法,即通过有向图判定事务是否是可串行化的,如果是则说明没有发生死锁,否则说明发生了死锁。具体方法是:事务等待图是一个有向图 $G=(T,U)$。T 为结点的集合,每个结点表示正运行的事务;U 为有向边的集合,每条有向边表示事务等待的情况。若 T_1 等待 T_2,则 T_1、T_2 之间划一条有向边,从 T_1 指向 T_2,如图 11.2 所示。事务等待图动态地反映了所有事务的等待情况。并发控制子系统周期性地(比如每隔 1 分钟)检测事务等待图,如果发现图中存在回路,则表示系统中出现了死锁。在图 11.2 中,事务 T_1 等待 T_2,T_2 等待 T_3,T_3 等待 T_4,T_4 等待 T_2,其中事务 T_2、T_3、T_4 形成了一个等待的回路,从而说明发生了死锁。

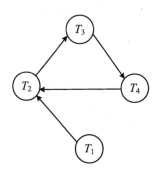

图 11.2 事务等待图

DBMS 的并发控制子系统一旦检测到系统中存在死锁,就要设法解除。通常采用的方法是选择一个"年轻"(完成工作量少)的事务,将其撤销,释放此事务持有的所有的锁,使其他"年老"(完成工作量多)的事务得以继续运行下去。当然,对撤销的"年轻"事务所执行的数据修改操作必须加以恢复。如图 11.2 所示的事务等待图,撤销事务 T_2、T_3 和 T_4 中的任何一个事务,都可以使其他事务继续执行,数据库系统会平衡代价,以最小的代价完成所有的事务。

11.4　并发调度和可串行性

计算机系统对并发事务中并发操作的调度是随机的,而不同的调度可能会产生不同的结果,那么哪个结果是正确的,哪个是不正确的呢?

通常把并发操作的若干事务的全部事务步按某一顺序排定的运行次序称作调度。把执行完一个事务的所有操作以后才去执行下一个事务的操作,称作串行调度(Serial Schedule),而把利用分时的方法同时处理多个事务的操作,称作并发调度(Concurrent Schedule)。

如果一个事务运行过程中没有其他事务同时运行,也就是说它没有受到其他事务的干扰,那么就可以认为该事务的运行结果是正常的或者预想的。因此将所有事务串行起来的调度策略一定是正确的调度策略。虽然以不同的顺序串行执行事务可能会产生不同的结果,但由于不会将数据库置于不一致状态,所以都是正确的。但是,多个事务的并行执行和串行执行的结果不一定相同。

定义:多个事务的并发执行是正确的,当且仅当其结果与按某一次序串行地执行它们时的结果相同。我们称这种调度策略为可串行化(Serializable)的调度。

例如,现在有两个事务,分别包含下列操作:

事务 T_1:读 B;$A=B+1$;写回 A;

事务 T_2:读 A;$B=A+1$;写回 B;

假设 A、B 的初值均为 2。按 $T_1 \rightarrow T_2$ 的次序执行,结果为 $A=3$、$B=4$;按 $T_2 \rightarrow T_1$ 的次序执行,结果为 $B=3$、$A=4$。

表 11.5 给出了对这两个事务的 3 种不同的调度策略。

表 11.5　两个并发事务的 4 种调度策略

时间	(a) 串行调度		(b) 串行调度		(c) 不可串行化调度		(d) 可串行化调度	
	事务 T_1	事务 T_2	事务 T_1	事务 T_2	事务 T_1	事务 T_2	事务 T_1	事务 T_2
1	Lock S(B)			Lock S(A)	Lock S(B)		Lock S(B)	
2	读 $Y=B(=2)$			读 $Z=A(=2)$	读 $Y=B(=2)$		读 $Y=B(=2)$	
3	UnLock (B)			UnLock (A)	UnLock (B)		UnLock (B)	
4	Lock X(A)			Lock X(B)		Lock S(A)	Lock X(A)	
5	$A \leftarrow Y+1$			$B \leftarrow Z+1$		读 $Z=A(=2)$		Lock S(A)
6	写回 $A=3$			写回 $B=3$		UnLock (A)		wait
7	Commit			Commit	Lock X(A)			wait
8	Unlock (A)			UnLock (B)	$A \leftarrow Y+1$		$A \leftarrow Y+1$	wait
9		Lock S(A)	Lock S(B)		写回 $A=3$		写回 $A=3$	wait

续表

时间	(a) 串行调度		(b) 串行调度		(c) 不可串行化调度		(d) 可串行化调度	
	事务 T_1	事务 T_2	事务 T_1	事务 T_2	事务 T_1	事务 T_2	事务 T_1	事务 T_2
10		读 $Z=A(=3)$	读 $Y=B(=3)$			Lock X(B)	Commit	wait
11		Unlock (A)	Unlock (B)			$B \leftarrow Z+1$	UnLock (A)	wait
12		Lock X(B)	Lock X(A)			写回 B=3		重做 Lock S(A)
13		$B \leftarrow Z+1$	$A \leftarrow Y+1$		Commit			读 $Z=A(=3)$
14		写回 B=4	写回 A=4		Unlock (A)		Unlock (A)	
15		Commit	Commit			Commit		Lock X(B)
16		UnLock (B)	UnLock (A)			UnLock (B)		$B \leftarrow Z+1$
17								写回 B=4
18								Commit
19								UnLock (B)
20								

表 11.5 中，(a)和(b)为两种不同的串行调度策略，虽然执行结果不同，但它们都是正确的调度。(c)中两个事务是交错执行的，由于其执行结果与串行调度(a)、(b)的结果都不同，所以是错误的调度，是一个不可串行化的调度。(d)中两个事务也交错执行，其执行结果与串行调度(a)的执行结果相同，所以是正确的调度，是一个可串行化的调度，但它本身不是串行调度。

为了保证并发操作的正确性，DBMS 的并发控制机制必须提供一定的手段来保证调度是可串行化的。目前 DBMS 普遍采用封锁方法实现并发操作调度的可串行性，从而保证调度的正确性。

确定一个调度是否为可串行化调度有一个简单的算法。大多数并发控制方法并不真正测试可串行性，而遵守某种协议或规则保证一个调度是可串行化的。两段锁(Two-Phase Locking，简称 2PL)协议就是保证并发调度可串行性的封锁协议。除此之外还有其他一些方法，如时标方法、乐观方法等来保证调度的正确性。

11.5 两段锁协议

保证调度可串行化的一个协议是两阶段封锁协议(Two-Phase Locking Protocol)，该协议要求每个事务分两个阶段对数据项加锁和解锁：

① 增长阶段(growing phase)：事务可以获得锁，但不能释放锁。

② 缩减阶段(shrinking phase)：事务可以释放锁，但不能获得锁。

所谓"两段"锁的含义是，事务分为两个阶段，第一阶段是获得封锁，也称为扩展阶段。在这个阶段，事务可以申请获得任何数据项上的任何类型的锁，但是不能释放任何锁。第二阶段是释放封锁，也称为收缩阶段。在这个阶段，事务可以释放任何数据项上的任何类型的锁，但是不能再申请任何其他封锁。

例如,事务 T_1 遵守两段锁协议,其封锁序列如表 11.6(a) 所示;又如事务 T_2 不遵守两段锁协议,其封锁序列如表 11.6(b) 所示。

表 11.6　并发事务的两种调度策略

(a) 遵守两段锁协议		(b) 不遵守两段锁协议	
时间	事务 T_1	时间	事务 T_1
1	Lock X(A)	1	Lock X(A)
2	读 A=10	2	读 A=10
3	A←A−5	3	A←A−5
4	写回 A=5	4	写回 A=5
5	Lock X(B)	5	UnLock (A)
6	读 B=10	6	Lock X(B)
7	B←B+5	7	读 B=20
8	写回 B=25	8	B←B+5
9	UnLock (A)	9	写回 B=25
10	UnLock (B)	10	UnLock (B)

可以证明,若并发执行的所有事务均遵守两段锁协议,则对这些事务的任何并发调度策略都是可串行化的。

需要说明的是,事务遵守两段锁协议是可串行化调度的充分条件,而不是必要条件。即若并发事务都遵守两段锁协议,则对这些事务的任何并发调度策略都可串行化;但是若并发事务的一个调度策略是可串行化的,不一定所有事务都符合两段锁协议。例如表 11.5(d) 是可串行化调度,但 T_1 和 T_2 不遵守两段锁协议。

另外要注意两段锁协议和防止死锁的一次封锁法的异同之处。一次封锁法要求每个事务必须一次将所有要使用的数据全部加锁,否则就不能继续执行,因此一次封锁法遵守两段锁协议;但是两段锁协议并不要求事务必须一次将所有要使用的数据全部加锁,因此遵守两段锁协议的事务可能发生死锁,如表 11.7 所示。

表 11.7　遵守两段锁协议的事务可能发生死锁

时间	事务 T_1	事务 T_2
1	Lock X(A)	
2	读 A=10	
3	A←A−5	
4	写回 A=5	
5		Lock X(B)
6		读 B=20
7		Lock X(A)
8	Lock X(B)	

11.6 封锁的粒度

11.6.1 封锁的粒度

封锁对象的大小称为封锁粒度(Granularity)。封锁的对象可以是基本表、元组,也可以是数据项,甚至是整个数据库。封锁的对象还可以是这样一些物理单元,如数据页或数据块等。

封锁粒度与系统的并发度和并发控制的开销密切相关。直观地看,封锁的粒度越大(例如表),限制了其他事务对封锁对象(例如表)中任意部分进行访问,降低了操作的并发性,但系统开销也小,因为不需要太多的封锁,从而需要维护的锁较少;反之,封锁的粒度越小(例如元组),提高了并发操作的性能,但系统开销也较大。这是因为如果封锁的粒度小,则意味着需要的锁多,从而需要系统控制更多的锁。

例如,事务 T 需要访问一个表,如果封锁的对象为元组,则事务 T 必须对表中的每个元组加锁。显然执行这些加锁是很费时的。要是 T 能够只要发出一个封锁表的封锁请求,则封锁效率就会大大提高。再如,如果使用页级封锁并且事务只要更新一行,该事务将独占地封锁含有该事务要更新的行的整个页(即数据块),这意味着该页中所有的行都将被加了 X 锁而排斥其他事务,导致较低的并发度。另一方面,如果事务 T 只需访问少量几个元组,也就不应该给整个表加锁,否则就会大大降低并发性。

因此,如果在一个系统中同时支持多种封锁粒度供不同的事务选择是比较理想的,这种封锁方法称为多粒度封锁(Multiple Granularity Locking)。选择封锁时,既要考虑封锁开销成本,又要提高并发操作的性能。因此,在并发事务中根据需要设置不同的粒度的封锁,并适当选择封锁粒度以求得最优的效果。

一般说来,需要处理大量元组的事务可以以关系为封锁粒度;需要处理多个关系的大量元组的事务可以以数据库为封锁粒度;而对于一个处理少量元组的用户事务,以元组为封锁粒度就比较合适了。

假设事务 T 申请对象 R 上的 X 锁,在接受事务 T 的申请之前,数据库管理系统必须能判断出其他事务是否已拥有该对象 R 的任何子结点上的锁,如果该对象 R 的某一子结点上确实拥有一个锁,则事务 T 的请求此时无法满足。系统怎样才能检测出这样的冲突? 显然,逐个检查该对象 R 的每一个子结点是否被其他的某个事务锁住,这样的检查方法是不明智的,效率很低。为此人们引进了一种新型锁,称为意向锁(Intention Lock)。

11.6.2 意向锁

为了降低封锁的成本,提高并发的性能,DBMS 还支持一种意向锁(Intention Lock)。所谓意向锁就是表示一种封锁意向,其含义是如果对一个结点加意向锁,则说明该结点的下层结点正在被加锁；对任一结点加锁时，必须先对它的上层结点加意向锁。

　　例如，对表中的任一元组加锁时，必须先对它所在的表加意向锁，然后再对该元组加锁。这样一来，事务对表加锁时，就不再需要检查表中每行是否被加锁了，系统效率得以大大提高。

　　当事务 T 要对关系（表级）R 加 X 锁时，系统只要检查根结点数据库和关系 R 是否已加了不相容的锁，而不再需要搜索和检查 R 中的每一个元组是否加了锁。意向锁可以提高性能，因为系统仅在表级检查意向锁来确定是否可以安全地获取该表上的锁，而无须检查表中的每个元组上的锁，以确定事务是否可以封锁整个表。

　　由两种基本的锁类型（S 锁、X 锁），可以自然地派生出 3 种意向锁：

　　（1）"IS"锁

　　意向共享锁（Intent Share Lock，简称 IS 锁）：如果要对一个数据库对象加 S 锁，首先要对其上级结点加 IS 锁，表示它的后裔结点拟（意向）加 S 锁；

　　例如，要对某个元组加 S 锁，则要首先对关系和数据库加 IS 锁。

　　（2）"IX"锁

　　意向排他锁（Intent Exclusive Lock，简称 IX 锁）：如果要对一个数据库对象加 X 锁，首先要对其上级结点加 IX 锁，表示它的后裔结点拟（意向）加 X 锁。

　　例如，要对某个元组加 X 锁，则要首先对关系和数据库加 IX 锁。

　　（3）"SIX"锁

　　共享意向排他锁（Shared Intent Exclusive Lock，简称 SIX 锁）：如果对一个数据对象加 SIX 锁，表示数据对象本身加 S 锁，在该数据对象的某些子节点上再加 X 锁。

　　例如：事务对某个表加 SIX 锁，则表示该事务要读整个表（所以要对该表加 S 锁），同时会更新个别行（所以要对该表加 IX 锁）。

	IS	S	IX	SIX	X
IS	Y	Y	Y	Y	N
S	Y	Y	N	N	N
IX	Y	N	Y	N	N
SIX	Y	N	N	N	N
X	N	N	N	N	N

图 11.3　包括意向锁的相容矩阵

　　图 11.3 给出了这些锁的相容矩阵。该相容矩阵中："Y"=Yes，表示相容，封锁请求被满足；"N"=No，表示冲突，封锁请求不能被满足。

　　具有意向锁的多粒度封锁方法中任意事务 T 要对一个数据对象加锁，必须先对它的上层结点加意向锁。申请封锁时应该按自上而下的次序进行；释放封锁时则应该按自下而上的次序进行。

　　具有意向锁的多粒度封锁方法提高了系统的并发度，减少了加锁和解锁的开销，它已经在实际的数据库管理系统产品中得到广泛应用，例如，Oracle 数据库系统就采用了这种封锁方法。

11.7　Oracle 的并发控制

　　简单介绍 Oracle 数据库系统中的并发控制机制。Oracle 支持的并发控制机制具有一些优秀特性。

Oracle 本身具有自动并发控制系统,也是采用封锁技术保证并发操作的可串行性。Oracle 为事务自动地封锁某些资源,以防止其他事务对同一资源的排他封锁。当某种时间出现或事务不再需要资源时,封锁自动解除。

Oracle 自动获取不同类型的封锁取决于封锁的资源及其所执行的操作。Oracle 的封锁分为:数据锁(DML 锁)和字典锁(DDL 锁)等其他 5 种类型封锁。在 Oracle 中最主要的锁是 DML 锁。DML 锁保护表数据,在多个用户并发访问数据时保证数据的完整性。

从封锁粒度的角度看,Oracle DML 锁共有两个层次,即行级锁和表级锁。Oracle 中用行级锁防止 DML 操作引起的不一致性,用表级锁防止冲突的 DML 和 DDL 操作的破坏性干扰。

Oracle 的 DML 锁正是采用了上面提到的多粒度封锁方法。需要注意的是,Oracle 在行级只提供一种锁(即 X 锁),但其表级锁类型共有 5 种,分别称为共享锁(S 锁)、排他锁(X 锁)、行级共享锁(RS 锁)、行级排他锁(RX 锁)、共享行级排他锁(SRX 锁)。Oracle 的 RS 锁、RX 锁、SRX 锁实际上就是前面介绍的 IS 锁、IX 锁、SIX 锁,Oracle 的 DML 锁的相容矩阵与图 11.3 所示的意向锁相容矩阵完全相同。

下面介绍 Oracle 数据访问时的封锁情况。

Oracle 只在修改时才对数据加锁。当一个事务试图对某一行数据进行更新操作,Oracle 便自动获取对该数据的封锁以防止可能的破坏性冲突。首先 Oracle 为表申请加 RX 锁,然后为更新的行申请加 X 锁。由于两个事务更新不同的行并不会发生冲突,所以 Oracle 允许两个事务访问同一个表,且各自更新数据。如果两个事务试图更新同一行,会产生破坏性冲突,那么只有申请锁且最先得到锁的事务才可以运行,其他的事务必须等待那个事务运行结束(Commit 或 Rollback)。

在 Oracle 数据库中,单纯地读数据(Select)并不获取任何类型的封锁。这意味着两个事务能够同时发出完全相同的查询请求,而不存在对同一行的竞争。读数据时不加锁,也意味着一个查询永远不会封锁一个更新,反之亦然,该特性允许了更高的并发度。但是,如果 Oracle 没有代表读的封锁,又是怎样返回准确的结果呢?

实际上,Oracle 具有一个多版本(Multi-versioning)机制。对于每一个查询,Oracle 会利用多版本来得到查询结果。就是利用存储在回退段(Rollback Segment)中的数据,为查询生成读取一致的数据快照(结果集合),而此数据快照是基于时间点的一个版本,也就是查询开始时那个时间点的结果,然后完成查询,保证了事务不读"脏"数据和可重复读。

Oracle 自动监测死锁,当发现死锁时,则撤销执行更新操作次数最少的事务。

本 章 小 结

数据库的重要特征之一是能为多个用户提供数据共享。由于数据共享引起的并发操作会带来数据的三类不一致性问题。数据库管理系统必须提供并发控制机制来协调并发用户的并发操作以保证并发事务的隔离性,保证数据库的一致性。

数据库的并发控制以事务为单位,通常使用封锁技术实现并发控制。本章介绍了两类最常用的封锁和有关的封锁协议。不同的封锁和不同级别的封锁协议所提供的系统一致性保证是不同的,提供数据共享度也是不同的。但是对数据对象施加封锁,会带来活锁和死锁问题。

封锁粒度与系统的并发度和并发控制的开销密切相关。为了降低封锁的成本,提高并发的性能,引入了意向锁的概念。其含义是如果对一个结点加意向锁,则说明该结点的下层结点正在被加锁;对任一结点加锁时,必须先对它的上层结点加意向锁。

并发控制机制调度并发事务操作是否正确的判别准则是可串行性,两段锁协议是可串行化调度的充分条件,但不是必要条件。因此,两段锁协议可以保证并发事务调度的正确性。

本章最后简单介绍了 Oracle 的并发控制机制。Oracle 只在修改数据时才对数据加锁,单纯地读数据并不获取任何类型的封锁,而是利用多版本来得到查询结果。该特性允许了更高的并发度。

习　题

11.1　并发操作可能会产生哪几类数据不一致性? 用什么方法能避免各种不一致的情况?

11.2　为什么 DML 只提供解除 S 封锁的操作,而不提供解除 X 封锁的操作?

11.3　为什么有些封锁需保留到事务终点,而有些封锁可随时解除?

11.4　什么是调度、串行调度、并发调度与可串行性化调度?

11.5　请给出检测死锁发生的一种方法,当发生死锁后如何解除死锁?

11.6　试给出一个例子:并发事务的一个调度是可串行化的,但并不遵守两段锁协议。

11.7　设 T_1、T_2、T_3 是如下的 3 个事务:

$T_1: A := A + 2$;

$T_2: A := A * 2$;

$T3: A := A * * 2 (A \leftarrow A^2)$

设 A 的初值为 0。

① 若这三个事务允许并发执行,则有多少种可能的正确结果? 请一一列举出来;

② 请给出一个可串行化的调度,并给出执行结果;

③ 请给出一个非串行化的调度,并给出执行结果;

④ 若这 3 个事务都遵守两段锁协议,请给出一个不产生死锁的可串行化调度;

⑤ 若这 3 个事务都遵守两段锁协议,请给出一个产生死锁的调度。

11.8　为什么要引进意向锁? 意向锁的含义是什么?

11.9　简述你所了解的 Oracle 的并发控制机制。

第 12 章　数据库完整性

在数据库投入运行后,应该保证数据库中的数据是正确的和可靠的,避免非法的更新。数据库中的数据发生错误,往往是由非法的更新和各类故障引起的。

数据库完整性受到破坏的常见原因有以下一些:

① 错误的数据:数据本身就是错误的,输入时就输入了错误数据。

② 错误的更新操作:数据原来是正确的,由于操作或程序的错误,造成输入时变成错误的数据。

③ 人为故意的破坏。

④ 各类软硬件故障:在执行事务的过程中发生软硬件故障,使得事务不能正常完成,数据发生错误。

⑤ 并发操作:多个事务的并发执行产生不正确的数据。

对于上述可能产生的数据错误,数据库管理系统必须提供一种或多种功能来保证数据库中数据是正确的。上述第③种情况由数据库的安全子系统解决;第④种情况由数据库的恢复子系统解决;第⑤种情况由数据库的并发控制子系统解决;而对于第①和第②种情况则由数据库的完整性子系统解决。

12.1　完整性子系统

简单地说,数据库完整性就是保证数据库中数据的正确和一致,使数据库中的数据在任何时候都是有效的。数据库完整性(Integrity)包括数据的正确性(Correctness)、准确性(Accuracy)和有效性(Validity)等几方面的含义。需要注意的是,数据的安全性和完整性是两个不同概念,前者是保护数据库防止恶意的破坏和非法的存取,防范非法用户和非法操作;后者是防止错误的数据输入和更新,防范不合语义的、不正确的数据进入数据库。

现代数据库管理系统一般有完整性子系统,负责处理数据库的完整性语义约束的定义和检查,防止因错误的更新操作产生的不一致性。DBMS 的完整性子系统应具有 3 个功能:

1. 完整性约束条件定义机制

DBMS 提供定义数据库完整性约束条件的机制,对某些数据规定一些语义约束,并把它们作为模式的一部分存入数据库中。在关系数据库系统中,最重要的完整性约束是实体完整性和参照完整性,其他完整性约束条件则可以归入用户定义的完整性。

2. 完整性检查机制

DBMS 中检查数据是否满足完整性约束条件的机制称为完整性检查。当进行数据操作时，DBMS 就由某个完整性语义约束的触发条件激发相应的检查程序，进行完整性语义约束检查。

完整性检查是围绕完整性约束条件进行的，因此数据库的完整性约束条件是完整性子系统的核心。

3. 违约处理

对违反完整性语义约束条件的操作请求采取相应的处理措施，或是拒绝执行该更新操作，或是发出警告信息，或者按预先定义的操作纠正产生的错误，保证数据的完整性。

数据库完整性子系统是根据"完整性规则集"工作的。完整性规则集包含一组完整性约束规则（Integrity Constraint）。一个完整性约束规则包含完整性约束条件、规则的触发条件和"ELSE 子句"。这些规则是用 DDL 描述的，一旦一条完整性规则输入给系统，系统就开始执行这条规则。这种方法的主要优点是由系统处理违反规则的情况，而不是由用户处理。其次，规则集中存放在数据字典中，当需要修改时，可以很方便地修改。

完整性约束条件是数据模型的组成部分，是数据库中数据必须满足的语义约束条件。一个完整性约束条件可以看作是一个谓词（Predicate），所有正确的保持完整性的数据库状态都应当满足这个谓词。例如，STUDENT. AGE>0，表示语义要求为学生表（STUDENT）中学生的年龄（AGE）项必须大于 0。

规则的触发条件规定何时使用该规则做检查。

"ELSE 子句"规定当完整性约束条件不满足时须做的操作。

在关系数据库中，数据完整性约束一般有以下类型。

① 域完整性：定义属性的类型、精度、取值范围等；

② 关系完整性：定义更新操作对数据库中的值的影响和限制；

③ 实体完整性：定义在单个关系中，主属性不能取空值；

④ 参照完整性：定义在一个或多个关系中，元组间、关系集合以及关系之间的联系、影响和约束。

完整性约束可以保护数据库的完整性，但是数据库的完整性子系统进行完整性约束检查是需要耗费额外的时空开销的，将会显著地降低数据库的性能。

12. 2　完整性约束语义的定义与检查

数据完整性对各种应用及各种规模的数据库都是非常重要的。现代数据库技术采用数据完整性语义约束条件的定义和检查来保护数据库的完整性。其实现方式有两种：一种是通过定义和使用完整性约束规则，另一种是通过触发器（Trigger）和存储过程（Stored Procedure）等过程来实现。

完整性约束作用的对象可以是关系、元组和属性 3 种。

· 属性（列）约束：属性的类型、取值范围、精度、排序等约束；

- 元组约束:元组中各个属性间的联系的约束;
- 关系约束:若干元组间、关系集合上以及关系之间的联系的约束。

目前关系数据库管理系统都提供了定义和检查实体完整性、参照完整性和用户定义的完整性的功能。对于违反实体完整性和用户定义的完整性的操作一般都采用拒绝执行的方式进行处理。而对于违反参照完整性的操作,并不都是简单地拒绝执行,有时要根据应用语义执行一些附加的操作,以保证数据库的正确性。

12.2.1　域完整性约束

我们知道,每个属性都必须对应于一个所有可能的取值构成的域。定义域完整性约束则规定了某个属性的取值必须符合某种数据类型并且取自某个数据定义域。域完整性约束施加于单个数据上,为基本关系中属性定义的一部分,是完整性约束最基本的形式。

指定一个域的通常方法是指定一个数据类型,还可以定义取值范围,或者明确地指出所有可能取值的枚举类型来描述其他可能的域。例如:

　　$0 \leqslant$ 人的年龄 $\leqslant 120$

　　仓库库存量 $\geqslant 0$

　　大学本科的年级取值为 1、2、3、4、5

　　长途电话号码格式为 9999-99999999

每当有数据插入到数据库时或修改数据时,系统都要进行域完整性检查。若此值与类型不相容,则此操作会被简单地拒绝。

12.2.2　实体完整性约束

1. 实体完整性的定义

实体完整性约束(Entity Integrity Constraint)规定了主属性值不能取空值(Null),是定义于单个关系上的,在基本表定义语句中定义,用于维护用户规定的函数依赖。

对单属性构成的码,既可以定义为列级约束条件,也可以定义为表级约束条件。对多个属性构成的码则只能定义为表级约束条件。

2. 实体完整性的检查与违约处理

对数据库进行插入数据操作时,DBMS 按照实体完整性规则自动进行检查。包括:

① 检查主码值是否唯一,如果不唯一则拒绝插入操作;

② 检查各个主属性值是否为空,只要有一个为空就拒绝插入。

12.2.3　参照完整性约束

1. 参照完整性的定义

参照完整性约束是在两个关系上指定的,用于维护两个关系的元组之间的一致性。外码(外部关键字)是参照完整性约束(Referential Integrity Constraint)的一个典型例子。

通俗地说,参照完整性约束要求一个关系中的元组引用另一个关系时,它引用的必须是那个关系中已存在的元组。也就是说,在外码中出现的每一个值都要在相应的主码中出现,反之不然,即在对应于某个外码所对应的主码中出现的值不一定会在外码中出现。

我们把定义外码的基本表称为参照表或子表,含有相应主码的基本表称为被参照表或父表。

需要注意 3 点:

- 一个基本表上可以定义多个外码和多个参照关系;
- 对于参照完整性,除了定义外码,还应定义外码列是否允许取空值;
- 外码所包含的属性与相对应的主码中的属性应具有相同的数据类型和大小。

2. 参照完整性的检查与违约处理

参照完整性将两个表中的相应元组联系起来了。因此对数据库的更新操作可能会导致参照完整性约束规则被破坏,必须进行参照完整性检查。

当发生违反参照完整性规则时,系统可以采用以下的应对策略。

(1) 拒绝(Restrict)执行

不允许该操作执行。该策略一般为默认策略。

(2) 级联(Cascade)操作

当删除父表中的元组或修改父表中主码的值破坏了参照完整性,将可能引发子表执行相应的操作以维护参照完整性。理论上还存在一种可能的级联操作是,当向子表中插入元组或修改子表中外码的值破坏了参照完整性,将可能引发父表执行相应的操作以维护参照完整性。

(3) 置空值(Set Null)操作

当删除父表中的元组或修改父表中主码的值破坏了参照完整性,则将子表中所有造成不一致的元组的对应的外码自动设置为空值。

我们分为以下几种情况来讨论。

(1) 插入操作

例如,向 Score 关系插入('9912345','C1',90)元组,而 Student 关系中尚没有 Sno='9912345'的学生。一般地,当向子表中插入元组时,而父表中不存在相应的元组,这时可有以下策略:

① 受限插入:仅当父表中存在相应的元组,其主码值与子表插入元组的外码值相同时,系统才执行插入操作,否则拒绝此操作。例如对于上面的情况,系统将拒绝向 Score 关系插入('9912345','C1',90)元组。

② 递归插入:首先向父表中插入相应的元组,其主码值等于子表插入元组的外码值,然后向子表插入元组。例如对于上面的情况,(约定)系统将首先向 Student 关系插入('9912345','李胜利','计算机系',21)的元组,然后向 Score 关系插入('9912345','C1',90)元组。

(2) 删除操作

例如,要删除 Student 关系中 Sno='0412334'的元组,而 Score 关系中又有 4 个元组的 Sno 都等于'0412334'。当删除父表中的元组时,有 3 种处理措施:

① 级联删除:将子表中所有外码值与父表中要删除元组的主码值相同的元组一起删除,即自动地将 Score 关系中 4 个 Sno='0412334'的元组一起删除。如果参照关系同时又是另一个

关系的被参照关系,则这种删除操作会继续级联下去。

② 受限删除:仅当子表中没有任何元组的外码值与父表中要删除元组的主码值相同时,系统才执行删除操作,否则拒绝执行此删除操作。对于上面的情况,系统将拒绝删除 Student 关系中 Sno='0412334' 的元组。

③ 置空值删除:删除父表中的元组,并将子表中相应元组的外码值置成空值(外码允许取空值的情况下)。对于上面的情况,将试图把 Score 关系中所有 Sno='0412334' 的元组的 Sno 值置为空值(操作不成功,因为 Sno 不允许取空值)。

这 3 种处理方法,哪一种是正确的呢? 这要依应用环境的语义来定。在学生－选课数据库中,显然第 1 种方法是对的。因为当一个学生毕业或退学后,他的个人记录从 Student 表中删除了,他的选课记录也应随之从 Score 表中删除。

(3) 修改父表主码值

① 不允许修改主码值:在有些 RDBMS 中,是不允许修改主码值的,例如,不能用 UPDATE 语句将学号'0412334'改为'0512334'。如果需要修改主码值,只能先删除该元组,然后再把具有新主码值的元组插入到关系中。

② 允许修改主码值:在有些 RDBMS 中,允许修改关系的主码值,但必须保证主码值的唯一性和非空,否则拒绝修改。

检查子表中是否存在这样的元组,其外码值等于父表要修改的主码值。例如,要将 Student 关系中 Sno='0412334' 的 Sno 值改为'0512334',这时与在父表中删除元组的情况类似,可以有级联修改、拒绝修改、置空值修改 3 种策略加以选择。

· 级联修改:修改父表中主码值同时,用相同的方法修改子表中相应的外码值,即自动将 Score 关系中所有 Sno='0412334' 的元组的 Sno 值改为'0512334'。

· 受限修改:拒绝此修改操作。只有当子表中没有任何元组的外码值等于父表中某个元组的主码值时,这个元组的主码值才能被修改。

· 置空值修改:修改父表中主码值,同时将子表中相应的外码值置为空值,即自动将 Score 关系中所有 Sno='0412334' 的元组的 Sno 值置为空值。

(4) 修改子表外码值

修改子表中元组的外码值时,检查父表中是否存在这样的元组,其主码值等于子表中要修改的外码值。例如,要把 Score 关系中('0412334', 'C1', 90)元组修改为('0512334', 'C1', 90),而 Student 关系中尚没有 Sno='0512334' 的学生,即父表中不存在相应的元组,这时可有以下策略:

· 受限修改:拒绝此修改操作。只有当子表中修改的外码值在父表中存在,这个子表外码值才能被修改。

· 递归插入:子表中修改的外码值在父表中不存在,首先向父表中插入相应的元组,其主码值等于子表修改元组的外码值,然后修改子表元组。例如,对于上面的情况,(约定)系统将首先向 Student 关系插入('0512334', '李胜利', '计算机系', 21)的元组,然后将 Score 关系中 Sno='0412334' 的 Sno 值改为'0512334'。

12.3 Oracle 系统的完整性

Oracle 具有一套完整的数据库完整性控制机制,这些控制是直接嵌入 Oracle 核心中实现的。只要简单地建立或修改表的完整性规则,Oracle 就会自动实施这些约束。这样把应用开发和维护成本降到了最低(因为没有代码),也改善了应用可靠性(由 DBMS 来确保实施)。Oracle 系统提供了 5 种约束:

① 非空约束(Not Null);
② 唯一约束(Unique);
③ 主码约束(Primary Key);
④ 外码约束(Foreign Key);
⑤ 条件约束(Check)。

完整性约束的定义保存在 Oracle 数据字典中,只能通过数据字典来浏览约束的定义。

12.3.1 实体完整性

Oracle 在基本表定义语句 Create Table 语句中提供了 Primary Key 子句,供用户在建表时指定关系中的主码列。如果主码列只由单一列构成,则既可以在列级使用 Primary Key 子句,也可以在表级使用 Primary Key 子句定义主码列;如果主码列由多列构成,则只能在表级使用 Primary Key 子句定义主码列。

当用户程序对主码列进行更新操作时,系统自动进行完整性检查。凡操作使主码值为空值或码值在表中不唯一,系统拒绝此操作,从而保证了实体完整性。

例 12.1 建立部门表 DEPT,表中的 Deptno 属性定义为主码,Dname 属性定义为唯一且非空。

列级约束:

```
CREATE TABLE DEPT
    (Deptno CHAR(2)        PRIMARY KEY,       /*列级约束*/
    Dname   VARCHAR2(20) NOT NULL UNIQUE,
    /*要求 Dname 列值非空且唯一*/
    Loc     VARCHAR2(20));
```

也可以为表级约束:

```
CREATE TABLE DEPT
    (Deptno CHAR(2),                          /*列级约束*/
    Dname   VARCHAR2(20) NOT NULL UNIQUE,
    /*要求 Dname 列值非空且唯一*/
    Loc     VARCHAR2(20),
```

```
    PRIMARY KEY(Deptno)                    /＊表级约束＊/
    );
```

12.3.2　参照完整性

Oracle 在基本表定义语句 Create Table 语句中定义参照完整性规则,用 Foreign Key 子句定义关系中的哪些列为外码列,用 References 子句指明这些外码参照哪些基本表的主码,用 On Delete 子句指明在删除被参照关系(父表)的元组时,如何处理参照关系(子表)中相应的元组,相应的处理策略有:

- Cascade:级联删除;
- Restricted:受限删除,为缺省选项,不需要在语句中指定;
- Set Null:置空值。

Oracle 既可以在列级定义参照完整性,也可以在表级定义参照完整性。

例 12.2　建立学生表 Student,表中的 Sno 属性定义为主码,Sname 属性定义为非空,Sdept 参照引用 DEPT 表,且为受限删除。

列级参照完整性:

```
    CREATE TABLE Student
        (Sno      CHAR(5)        PRIMARY KEY,
        Sname   VARCHAR2(20) NOT NULL,
        Ssex    CHAR(2),
        Sage    NUMBER(2),
        Sdept   VARCHAR2(2) REFERENCES DEPT(DEPTNO));   /＊为受限删除＊/
```

表级参照完整性:

```
    CREATE TABLE Student
        (Sno      CHAR(5)        PRIMARY KEY,
        Sname   VARCHAR2(20) NOT NULL,
        Ssex    CHAR(2),
        Sage    NUMBER(2),
        Sdept   VARCHAR2(2),
        FOREIGN KEY(Sdept) REFERENCES DEPT(DEPTNO));
```

12.3.3　用户定义的完整性

用户定义的完整性就是针对某一具体应用的数据必须满足的语义要求,RDBMS 提供完整性定义和检查机制,而不必由应用程序承担处理。Oracle 中用户定义的完整性有两类方法:

- 用 CREATE TABLE 语句在建表时定义用户完整性约束,主要是定义属性列上的完整性约束条件,即属性值限制。
- 通过触发器定义用户的完整性规则。

Oracle 在基本表定义语句中定义属性列上的完整性约束条件包括：

（1）属性列值非空（Not Null 短语）

示例参见例 12.1 和 12.2。

（2）属性列值唯一（Unique 短语）

示例参见例 12.1。

（3）条件约束

检查属性列值是否满足一个布尔表达式（Check 短语）。

例 12.3　建立学生表 Student，要求 Ssex 属性值只允许取"男"或"女"，Sage 属性值在 15 和 30 岁之间。

```
CREATE TABLE Student
    (Sno      CHAR(5)      PRIMARY KEY,
    Sname     VARCHAR2(20)    NOT NULL,
    Ssex      CHAR(2)       CHECK (Ssex IN ('男','女')),
              /* 性别属性 Ssex 只允许取'男'或'女' */
    Sage      NUMBER(2)     CHECK (Sage BETWEEN 15 AND 40),
              /* 15≤Sage≤30 */
    Sdept VARCHAR2(2) REFERENCES DEPT(DEPTNO));
```

（4）元组上的约束条件的定义（Check 短语）

Oracle 在使用基本表定义语句 Create Table 时还可以用 Check 短语定义元组上的约束条件，即元组级的限制。同属性值限制相比，元组级的限制可以设置不同属性之间的取值的相互约束条件。

例 12.4　建立教师表 Teacher，要求每个教师的应发工资不得超过 3 000 元。应发工资实际上就是实发工资列 Sal 与扣除项 Deduct 之和。

```
CREATE TABLE Teacher
    (Tno      NUMBER(4) PRIMARY KEY,
    Tname     VARCHAR2(10),
    Pos       VARCHAR2(8),        /* 职称 */
    Sal       NUMBER(7,2),        /* 实发工资 */
    Deduct    NUMBER(7,2),        /* 扣除项 */
    Deptno    VARCHAR2(2),
    CHECK  (Sal + Deduct <=3000));
```

Oracle 对于属性上和元组上的完整性约束条件的违约处理是不允许该操作执行。也就是说，当往表中插入元组或修改属性的值时，Oracle 检查属性上或元组上的约束条件是否被满足，如果不满足则操作被拒绝执行。

除此之外，Oracle 还可以通过定义触发器来实现其他完整性规则。使用触发器可定义很复杂的完整性约束条件。

12.3.4　通过触发器定义用户的完整性规则

在 Oracle 中,除列值非空、列值唯一、检查列值是否满足一个布尔表达式外,Oracle 还提供用 PL/SQL 书写的存储过程的触发器,在多个层次上实施很复杂的业务规则。触发器可以包含一条或多条 SQL 语句,也可以包含多个 PL/SQL 程序块,它们经编译后存储在 Oracle 中。Oracle 触发器的内容参见第 5 章。

用户还可以通过触发器(Trigger)来实现其他完整性规则。一旦由某个用户定义,任何用户对该数据的增、删、改操作均由服务器自动激活相应的触发器,在核心层进行集中的完整性控制。

例 12.5　为教师表 Teacher 定义完整性规则"教授的工资不得低于 3 000 元,如果低于 3 000 元,自动改为 3 000 元"。

```
CREATE OR REPLACE TRIGGER Insert_Or_Update_Sal
    BEFORE INSERT OR UPDATE OF sal, pos ON teacher
                                /*触发事件是插入或更新操作*/
    FOR EACH ROW                /*行级触发器*/
    WHEN (NEW. Pos ='教授')     /*某教员晋升为教授*/
BEGIN
    IF:NEW. sal <3000 THEN
        :NEW. sal :=3000;
    END IF;
END;
/
```

12.4　完整性约束命名

前面所介绍的完整性约束条件是在 CREATE TABLE 语句中定义,并没有给约束命名。Oracle 还在 CREATE TABLE 语句中提供了完整性约束命名子句 CONSTRAINT,用来对定义的完整性约束条件命名。从而可以灵活地修改、删除一个已经存在的完整性约束条件的定义。在 Oracle 中,如果未给约束条件定义约束名,Oracle 系统将为定义的约束条件自动生成一个名称,格式为 SYS_Cn,其中 n 为大于零的自然数。

12.4.1　CONSTRAINT 约束命名

SQL3 主张显式命名所有的约束。约束可以命名,以便引用。约束的命名使用保留字 CONSTRAINT。

CONSTRAINT ＜完整性约束条件名＞

　　［ PRIMARY KEY 短语|FOREIGN KEY 短语|UNIQUE|CHECK 短语 ］

例 12.6　按照例 12.3 建立学生表 Student,对所有约束条件命名。

CREATE TABLE Student

　　(Sno　　CHAR(5)　　CONSTRAINT PK_S PRIMARY KEY,

　　Sname　VARCHAR2(20)　CONSTRAINT C1 NOT NULL,

　　Ssex　　CHAR(2)　CONSTRAINT C2 CHECK (Ssex IN ('男', '女')),

　　　　/ * 性别属性 Ssex 只允许取'男'或'女' * /

　　Sage　NUMBER(2)　CONSTRAINT C3 CHECK (Sage BETWEEN 15 AND 30),

　　　　/ * 15≤Sage≤30 * /

　　Sdept　VARCHAR2(2)　　CONSTRAINT FK_S_D REFERENCES DEPT

　　　　(DEPTNO));

在 Student 表上建立了 5 个约束条件,包括主码约束(命名为 PK_S)、参照关系约束(命名为 FK_S_D)以及 C1、C2、C3 共 3 个列级约束。

12.4.2　修改表中的完整性约束条件的定义

可以使用 ALTER TABLE 语句修改表中已存在的完整性约束条件的定义。

例 12.7　修改表 Student 中的约束条件,要求年龄由 15 和 30 岁之间改为 12 和 40 之间。

可以先删除原来的约束条件,再增加新的约束条件

　　ALTER TABLE Student

　　　　DROP CONSTRAINT C3;

　　ALTER TABLE Student

　　　　ADD CONSTRAINT C3 CHECK (Sage BETWEEN 12 AND 40);

当没有显式命名约束条件定义时,若要修改或删除某一个约束时,则需要通过查询 Oracle 数据字典,得到该约束条件定义的名称,才可进行相应的操作,实际操作过程比较麻烦。另一方面,当对数据库进行操作违反完整性约束条件时,Oracle 系统提示出错信息,由于没有对约束命名,系统给出的错误信息为 SYS_Cn(n 为大于零的自然数),就难以直接判断出到底是违反了哪一个约束条件,给排错带来困难。因此强烈地建议在定义数据库基本表约束条件时,对约束条件命名。

本 章 小 结

本章讨论了数据库完整性这一重要的概念。数据库的完整性是为了保证数据库中数据的准确性、正确性和有效性。在关系数据库系统中,最重要的完整性约束是实体完整性和参照完整性,其他完整性约束条件则可以归入用户定义的完整性。

DBMS 必须提供一种功能来保证数据库中数据的完整性,即数据库完整性实现的机制。DBMS 的完整性控制机制包括完整性约束定义机制、完整性检查机制和违背完整性约束条件时 DBMS 应采取的动作等。目前许多关系数据库管理系统都提供了定义和检查实体完整性、参照完整性和用户定义的完整性的功能。对于违反实体完整性和用户定义的完整性的操作一般都采用拒绝执行的方式进行处理。而对于违反参照完整性的操作,并不都是简单地拒绝执行,有时要根据应用语义执行一些附加的操作,以保证数据库的正确性。

完整性机制的实施会极大地影响数据库系统性能。不同的数据库产品对完整性的支持策略和支持程度是不同的。数据库厂商对完整性的支持越来越好,不仅能保证实体完整性和参照完整性,而且能在 DBMS 核心上定义、检查和保证用户定义的完整性约束条件。

本章最后简单介绍了 Oracle 的完整性约束机制。Oracle 提供了 Create Table 语句 CREATE TRIGGER 语句定义完整性约束条件,可以定义很复杂的完整性约束条件。完整性约束条件一旦定义好,Oracle 会自动执行相应的完整性检查,对于违反完整性约束条件的操作或者拒绝执行或者执行事先定义的操作。

习 题

12.1 什么是数据库的完整性? DBMS 的完整性子系统的功能是什么?

12.2 完整性规则由哪几部分组成? 关系数据库的完整性规则有哪几类?

12.3 在关系数据库系统中,当操作违反完整性约束条件时,一般是如何分别进行处理的?

12.4 设有下面两个关系模式:

职工表:Emp(ENO, ENAME, AGE, JOB, SAL, DEPTNO),各属性意义分别为职工号、姓名、年龄、职务、工资和部门号,其中,职工号为主码;

部门表:Dept(DEPTO, DNAME, MANAGER, TEL),各属性意义分别为部门号、部门名称、经理名、电话,其中,部门号为主码。

用 SQL 语言定义这两个关系模式,要求在模式中实现以下完整性约束条件的定义,且所有的完整性约束必须命名。

① 定义每个模式的主码;

② 定义参照完整性;

③ 定义职工的年龄在 18~60 岁之间;

④ 定义部门名称非空且唯一。

12.5 对习题 12.4,为职工表 Emp 定义完整性规则"经理的工资不低于 4 000 元,如果低于 4 000 元,自动改为 4 000 元"。

第 13 章　高级数据库技术

数据库技术从产生到现在仅仅几十年的历史,但其发展速度之快,使用范围之广是其他技术所远不及的。数据库系统已从第一代的网状、层次数据库系统,第二代的关系数据库系统,发展到第三代以面向对象模型为主要特征的数据库系统。

当今数据库系统是个大家族,数据模型丰富多彩,新技术层出不穷,应用领域日益广泛。图13.1 从数据模型、新技术内容、应用领域三个方面,通过一个三维空间的视图,阐述了新一代数据库系统及其相互关系。

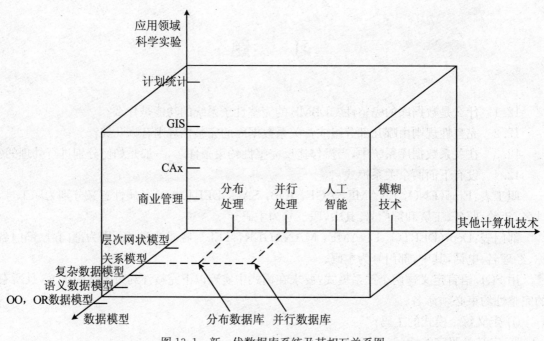

图 13.1　新一代数据库系统及其相互关系图

13.1　分布式数据库系统

分布式数据库是随着计算机网络的发展而形成的新型数据组织形式。分布式数据库旨在按照统一观点,把数据分布在不同的节点,而又能通过网络互相存取,它是统一性与自治性的完善结合。

13.1.1　分布式数据库系统概述

1. 分布式数据库系统的定义

分布式数据库(Distributed Data Base,DDB)是一个物理上分散而逻辑上集中的数据集。这种说法基本上刻画了分布式数据库的本质特征。进一步讲,分布式数据库是把数据分布在不同的网络站点上,每一个站点是一个集中式数据库系统,具有自治处理能力,且这些数据片是建立在统一的逻辑框架上的,构成一个逻辑整体,并有高级的数据库管理系统(分布式数据库管理系统,DDBMS)进行统一控制。

分布式数据库归纳起来,有如下 3 大特点:数据分布性、逻辑关联性、站点自治性。这 3 个特点可以帮助我们判断一个数据集是否是分布式数据库。

2. 分布式数据库管理系统概述

DDBMS 是支撑分布式数据库的建立、维护和使用以及站点通信等的管理软件。通常DDBMS 应具有如下功能:

① 分布式数据库定义功能。

② 分布式查询处理功能。

分布式数据库系统中的数据分布在不同的站点上,数据的查询相对复杂。DDBMS 必须提供分布式环境下的查询处理,而且由于网络传输等原因,必须考虑传输费用。因此查询的优化问题也是 DDBMS 需要考虑的重要问题之一。

③ 分布式数据库维护功能。

由于分布式数据库系统中数据的副本大量存在,数据的完整性和一致性等维护起来相对困难。在并发控制、安全检查以及版本控制等诸多方面都需要有高效而合理的机制保证。当故障发生时,DDBMS 应具有转移任务等能力。

④ 调度处理功能。

必须具有分解全局事务并转换成对应数据交换的能力。在多用户情况下,还必须解决并发控制等问题。

3. 分布式数据库系统的组成

一个分布式数据库系统也必须从硬件、软件、数据以及相关人员等几个方面来理解。

(1) 硬件

支撑一个分布式数据库系统运行的硬件环境。

(2) 数据

分布式数据库系统中的数据是以 DDB 为核心的。严格地讲,分为局部数据和全局数据。局部数据以局部数据库(LDB)形式存放在站点中。全局数据以全局数据库(GDB)形式分散存放在各站点中。

(3) 软件

操作系统、LDBMS(本地 DBMS)、GDBMS(全局 DBMS)。分布式数据库系统作为应用软件程序驻扎在这些系统软件上。

(4) 人员

包括全局用户、局部用户、全局数据库管理员、局部数据库管理员、系统分析员、应用程序员等。

4. 分布式数据库系统的分类

下面从分布式数据库系统控制方式的角度给出分布式数据库系统的分类。

(1) 紧耦合式 DDBS

DDBS 的全局控制信息放在一个称为中心站点的站点上。尽管每个站点可以存放数据分片,但是所有的全局访问都必须通过中心站点来确定远程数据片的位置。这种系统的最大优点是容易实现数据的一致性和完整性。但是它容易产生访问瓶颈,系统效率不高。而且一旦中心站点出现问题则整个系统无法工作,可靠性差。尽管如此,由于这种系统容易实现,因此得到较广泛的应用。

(2) 联邦式 DDBS

每个站点都包含全局控制信息的一个副本,都可以接受全局访问。任何对远程数据的请求,可以通过广播式等方式传播到其他节点。这种系统是完全按照分布式控制方式设计的,因此有较好的可靠性和可用性,而且并行性好。但是它的最大问题是保持数据的一致性很困难,因而实现难度大。这种系统更容易适应旧有的系统集成和异构分布式数据库系统的建立。

(3) 混合式 DDBS

该方案把站点分成两类,一类具有全局控制信息,称为主节点,可以接受全局事务,另一类,没有全局信息,只能为主节点提供数据服务。这种方案的灵活性好,易于实现层次控制结构。但是,设计复杂,必须经过充分用户应用调查,才能使设计的系统和用户的应用相吻合。

13.1.2 分布式数据库设计

这里将介绍分布式数据的构成方式、分布式数据库的模式结构、分布式数据库的透明性、分布式数据库的数据分割方法以及分布式数据库的设计方法等。

1. 分布式数据库的构成方式

可以通过两种基本形式进行数据组织。

(1) 单层次分布式数据库(SLDDB)

单层次分布式数据库只有一个独立的逻辑数据库,它们分布在相连的数据节点上。每个节点没有独立的数据库。其对应的 DDBMS 是一个单层次的全局总控系统,任何访问都必须通过它来完成,节点的自治性完全丧失。如果节点在物理上分布在不同的地理位置,那么需要通信网络连接,进而 DDBMS 需要考虑通信问题。

(2) 多层次分布式数据库(MLDDB)

在多层次分布式数据库中,每个节点都有自己的本地数据库(LDB),而它们(或其中的部分)又构成一个逻辑上统一的全局数据库(GDB)。MLDDB 需要为每个节点配备局部的 DBMS,同时又有 DDBMS 进行全局处理总控工作。对本节点数据的局部访问通过本地 DBMS 完成,而全局访问要通过 DDBMS 来完成。当然,节点间可以是同构的,也可以是异构的。

2. 分布式数据库的模式结构

这里只针对多层次分布式数据库(MLDDB)的模式及它们之间的映射来加以介绍。

（1）分布式数据库的模式层次

下面的 5 层模式结构，只是一个基于现有系统分析基础上对分布式数据库模式的一般性归纳，并不意味着所有的实际系统必须与之完全吻合。

· 全局应用模式（GAS）

全局应用模式又称为全局外模式，它是面向特定应用用户的 GDB 数据视图。不同的用户可以有不同的数据视图，而且可能交叉或覆盖。一般它是整个 GDB 部分数据的描述。

· 全局表示模式（GRS）

全局表示模式也称为全局模式，它是 GDB 的逻辑描述。它需要刻画 GDB 涉及的所有实体（关系），同时也应描述 GDB 中数据在节点的分布。作为一个逻辑上完整的数据库，GDB 的完整性约束等也应加以描述。

· 节点应用模式（NAS）

节点应用模式又称为节点外模式，它是面向本节点特定应用用户的 LDB 数据视图。一般它是本地 LDB 的部分数据的描述，NAS 的描述是对本地数据的应用视图描述。

· 节点表示模式（NRS）

节点表示模式也称为节点模式，它主要是本地 LDB 的逻辑描述。如果本节点包含 LDB 以外的数据，还需要对这些外部数据和 GDB 的关联加以描述。所以，如果在一个节点含有多个相对独立的数据集的话，可以通过定义局部应用模式（LAS）和局部表示模式（LRS）来构造。

· 存储模式（SS）

存储模式也称为节点内模式，它主要是本地 LDB 的存储描述。如果本节点包含 LDB 以外的数据，还需要对这些外部数据的存储加以描述。

（2）模式间的映射

为了实现用户的透明访问，DDBMS 必须提供这些模式间的映射实现。

· GAS/GRS 映射

· GRS/NRS 映射

· NAS/NRS 映射

· NRS/SS 映射

上面关于分布式数据库系统的模式和映射都是假设一个节点只有一个数据库。事实上，一个节点可以有多个数据库，在这种情况下，节点上的每个 LDB 都应该按集中式数据库系统的模式结构设计。

3. 分布式数据库系统中的透明性

分布式数据库的设计要采用更多层次的模式结构，因此这种独立性表现得更复杂。除了 LAS 和 LRS、LRS 和 SS 要保持数据的逻辑独立性、物理独立性外，还必须考虑分布独立性，即用户不必关心数据的分布情况。在分布式数据库系统中，这种独立性通常称为分布透明性。

分布透明性有 3 个层次：分片透明性、位置透明性和数据模型透明性。

（1）分片透明性

分片透明性是分布式数据库系统的最高透明层次，它向用户完全屏蔽了 DDB 的分片信息。用户编写的应用程序都建立在 DDB 的逻辑描述或其视图之上，就像使用一个集中式数据库一样。这样的透明性保持了高水平的数据独立性。当数据库的全局表示模式发生改变时，只需改变 GAS/GRS 映射就可以保持应用程序不发生改变。当然更底层模式的改变也不会影响到应用程序。

（2）位置透明性

位置透明性不屏蔽 DDB 的逻辑分片情况，用户要了解 DDB 的逻辑分片才能编制应用程序。但是它屏蔽了这些逻辑分片的存储位置（站点）。用户的应用程序不需要关心数据分片的具体存储站点。当数据库的数据片存储站点发生改变时，只需改变对应的 GRS/NRS 映射就可以保持全局表示模式不发生改变。

（3）数据模型透明性

数据模型透明性是分布透明性的最低层次。用户不仅需要关心数据的分片情况，还要关心每个分片的具体存放站点。实际上，它向用户屏蔽掉的只是站点的具体数据库存储及其管理情况，因此，也有人称为本地透明性。

它们是由高到低的级别。如果一个系统实现了分片透明性，那么它也实现了位置透明性和数据模型透明性，反之不然。如果一个系统实现了位置透明性，那么它也实现了数据模型透明性，反之不然。数据模型透明性是分布式数据库系统的最低要求。

4. 分布式数据库的数据分割方法

数据分片是分布式数据库设计中首先要面对的问题。目前的分布式数据库都是以关系型数据库为基础的，因此，数据分割方法都是以关系代数理论为基础的。

分布式数据库的数据分割有两种基本方法，即水平分割和垂直分割。

（1）水平分割

水平分割就是把全局关系的元组分割成一些子集，这些子集被称为数据分片或段。数据分片中的数据可能是由于某种共同的性质（如地理、归属）而需要聚集一起的。通常，一个关系中的数据分片是互不相交的，这些分片可以选择地放在一个站上，也可以通过副本被重复放在不同的站点上。

水平分割可以通过关系运算"选择"来定义。

（2）垂直分割

垂直分割就是把全局关系按着属性组（纵向）分割成一些数据分片或段。数据分片中的数据可能是由于使用上的方便或访问的共同性而需要聚集一起的。通常，一个关系中的垂直数据分片间只在某些键值上重叠，其他属性是互不相交的。这些垂直分片可以放在一个站点上，也可以通过副本被重复放在不同的站点上。

垂直分割可以通过关系运算"投影"来定义。

垂直分割的原则是把频繁使用的属性聚集在频繁使用的站点上。垂直分割不是越细越好，如果分割得太细，可能查询时需要大量的数据拼接工作。当然，分割得太粗，也可能使数据传输的量增大。因此，数据分割应该以应用为基础，在进行充分的应用查询调查和分析基础上，确定分割的方式和粒度。

（3）混合分割

在实际应用中，可能把水平分割和垂直分割这两种方法结合起来使用，产生混合式的数据分片。

5. 分布式数据库的设计方法

分布式数据库的设计比起集中式数据库要复杂得多。从内容上说，它要解决数据分割等集中式数据库所没有的问题。

分布式数据库设计需要从两个主要方面来阐述,即全局性的分布式数据库(GDB)设计和局部性的本地数据库(LDB)设计。其中全局性的 GDB 设计是 DDB 设计中的关键问题。它是一个整体的逻辑设计,可以借鉴传统的数据库设计中所使用的概念模型设计方法(如 E-R 图),描述所涉及的实体及其关系。同时,必须考虑数据分片的设计。在数据分片的设计中,要考虑两个方面:

数据分片的逻辑设计:从逻辑层面上,决定数据分割的原则和方法,并加以实现。

数据分片的位置设计:决定数据分片的物理存放站点,并应该考虑副本的使用及其相关问题。

分布式数据库有两种基本的设计方法:自顶向下设计方法和自底向上设计方法。

(1) 自顶向下设计方法

在自顶向下设计方法中,从设计全局模式开始,然后设计数据的分片。由于这种方法是从数据的全局角度开始观察数据,因此,对一个新的分布式数据库的设计是最具有吸引力的。

(2) 自底向上设计方法

在自底向上设计方法中,DDB 的设计是通过已经设计好的局部数据库的集成而得到的。因此,对集成一个行业或组织的旧有数据库成为一个新的分布式数据库是更有意义的。

13.1.3 分布式数据库系统的主要技术问题

1. 分布式查询处理

分布式查询处理是用户和分布式数据库的接口,是分布式数据库系统的主要问题之一。由于数据的分布使得分布式数据库系统中的查询问题比集中式数据库要复杂得多。

衡量分布式查询处理效率是一个综合指标,涉及下面的主要目标:

系统的处理代价。除了 CPU、内存及 I/O 代价外,分布式查询处理所需的通信代价可能是更重要的。因此,一个优化的分布式查询处理算法需要控制数据传输费用,数据的传输费用与数据分片策略及其单位的大小有直接的关系。

系统的(平均)响应时间:由于数据的分布和重复,使得查询处理的路径增多和并行性增大,因此,不同的调度方案对系统的响应时间影响很大。

数据分割的策略、单位及其存放位置直接影响查询的效率。由于分布式数据库系统可能需要对关系进行分割,因此,一个关系的所有对应数据已经不再适合作为独立的数据分配单位,如何确定数据的分配单位就成为分布式数据库系统不可回避的问题,另外,数据分片的存储位置也是影响系统效率的重要问题。

2. 分布式数据库中的并发控制

(1) 分布式数据库管理系统的抽象

从并发控制的角度来对分布式管理系统进行抽象。把分布式数据库管理系统抽象成两个模块:一个是事务管理程序(Transaction Managers,TM);另一个是数据管理程序(Data Managers,DM)。

每一个站点可以运行它们中的一个或两个软件模块。TM 用于管理事务,它是用户与数据库的外部接口。DM 用于管理数据库,可以看作是用户与数据库的内部接口。

数据库可以看作是一个逻辑数据项集合,每一个逻辑数据项可以存储在系统的任何 DM 中,也可以冗余地存储在多个 DM 中。

用户的数据库请求是通过执行事务(Transactions)与 DDB 发生联系的。

我们把事务模拟为一个 READ 和 WRITE 操作的序列,而不关心其内部计算。一个事务的逻辑写集是该事务要写的所有逻辑数据项的集合。存储读集和存储写集可以用类似的方法定义。如果一个事务的存储读集或存储写集与另一个事务的存储写集相交,则称这两个事务是冲突的。

并发控制的一个基本原则是仅当两个事务冲突时,解决其同步问题。

如果用户期望每一个提交给系统的事务最终被执行完成,那么并发控制算法必须避免死锁、周期性的重新启动等问题。

如果用户期望其事务被完整地执行而不受其他事务干扰,那么在一个多道程序设计系统中,必须保证同其他事务并行执行时和自己单独执行的结果是相同的。

(2) 用于并发控制的 DDBS 抽象结构

基于上面对分布式数据库管理系统的抽象,用于并发控制分析的 DDBS 系统模型结构如图13.2 所示。这个系统结构包括 4 个主要部分:事务、TM、DM 和数据子集(DS)。

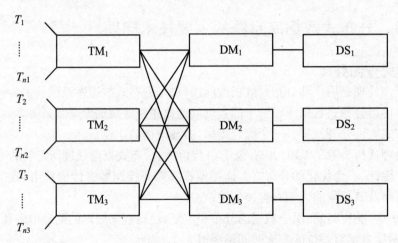

图 13.2　DDBS 抽象结构

在这里,事务与 TM 通信,TM 与 DM 通信,DM 管理对应数据子集。每一个在 DDBMS 中执行的事务都由一个单独的 TM 管理,即事务发出其所有的操作给一个特定的 TM,所有为执行该事务所需要的分布式计算由该 TM 来管理。因此从任何单一的事务来看,系统由单一的 TM 和多个 DM 组成。

令 X 是任何逻辑数据项。READ(X)返回现行逻辑数据库状态中 X 的值。WRITE(X,新值)则建立一个新的逻辑数据库状态,其中 X 的值被“新值”所代替。在响应事务的命令时,TM 向 DM 发出命令,说明具体的存储数据项将被读或写。由 DM 对相应数据子集进行操作。

(3) 分布式事务处理模型

分布式数据库有多个 TM 和 DM,但是每一个在系统中执行的事务仍然是由单一的 TM 来接收和管理的。因此从一个事务的执行过程来看，它的实施也是由一个 TM 和多个 DM 来完成的。分布式环境下的事务处理模型大致与集中式的相同。关键的问题在于私有工作区的管理和事务的提交。

a) DDBMS 中的私有工作区

在集中式 DBMS 中，我们假定私有工作区是 TM 的一部分。在分布式数据库环境下，这种假定是不成立的。因为 TM 和 DM 经常处在不同的站点运行，所以 TM 和 DM 间传递经常必须包含昂贵的场所间的通信。为了减少代价，可能需要许多 DDBMS 利用查询优化过程控制站点间的数据流。

b) DDBMS 中的两阶段提交问题

在 DDBMS 中，由于可能一个场所失效而系统的其他部分继续工作，使得原子提交问题变更加复杂与困难，分布式两阶段提交过程要比集中式复杂得多。

在分布式 DBMS 中，引入 TM 与 DM 间的预提交（Pre-Commit）操作。这个操作使 DM 从私有工作区复制数据项到安全存储器。每个接收预提交的 DM 必须能够确定在提交活动中还有哪些 DM 参加（这些信息可能作为预提交操作的参数或存储在私有工作区）。如果 T 的 TM 在发出所有的 Dm-Write 之前失效，则尚未收到 Dm-Write 的那些 DM 能够识别这些情况。这些 DM 能够查询所有包含在提交中的 DM 来确定是否有 DM 接收到 Dm-Write。如果有 DM 接收到 Dm-Write，则剩余的这些 DM 就像它们也接收到命令一样进行操作。这样，如果有 DM 对数据进行了更新，它们也作更新。

（4）分布式事务处理模式

令 T 是事务，T 在 DDBMS 中处理如下。

当 T 发出 BEGIN 操作，T 的 TM 为 T 建立私有工作区。

T 发出 READ(X)，TM 检查私有工作区是否存在 X 的一个副本。如存在，T 就使用这个副本的值；否则 TM 选择 X 的某个存储副本 X_i，DM 从数据库中检索这个副本的值，即响应 Dm-Read(X_i)操作，把这个值放入私有工作区。

T 发出 WRITE(X,value)操作时，如果在工作区包含 X 的一个副本，则将私有工作区作相应的更新，否则在工作区建立具有新值 value 的 X 的一个副本。

T 发出 END 操作，两阶段提交开始。对由 T 更新的每一个逻辑数据项 X，对每一个 X 的存储副本 X_i，TM 给 X_i 所在的 DM 发 Pre-Commit。在所有预提交处理以后，TM 给所有由 T 更新的逻辑数据项的所有副本发 Dm-Write。直到所有的数据项的所有副本处理结束后，T 的执行结束。

以上事务处理模型比集中事务处理模型要抽象，有很多细节未加说明。这些细节对整个 DDBMS 的功能是重要的，但是就并发控制而言并不十分重要。因此，为了简化事务处理模型而忽略这些因素。

（5）两相封锁并发控制算法

a) 基于锁的并发控制基本方法概述

基于锁的并发控制算法在目前的数据库管理系统使用得最多。这类方法是通过对数据集加锁达到事务并发执行时数据库状态的正确性控制。任何事务访问数据库前，需要测试被访问数据集的加锁情况。如果该数据集已经加锁，而且将实施的访问与其冲突，那么这个事务就需要等待,直到其他事务释放了相应的锁才能进行访问,而且任何访问之前都需要先为访问的数据集进行相应的锁请求。

b) 两相封锁(2PL)算法思想

两相封锁(2PL)算法是通过预防并发操作的冲突来同步读写和写写操作的。一个事务在读一个数据项 X 之前必须拥有对 X 的读锁,同样一个事务在写入 X 之前也必须拥有对 X 的写锁。

锁的管理包括:不同的事务不能同时拥有冲突的锁;一个事务一旦释放一个锁,则它不能再得到其他的锁。

c) 2PL算法的基本实现方法

在分布式数据库中,实现 2PL 的基本方法是把调度程序同数据库一起分布,即数据项 X 的调度程序位于 X 所在的 DM 中。这样,可以通过 DM 的操作隐含地实现锁的请求和释放。

读锁可以隐含地由 Dm-Read 操作来请求。

写锁可隐含地由预提交操作 Pre-Commit 请求。

写锁隐含地由 Dm-Write 操作释放。因为 Dm-Write 操作表示紧缩阶段的开始。

释放读锁需要特殊的放锁操作。因为 Dm-Read 并不导致紧缩阶段的开始。

如果所请求的锁没有得到,则该操作放在所需要的数据项的等待队列中,这可能引入死锁。必要的死锁预防或事后处理是必要的。

基本实现 2PL 方法的一个很重要的优点是,事务间的同步所需要的 TM 和 DM 间的"多余的"通信很少。这种技术所需要的唯一多余的通信是释放读锁的操作。

上面假设数据库中无副本存在,实际上,为了达到高的容错性和可用性,分布式数据库系统中的数据冗余是必需的,因此分布式数据库中的副本是必须面对的问题。副本的存在给分布式数据库的并发控制带来新的问题。在存在副本的情况下,上面的方法经过简单改进就可以保证数据的一致性。改进的算法主要有:

- 主副本 2PL 算法。
- 表决 2PL 算法。
- 集中式 2PL。

(6) 时间戳并发控制方法

时间戳(T/O)方法是预先选择串行次序、并使事务的执行服从这种次序的分布式并发控制算法。这与 2PL 形成鲜明的对比。在 2PL 中,串行性次序是在执行期间由事务得到锁的次序来导出的。在时间戳顺序方法中,每一个事务被其 TM 指派一个唯一的时间戳,并把时间戳附加到所有事务操作上,因而要求 DM 以时间戳次序处理冲突操作来约定串行性次序。时间戳并发控制方法有基本的 T/O 方法、多版本 T/O、保守的 T/O 等。

(7) 死锁问题

解决死锁问题可利用两种方法,死锁预防和死锁检测。

a) 死锁预防

死锁预防是这样一种"谨慎的"解决方式:当系统可能出现死锁时,将重新启动事务。将 2PL 调度程序修改如下:一个较好的预防死锁的方法是给事务指派优先级。

基于时间戳的死锁预防方法大体有两类。一类称作"等待—死亡"系统的方法,另一类称作

"受伤—等待"的方法。

　　b）死锁检测

　　检测死锁的方法是构造一个系统的等待图，并在图中检查循环以检测死锁。如果发现一个循环，则在循环上撤销某一个事务。被撤销的事务称作牺牲事务。牺牲事务的选择应该使重新启动的费用最小。

3. 分布式数据库中的可靠性

　　（1）分布式数据库的可靠性及其含义

　　从广义上来说，分布式数据库系统的可靠性是一种机制，是从数据库本身和其应用两个角度按某种权威的或用户指定的标准完成度量的一种机制。这种机制应该避免错误的发生、提供故障发生时的应对措施以及满足用户的应用目标。

　　分布式数据库系统中的事务管理、查询处理以及并发控制等技术都是保证分布式数据库系统可靠性的基本方法。

　　（2）分布式数据库系统的故障分析和对策

　　分布式数据库系统中的故障是多种多样的，分布式系统的优势是高容错性，因此，系统必须考虑使用相应的容错技术来达到高可靠性。

　　a）硬件故障及其容错技术

　　由于分布式数据库系统的硬件配备是有一定的冗余度的，因此合理使用容错技术可以提高硬件的故障恢复率，增加可靠性。

　　常用的容错技术有：

- 部件冗余。
- 故障隔离。
- 故障检测和修复。
- 建立可靠的网络机制。

　　b）软件故障及其容错技术

　　软件的故障主要来自于站点主机的本地操作系统、本地 DBMS、本地应用软件以及分布式数据库管理系统或通信管理软件等。在处理软件故障时必须分清问题是局部的还是全局的。

　　c）数据的可靠性及其容错技术

　　分布式数据库系统可靠性的一个重要问题是：当系统的某个数据集出现问题而不能被访问时，采用什么措施可以保证在故障恢复前，使系统可以执行的事务最多或者使为此事故而受影响的事务最少。要实现在数据层面上的容错，基本前提是数据冗余。

　　（3）分布式可靠性协议

　　分布式可靠性协议主要包括可靠性提交协议、可靠性终结协议和可靠性恢复协议等。

　　可靠性提交协议是为了保证事务执行的原子性。如果一个节点发生故障，那么就要考虑涉及此节点的事务执行的原子性，因此可靠性提交协议是分布式数据库系统的基本要求。

　　可靠性终结协议是只当分布式数据库系统中的一个节点失效时，其他节点如何处理与失效节点相应事务的可靠性机制。

　　可靠性恢复协议是指当故障节点修复后对事务的恢复机制。

　　由于分布式数据库系统是一个多节点协同工作系统，因此分布式可靠性协议是复杂而重要的。

4. 分布式数据库的安全性及其含义

分布式数据库的安全性是计算机应用安全性的一个方面。

计算机系统的安全隐患来自于系统环境的诸多方面,解决问题的唯一途径是全方位防范。归纳计算机系统的安全隐患可能来自于下面几个重要方面:系统软件的漏洞、网络协议的脆弱、用户信息的窃取、病毒的攻击。

分布式数据库的安全性是计算机系统中数据安全性的表现。由于它的应用和数据特点,我们把它的安全性问题归纳如下:数据的保密性、数据的完整性、数据的健壮性等。

一般情况下,分布式数据库面临着两大类安全问题:一类由单站点故障、网络故障等自然因素引起;另一类来自本机或网络上的黑客攻击。

实际上,分布式数据库中的安全和计算机安全性一样,是一个很广泛而艰难的研究课题。它不仅涉及到相关技术问题,而且是一个包括立法、犯罪预防与惩治以及政府行为的综合工程。

13.2 面向对象数据库系统

面向对象程序设计方法在计算机的各个领域,包括程序设计语言、人工智能、软件工程、信息系统设计以及计算机硬件设计等都产生了深远的影响,也给遇到挑战的数据库技术带来了机会和希望。人们发现,把面向对象程序设计方法和数据库技术相结合能够有效地支持新一代数据库应用。于是,面向对象数据库系统研究领域应运而生,吸引了相当多的数据库工作者,获得了大量的研究成果,开发了很多面向对象数据库管理系统,包括实验系统和产品。

13.2.1 面向对象基本概念

"面向对象"(OO,Object-Oriention)是当前计算机科学与技术界普遍流行的一个术语。它具有广泛的背景和长久的历史,最早可追溯到 20 世纪 60 年代末和 70 年代初,进入 20 世纪 80 年代后引起了人们的普遍关注。它最先起源于程序设计语言和风范,但很快被引入计算机科学与技术的其他领域,如数据库、操作系统、软件方法与软件工程乃至系统结构。

面向对象实际是一种方法学,它将所考虑的现实世界或系统看成是一个对象的集合,每一对象都具有特性和行为,即包含了一组数据和该数据集上的一组操作。

面向对象的基本概念是对象、对象标识、类与继承。

1. 对象

"对象"就是具有自身状态响应内外部请求即操作自身状态的能力的实体。对象的自身状态就是其"同性"(或称特性、实例变量、数据部件、槽)的值集。外部请求称为"消息",为一个对象定义的所有消息的集合构成它的"外部(或抽象)接口"。响应消息而对状态进行操作(因而可改变状态)的程序称为"方法",为一个对象所定义的所有方法的集合则确定了它的"行为"。对象的自身状态和方法深藏在内部,对其用户是不可见的,用户只能通过发消息(即对操作或方法的调用)而向对象提请求来实现与对象的交互作用,这称为"封装"原理。这种原理提高了模块性和可维护性,因为用户的应用不涉及对象的具体实现与内部表示,故其实现可以改变而不影响应用或用户。

形式地,一个对象就是一个四元组:<ID,DS,MS,RS>,其中 DS 为数据集,即对象的状态;MS 为方法集,即对象的行为;RS 为关于对象之间关系的规则集,即关于对象的复杂构造、外部请求与对象间交互作用的规则;ID 为对象的标识,下面要对其进行专门讨论。

对象的结构如图 13.3 所示:

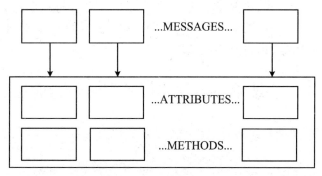

图 13.3　对象结构

2. 对象标识

每一对象与一个唯一标识符相连,该标识无关于它的状态和结构变化,这意思就是对象独立于其值而存在。较之简单地描述对象的值,如关系模型中的关键字,标识符是一个存储指示概念,它不能像改变描述对象的值那样改变,甚至可以改变对象的型(Type)而不改变其标识符(尽管这不是大多数面向对象系统所支持的)。

由于标识符是存储指示概念,故具有完全相同值的两个不同对象也是可辨别的,但它们若作为关系中的元组,则不能区别,因为一个关系就是一个集合,而集合中的元素是不能重复的。面向对象中的标识符与层次数据库中的记录指针类似,其主要不同是前者为逻辑指针,后者为物理指针,这样标识符可以用于访问完整性,而记录指针则不能。也因为如此,在像关系数据库这样的"面向值"的系统中,对象标识要通过显式地(Explicitly)引入对象标识符来实现,而这就给用户施加了确保标识符的唯一性和访问完整性的职责。

3. 类

上面已谈到,每一对象具有一组属性和一组方法,它们分别表示对象的结构与行为。具有同样结构和行为的的对象组合成"类"(Class),所以类是组合具有相同属性和方法的对象在一起的"模板"(Template)。类中的成员称为"实例对象"或"实例",所以类实现了数据建模中的"Is-Instance-Of"联系。类和通常的"型"(Type)不同:类是一种运行时的概念,它不用于检查正确性,在运行时可以变化;而型是一种说明时的概念。它用于检查正确性,在运行时不能变化。多个类的定义可与一单个型的定义一致,一个类只与一个型相连,而一个型可以由多个类来实现。

类的属性的值域可以是一个类,依次地,它的属性的值城又可以是一个类,即一个对象的属性值可以是一个或一组对象。依此下去,从而形成"复杂(或复合)对象"嵌套结构。这种嵌套结构形成一个表示类与其属性间的组成关系的有向、可能有圈的图。这种类组成层次关系等价于数据建模中的"聚合"层次结构,是一种类间的"Is-Part-Of"联系。

4. 继承

面向对象系统允许用户由现有类导出新的类。这个新的类继承原类的全部属性和方法,此外还可定义它自己额外的属性和方法,以及重定义继承的方法。新类称为原类的"子类",它是原类的特化。原类称为导出类的"超类",它是导出类的一般化。故继承实现了概念建模中的"Is-A"联系,它减少了说明变量信息的需要,因而也简化了更新与修改工作,还有利于建立那种与别的对象几乎一样,只不过另有小量额外的不同的对象。

若一个类只能有一个超类,则其继承称为"单继承",若可以有多个超类,则称为"多继承"。多继承通过能组合几个类的描述到一个类而提高共享能力。继承可以传递,即子类还可以有自己的子类,这样依次地形成类的继承层次结构。

13.2.2 面向对象技术与数据库技术相结合的途径

有关面向对象数据模型和面向对象数据库系统的研究在数据库研究领域是沿着 3 条路线展开的:

一条是以关系数据库和 SQL 为基础的扩展关系模型。目前,Informix、DB2、Oracle、Sybase 等关系数据库厂商,都在不同程度上扩展了关系模型,推出了面向对象关系数据库产品。

一条是以面向对象的程序设计语言为基础,研究持久的程序设计语言,支持 OO 模型,例如,美国 Ontologic 公司的 Ontos 是以面向对象程序设计语言 C++为基础的;Servialogic 公司的 GemStone 则是以 Smalltalk 为基础的。

一条是建立新的面向对象数据库系统,支持 OO 数据模型,例如,法国 O2 Technology 公司的 O2、美国 Itasca System 公司的 Itasca 等。

13.2.3 对象—关系数据库系统

1990 年以 Michael Stonebraker 为首的高级 DBMS 功能委员会发表了"第三代数据库系统宣言"的文章,按照文章的思想,一个面向对象数据库系统必须满足两个条件:

- 支持核心的面向对象数据模型;
- 支持传统数据库系统所有的数据库特征。

也就是说 OODBS 必须保持第二代数据库系统的非过程化数据存取方式和数据独立性,即应继承第二代数据库系统已有的技术,不仅能很好地支持对象管理和规则管理,而且能更好地支持原有的数据管理。

对象—关系数据库系统就是按照这样的目标将关系数据库系统与面向对象数据库系统两方面的特征相结合。

对象—关系数据库系统除了具有原来关系数据库的各种特点外,还应该提供以下特点:

1. 扩充数据类型

目前的商品化 RDBMS 只支持某一固定的类型集,不能依据某一应用所需的特定数据类型来扩展其类型集。对象—关系数据库系统允许用户在关系数据库系统上扩充数据类型,即允许用户根据应用需求自己定义数据类型、函数和操作符。例如,某些应用涉及三维向量,系统就允许用户定义一个新的数据类型三维向量 vector,它包含 3 个实数分量。而且一经定义,这些新的数据类型、函数和操作符将存放在数据库管理系统核心中,可供所有用户共享,如同基本数据类型一样。例如可以定义数组、向量、矩阵、集合等数据类型以及这些数据类型上的操作。

2. 支持复杂对象

能够在 SQL 中支持复杂对象。复杂对象是指由多种基本数据类型或用户自定义的数据类型构成的对象。

3. 支持继承的概念

能够支持子类、超类的概念,支持继承的概念,包括属性数据的继承和函数及过程的继承;支持单继承与多重继承;支持函数重载(操作的重载)。

4. 提供通用的规则系统

能够提供强大而通用的规则系统。规则在 DBMS 及其应用中是十分重要的,在传统的RDBMS 中用触发器来保证数据库数据的完整性。触发器可以看成规则的一种形式。对象—关系数据库系统要支持的规则系统将更加通用,更加灵活,并且与其他的对象是集成为一体的,例如规则中的事件和动作可以是任意的 SQL 语句,可以使用用户自定义的函数,规则能够被继承等。这就大大增强了对象—关系数据库的功能,使之具有主动数据库和知识库的特性。

实现对象—关系数据库系统的方法主要有以下 5 类。

① 从头开发对象—关系 DBMS。这种方法费时费力,一般不采用。

② 在现有的关系型 DBMS 基础上进行扩展。

扩展方法有两种:

ⅰ 对关系型 DBMS 核心进行扩充,逐渐增加对象特性。这是一种比较安全的方法,新系统的性能往往也比较好。目前许多著名的关系数据库系统厂商都采用这种方法。他们推出的最新版本都已声称是对象—关系数据库系统。

ⅱ 不修改现有的关系型 DBMS 核心,而是在现有关系型 DBMS 外面加上一个包装层,由包装层提供对象—关系型应用编程接口,并负责将用户提交的对象—关系型查询映像成关系型查询,送给内层的关系型 DBMS 处理。这种方法系统效率会因包装层的存在受到影响。

③ 将现有的关系型 DDMS 与其他厂商的对象—关系型 DBMS 连接在一起,使现有的关系型 DBMS 直接而迅速地具有了对象—关系特征。

④ 将现有的面向对象型 DBMS 与其他厂商的对象—关系型 DBMS 连接在一起,即现有的面向对象型 DBMS 直接而迅速地具有了对象—关系特征。连接方法是将面向对象的 DBMS 引擎与持久语言系统结合起来。即以面向对象的 DBMS 作为系统的最底层,具有兼容的持久语言系统的对象—关系型系统作为上层。

⑤ 扩充现有的面向对象的 DBMS,使之成为对象—关系型 DBMS。

以上 5 类实现方法中最主要和最有效的是对现有的关系型 DBMS 核心进行扩展,增加对象特性,使之逐渐成为对象—关系数据库系统。

13.3 数据库的新技术及新应用

13.3.1 数据库系统的发展

按照数据模型的进展,数据库技术可以相应地分为 3 个发展阶段。

层次数据库系统和网状数据库系统的数据模型虽然分别为层次模型和网状模型,但实质上层次模型是网状模型的特例,它们都是格式化模型。它们从体系结构、数据库语言到数据存储管理均具有共同特征,是第一代数据库系统。

关系数据库系统支持关系模型。关系模型不仅简单、清晰,而且有关系代数作为语言模型,有关系数据理论作为理论基础。因此,关系数据库系统具有形式基础好、数据独立性强、数据库语言非过程化等特色,标志着数据库技术发展到了第二代。

第一和第二代数据库系统的数据模型虽然描述了现实世界数据的结构和一些重要的相互联系,但是仍不能捕捉和表达数据对象所具有的丰富而重要的语义,因此尚只能属于语法模型。第三代的数据库系统将是以更加丰富的数据模型和更强大的数据管理功能为特征,从而满足传统数据库系统难以支持的新的应用要求。

1. 第一代数据库系统

第一代数据库系统指层次和网状数据库系统,其代表是:

① 1969 年 IBM 公司研制的层次模型的数据库管理系统 IMS(Information Management System)。

② 美国的数据库任务组 DBTG(Data Base Task Group)对数据库方法进行了系统的研究、探讨,于 20 世纪 60 年代末 70 年代初提出 DBTG 报告。DBTG 报告确定并建立了数据库系统的许多概念、方法和技术。DBTG 所提议的方法是基于网状结构的。它是数据库网状模型的典型代表。

2. 第二代数据库系统——关系数据库系统

支持关系数据模型的关系数据库系统是第二代数据库系统。

关系数据库是以关系模型为基础的。关系模型建立在严格的数学概念基础上,概念简单、清晰,易于用户理解和使用,大大简化了用户的工作。正因为如此,关系模型提出以后,迅速发展,并在实际的商用数据库产品中得到了广泛应用,成为深受广大用户欢迎的数据模型。

3. 第三代数据库系统

新一代数据库技术的研究和发展导致了众多不同于第一、二代数据库的系统诞生,构成了当今数据库系统的大家族。这些新的数据库系统无论是基于扩展关系数据模型的、还是 OO 模型的;是分布式、客户/服务器或混合式体系结构的;是在 SMP 还是在 MPP 并行机上运行的并行数据库系统;是用于某一领域(如工程、统计、GIS)的工程数据库、统计数据库、空间数据库等,都可以广泛地称为新一代数据库系统。

尽管第三代数据库系统尚未成熟,但这并不妨碍人们来讨论和研究什么样的数据库系统可称之为第三代数据库系统。

经过多年的研究和讨论,对第三代数据库系统的基本特征已有了共识。

(1) 第三代数据库系统应支持数据管理、对象管理和知识管理

除提供传统的数据管理服务外,第三代数据库系统将支持更加丰富的对象结构和规则,应该集数据管理、对象管理和知识管理为一体。由此可以导出,第三代数据库系统必须支持 OO 数据模型。

第三代数据库系统不像第二代关系数据库那样有一个统一的关系模型。但是,有一点应该是统一的,即无论该数据库系统支持何种复杂的、非传统的数据模型,它应该具有 OO 模型的基本特征。

数据模型是划分数据库发展阶段的基本依据。因此第三代数据库系统应该是以支持面向对象数据模型为主要特征的数据库系统。但是,只支持 OO 模型的系统不能称为第三代数据库系统。第三代数据库系统还应具备其他特征。

(2) 第三代数据库系统必须保持或继承第二代数据库系统的技术

即必须保持第二代数据库系统非过程化数据存取方式和数据独立性。第三代数据库系统应继承第二代数据库系统已有的技术。不仅能很好地支持对象管理和规则管理,而且能更好地支持原有的数据管理,支持多数用户需要的即时查询等。

(3) 第三代数据库系统必须对其他系统开放

数据库系统的开放性表现在:支持数据库语言标准;在网络上支持标准网络协议;系统具有良好的可移植性、可连接性、可扩展性和可互操作性等。

13.3.2　数据库技术与其他相关技术相结合

数据库技术与其他相关计算机技术相结合,是新一代数据库技术的一个显著特征。如图 13.4 所示,在结合中涌现出各种新型的数据库,例如:

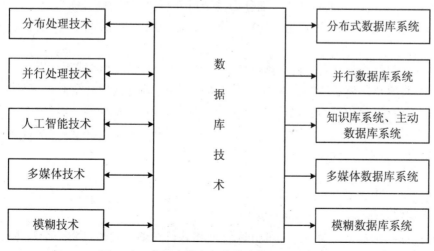

图 13.4　数据库技术与其他计算机技术的结合

- 数据库技术与分布处理技术相结合,出现了分布式数据库系统;
- 数据库技术与并行处理技术相结合,出现了并行式数据库系统;
- 数据库技术与人工智能技术相结合,出现了知识库系统和主动数据库系统;
- 数据库技术与多媒体技术相结合,出现了多媒体数据库系统;
- 数据库技术与模糊技术相结合,出现了模糊数据库系统等。

此外,还有时态数据库、实时数据库、WEB 数据库、移动数据库、空间数据库等新一代数据库系统。

数据库技术与网络通信技术、人工智能技术、面向对象程序设计技术、并行计算技术等互相渗透,互相结合,成为当前数据库技术发展的主要特征。

下面以并行数据库系统和数据仓库系统为例,描述数据库技术是如何吸收、结合其他计算机技术,从而形成了数据库领域的众多分支和研究课题,极大地丰富和发展了数据库技术。

1. 并行数据库系统

并行数据库系统以高性能、高可用性和高扩充性为主要目标,以多处理器平台为主要应用环境,通过并行处理技术提供快速的响应时间和较高的事务吞吐量。

并行数据库系统与分布式数据库系统在应用目标和方式等许多方面是交叉的。它们都希望在多处理机或多计算机的情况下,并行处理事务,而且处理方式也有许多相似之处。所以,大多数人见到的普及性文献或商家产品技术的介绍,并不强调它们的区别。有的学者给出了并行数据库(PDB)和分布式数据库(DDB)的区别。他们认为,PDB 的各处理单元之间一般是地理上集中的、高速通信的紧耦合系统,而 DDB 各处理单元之间一般是地理上分散的、低速的松耦合系统;DDB 各处理单元有独立管理自己资源的能力,而 PDB 各处理单元没有独立管理自己资源的能力。

随着应用对大量联机事务处理(OLTP)的需求,以进程(Process)为单位完成多个事务的并发执行暴露出许多弱点。多线程(Multithread)DBMS 结构是解决多事务高效并发执行的较好技术之一。

对于线程,它是从并行处理的进程(Process)概念发展变化而来的。为了减少系统开销,提高系统效率,人们把传统的进程进一步细分为多个可并行执行的单位,称为线程。在既有进程又有线程的系统中,一般认为进程是对计算机资源进行分配的基本单位,而线程则是系统运行的基本单位。

多线程控制机制十分适合并行计算模型。如果有多个 CPU,则多线程可真正并行工作。

目前并行计算机的体系结构主要有以下几大类:第一类是紧耦合全对称多处理器(SMP)系统,所有的 CPU 共享内存与磁盘;第二类是松耦合群集机系统,所有 CPU 共享磁盘;第三类是大规模并行处理(MPP)系统,所有 CPU 均有自己的内存与磁盘。此外还有混合结构。

相应地,并行数据库系统的体系结构也主要有 3 种:

① 共享内存(Shared-Memory)结构。

② 共享磁盘(Shared-Disk)结构。

③ 无共享资源(Shared-Nothing)结构。

并行数据库技术包括了对数据库的分区管理和并行查询。它通过将一个数据库任务分割成多个子任务,并由多个处理机协同完成这个任务,从而极大地提高了事务处理能力。并且通过数据分区可以实现数据的并行 I/O 操作。一个理想的并行数据库系统应能充分利用硬件平台的并行性,提供不同粒度(Granularity)的并行性。多线程技术和虚拟服务器(VSA)技术是并行数据库技术实现中采用的重要技术。前面已经介绍了多线程技术。

虚拟服务器结构(VSA)是一种比较适用于对称多处理机(SMP)配置的数据库结构。它的基本思想是,在每个指定的 CPU 上设一个引擎(Engine)作为一个服务器。这些服务器在功能上是完全相同的。通过它们的密切协同工作,成为一个逻辑服务器,处理外部的事务要求。每个引擎有一个相应的进程,而这个进程具有多线程,于是在这种结构中便形成了一种多进程多线程结构。对每一个外部事件请求,由某个运行于固定 CPU 上的引擎所对应的进程中的一个线程来处理。由于 CPU 的对称性和每个引擎功能的一致性,事务由哪个线程处理其结构是完全一样的。这样一来,便使得多 CPU 的并行处理能力得到充分发挥,使系统的吞吐量大大增加而响应时间相对缩短。

并行数据库和分布式数据库相比也有一些特殊技术,例如,数据分置和数据偏斜问题等。

目前使用的数据分置方法有轮回分置法、哈希分置法、范围分置法、数据分置法。

数据偏斜是对并行执行效果有影响的数据分布不均匀的总称。数据偏斜分类如下:属性值偏斜、元组分置偏斜、选择性偏斜、重分置偏斜、连接结果偏斜。

并行数据库系统的许多关键技术(如并行数据库的物理组织、并行数据操作算法的设计与实现、并行数据库的查询优化、并行 join、数据库划分、系统视图等)仍需深入研究。

2. 数据仓库与分析处理、数据挖掘

数据仓库(Data Warehouse)是近年来出现并迅速发展的一种数据存储与处理技术。随着传统数据库技术的飞速发展和广泛应用,企业拥有了大量的业务数据,但这些数据并没有产生应有的商业信息。于是,人们开始积累、整合这些业务数据,为决策支持系统和联机分析应用建立统一的数据环境,这个数据环境就是数据仓库。

数据仓库是企业数据的中央仓库,它的数据可以从联机的事务处理系统中来、从异构的外部数据源来、从脱机的历史业务数据中来,并且经过了归并、统一、综合和编辑而成的。数据仓库的目的不是简单地处理数据的增删、修改和维护等细节性、实时性操作,其设计理念是强调从整个企业的长期积累的丰富的数据和更广阔的视角观察来分析数据,并且能迅速、灵活、方便地获得对数据的深层规律的探索,为企业决策人员进行分析决策提供支持。

数据仓库所要研究和解决的问题和传统的数据库是有区别的。它是一个涉及数据库、统计学、人工智能以及高性能计算机等的多学科交叉研究领域,但是与关系数据库不同,数据仓库并没有严格的数学理论基础,它更偏向于工程,因此它应用的技术性很强。

近年来,随着数据库应用的广泛普及,人们对数据处理的多层次特点有了更清晰的认识,对数据处理存在着两类不同的处理类型:操作型处理和分析型处理。操作型处理也叫事务处理,是指对数据库联机的日常操作,通常是对一个或一组记录的查询和修改,主要是为企业的特定应用服务的,人们关心的是响应时间,数据的安全性和完整性。分析型处理则用于管理人员的决策分析。例如:DSS,EIS 和多维分析等,经常要访问大量的历史数据。

两者之间的巨大差异使得操作型处理和分析型处理的分离成为必然。这种分离,划清了数据处理的分析型环境与操作型环境之间的界限,从而由原来的以单一数据库为中心的数据环境发展为一种新环境:体系化环境。该体系化环境由操作型环境和分析型环境(包括全局级数据

仓库、部门级数据仓库、个人级数据仓库)构成,如图 13.5 所示。

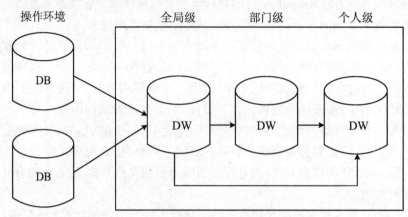

图 13.5　体系化环境

数据仓库是该体系化环境的核心,它是建立决策支持系统(DSS)的基础。

(1) 从数据库到数据仓库

数据库系统作为数据管理的主要手段,主要用于事务处理。在这些数据库中已经保存了大量的日常业务数据,传统的 DSS 一般是直接建立在这种事务处理环境上的。

数据库技术一直力图使自己能胜任从事务处理、批处理到分析处理的各种类型的信息处理任务。尽管数据库技术在事务处理方面的应用获得了巨大的成功,但它对分析处理的支持一直不能令人满意,尤其是当以事务处理为主的联机事务处理(OLTP)应用与以分析处理为主的 DSS 应用共存于同一个数据库系统中时,这两种类型的处理发生了明显的冲突。人们逐渐认识到事务处理和分析处理具有极不相同的性质,直接使用事务处理环境来支持 DSS 是不合适的。

具体来说,有如下原因使得事务处理环境不适宜 DSS 应用:

a) 事务处理和分析处理的性能特性不同

在事务处理环境中,用户的行为特点是数据的存取操作频率高而每次操作处理的时间短,因此系统可以允许多个用户按分时方式使用系统资源,同时保持较短的响应时间,OLTP(联机事务处理)是这种环境下的典型应用,在分析处理环境下,用户的行为模式与此完全不同,某个 DSS 应用程序可能需要连续运行几个小时,消耗大量的系统资源。将具有如此不同处理性能的两种应用放在同一个环境中运行显然是不适当的。

b) 数据集成问题

DSS 需要集成的数据,全面而正确的数据是有效的分析和决策的首要前提,相关数据收集得越完整,得到的结果就越可靠。因此,DSS 不仅需要企业内部各部门的相关数据,还需要企业外部、竞争对手等处的相关数据。而事务处理的目的在于使业务处理自动化,一般只需要与本部门业务有关的当前数据,对整个企业范围内的集成应用考虑很少。当前绝大部分企业内数据的真正状况是分散而非集成的,尽管每个单独的事务处理应用可能是高效的,能产生丰富的细节数据,但这些数据却不能成为一个统一的整体。对于需要集成数据的 DSS 应用来说,必须自己在应用程序中对这些纷杂的数据进行集成。

可是,数据集成是一项十分繁杂的工作,都交给应用程序完成会大大增加程序员的负担。

并且,如果每做一次分析,都要进行一次这样的集成,将会导致极低的处理效率。DSS 对数据集成的迫切需要可能是数据仓库技术出现的最重要动因。

c) 数据动态集成问题

由于每次分析都进行数据集成的开销太大,一些应用仅在开始对所需的数据进行了集成,以后就一直以这部分集成的数据作为分析的基础,不再与数据源发生联系,称这种方式的集成为静态集成。静态集成的最大缺点在于如果在数据集成后数据源中数据发生了改变,这些变化将不能反映给决策者,导致决策者使用的是过时的数据。对于决策者来说,虽然并不要求随时准确地探知系统内的任何数据变化,但也不希望他所分析的是几个月以前的情况。因此,集成数据必须以一定的周期(例如几天或几周)进行刷新,称为动态集成。显然,事务处理系统不具备动态集成的能力。

d) 历史数据问题

事务处理一般不需要当前数据,在数据库中一般也只存储短期数据,且不同数据的保存期限也不一样,即使有一些历史数据保存下来了,也被束之高阁,未得到充分利用。但对于决策分析而言,历史数据是相当重要的,许多分析方法必须以大量的历史数据为依托。没有对历史数据的详细分析,是难以把握企业的发展趋势的。

可以看出 DSS 对数据在空间和时间的广度上都有了更高的要求。而事务处理环境难以满足这些要求。

e) 数据的综合问题

在事务处理系统中积累了大量的细节数据,一般而言,DSS 并不对这些细节数据进行分析,原因一是细节数据数量太大,会严重影响分析的效率;原因二是太多的细节数据不利于分析人员将注意力集中于有用的信息上。因此,在分析前,往往需要对细节数据进行不同程度的综合。而事务处理系统不具备这种综合能力,而且根据规范化理论,这种综合还往往因为是一种数据冗余而加以限制。

以上这些问题表明在事务型环境中直接构建分析型应用是一种失败的尝试。数据仓库本质上是对这些存在问题的回答。但是数据仓库的主要驱动力并不是过去的缺点,而是市场商业经营行为的改变,市场竞争要求捕获和分析事务级的业务数据。

建立在事务处理环境上的分析系统无法达到这一要求。要提高分析和决策的效率和有效性,分析型处理及其数据必须与操作型处理和数据相分离。必须把分析数据从事务处理环境中提取出来,按照 DSS 处理的需要进行重新组织,建立单独的分析处理环境,数据仓库正是为了构建这种新的分析处理环境而出现的一种数据存储和组织技术。

数据仓库并不是一个新的平台,它仍然建立在数据库管理系统基础上,只是一个新的概念。从用户的角度来看,数据仓库是一些数据、过程、工具和设施,它能够管理完备的、及时的、准确的和可理解的业务信息,并把这种信息提交给授权的个人,使他们有效地作出决定。

可以这样定义数据仓库:数据仓库就是一个面向主题的、集成的、不可更新的、随时间不断变化的数据集合,用以支持企业或组织的决策分析处理。

下面简要讨论数据仓库的 4 个基本特征。

a) 主题与面向主题

与传统数据库面向事务处理应用进行数据组织的特点相对应,数据仓库中的数据是面向主题进行组织的。什么是主题呢？主题是一个抽象的概念，是在较高层次上将企业信息系统中的数据综合、归类并进行分析利用的抽象；在逻辑意义上，它对应企业于某一宏观分析领域所涉及的分析对象。所谓较高层次是相对面向应用的数据组织方式而言的，是指按照主题进行数据组织的方式具有更高的数据抽象级别。

比如一家商场，概括分析领域的对象，应有的主题包括供应商、商品、顾客等。可以看出，基于主题组织的数据被划分为各自独立的领域，每个领域有自己的逻辑内涵而不相交叉。而按业务建立的是销售、采购、库存管理以及人事管理子系统，数据库模式有：订单、订单细则、供应商、顾客、销售、领料单、进料单、库存、库房、员工、部门等。可以发现这些数据是为处理具体应用而组织的，它对于数据内容的划分并不适合分析的需求。

"主题"在数据仓库中是由一系列表（table）实现的。一个主题之下表的划分可以按数据的综合、数据所属时间段进行划分。但无论如何，基于一个主题的所有表都含有一个称为公共码键的属性作为其主码的一部分。公共码键将一个主题的各个表联系起来。

同时，由于数据仓库中的数据都是同某一时刻联系在一起的，所以每个表除了其公共码键之外，还必然包括时间成分作为其码键的一部分。

有一点要说明的是，同一主题的表未必存在于同样的介质中，根据数据被关心的程度不同，不同的表分别存储在磁盘、磁带、光盘等不同介质中。一般而言，年代久远的、细节的或查询频率低的数据存储在廉价慢速设备（如磁带）上，而近期的、综合的或查询频率高的数据则保存在磁盘上。

b) 数据仓库是集成的

数据仓库的数据是从原有的分散的数据库数据中抽取来的，因此数据在进入数据仓库之前，必然要经过加工与集成，统一与综合。这一步实际是数据仓库建设中最关键、最复杂的一步。

首先，要统一原始数据中所有矛盾之处，如字段的同名异义、异名同义，单位不统一，字长不一致等；然后将原始数据结构作一个从面向应用到面向主题的大转变；还要进行数据综合和计算；数据仓库中的数据综合工作可以在抽取数据时生成，也可以在进入数据仓库以后进行综合时生成。

c) 数据仓库是不可更新的

数据仓库主要是供决策分析之用的，所涉及的数据操作主要是数据查询，一般情况下并不进行修改操作。数据仓库存储的是相当长一段时间内的历史数据，是不同时刻数据库快照的集合，以及基于这些快照进行统计、综合和重组的导出数据，不是联机处理的数据。因而，数据一经集成进入数据库后是极少或根本不更新的，是稳定的。

d) 数据仓库是随时间变化的

数据仓库中的数据不可更新是指数据仓库的用户进行分析处理时是不进行数据更新操作的。但并不是说在数据仓库的整个生存周期中数据集合是不变的。

数据仓库的数据是随时间的变化不断变化的，这一特征表现在以下 3 方面：

第一，数据仓库随时间变化不断增加新的数据内容。数据仓库系统必须不断捕捉 OLTP 数据库中新的数据，追加到数据仓库中去，也就是要不断地集成 OLTP 数据库的快照，经统一集成后增加到数据仓库中去；但对于每次的数据库快照确实是不再变化了。捕捉到的新数据只是又生成一个数据库的快照增加进数据仓库,而不会覆盖原来的快照。

第二,数据仓库随时间变化不断删去旧的数据内容。数据仓库的数据也有存储期限,一旦超过了这一期限,过期数据就要被删除。只是数据仓库内的数据时限要远远长久于操作型数据的时限。在操作型环境中一般只保存 60~90 天的数据,而在数据仓库中则需要保存较长时限的数据(如 5~20 年),以适应 DSS 进行趋势分析的要求。

第三,数据仓库中包含大量的综合数据,这些综合数据中很多与时间有关,如数据按照某一时间段进行综合,或隔一定的时间片进行抽样等,这些数据就会随着时间的变化不断地进行重新综合。

从数据仓库的数据来源及实施环境来看,它离不开数据库,数据仓库技术与数据库技术有紧密联系,二者能相互连通,相互支持,但又有着重要差别。差别主要在于数据仓库侧重于决策分析,而数据库则侧重于操作和管理;数据仓库作为决策支持系统(DSS)的一种有效、可行和体系化解决方案。

与关系数据库不同,数据仓库并没有严格的数学理论基础,它更偏向于工程。由于数据仓库的这种工程性,因而在技术上可以根据它的工作过程分为:数据的抽取、存储和管理、数据的表现以及数据仓库设计的技术咨询四个方面。

(2) 从联机事务处理到分析处理

当今的数据处理大致可以分成两大类:联机事务处理 OLTP(On-Line Transaction Processing)、联机分析处理 OLAP(On-Line Analytical Processing)。OLTP 是传统的关系型数据库的主要应用,主要是基本的、日常的事务处理,例如,银行交易。OLAP 是数据仓库系统的主要应用,支持复杂的分析操作,侧重决策支持,并且提供直观易懂的查询结果。

联机事务处理数据库应用程序最适合于管理变化的数据,这些类型的数据库的常见例子是航空订票系统和银行事务系统。在这种类型的应用程序中,主要关心的是并发性和原子性。

联机分析处理(OLAP)的概念最早是由关系数据库之父 E. F. Codd 于 1993 年提出的,OLAP 作为一类产品同 OLTP 明显区分开来。表 13.1 列出了 OLTP 与 OLAP 之间的比较。

表 13.1　OLTP 与 OLAP 的比较

	OLTP	OLAP
用户	操作人员,低层管理人员	决策人员,高级管理人员
功能	日常操作处理	分析决策
DB 设计	面向应用	面向主题
数据	当前的,最新的细节的,二维的,分立的	历史的,聚集的,多维的集成的,统一的
存取	读/写数十条记录	读上百万条记录
工作单位	简单的事务	复杂的查询
用户数	上千个	上百个
DB 大小	100 MB~100 GB	100 GB 以上乃至 TB 数量级

OLAP 是使分析人员、管理人员或执行人员能够从多角度对信息进行快速、一致、交互的存取,从而获得对数据的更深入了解的一类软件技术。OLAP 的目标是满足决策支持或者满足在

多维环境下特定的查询和报表需求,它的技术核心是"维"这个概念。

"维"是人们观察客观世界的角度,是一种高层次的类型划分。"维"一般包含着层次关系,这种层次关系有时会相当复杂。通过把一个实体的多项重要的属性定义为多个维,使用户能对不同维上的数据进行比较。因此 OLAP 也可以说是多维数据分析工具的集合。

OLAP 的基本多维分析操作有钻取、切片、切块以及旋转等。

钻取是改变维的层次,变换分析的粒度。它包括向上钻取(Roll Up)和向下钻取(Drill Down)。Roll Up 是在某一维上将低层次的细节数据概括到高层次的汇总数据,或者减少维数;而 Drill Down 则相反,它从汇总数据深入到细节数据进行观察或增加新维。

切片和切块是在一部分维上选定值后,关心度量数据在剩余维上的分布。如果剩余的维只有两个,则是切片;如果有三个,则是切块。

旋转是变换维的方向,即在表格中重新安排维的放置(例如行列互换)。

OLAP 有多种实现方法,根据存储数据的方式不同可以分为 ROLAP、MOLAP、HOLAP。

根据综合性数据的组织方式的不同,目前常见的 OLAP 主要有基于多维数据库的 MOLAP 及基于关系数据库的 ROLAP 两种。MOLAP 是以多维的方式组织和存储数据,ROLAP 则利用现有的关系数据库技术来模拟多维数据。在数据仓库应用中,OLAP 应用一般是数据仓库应用的前端工具,同时 OLAP 工具还可以同数据挖掘工具、统计分析工具配合使用,增强决策分析功能。

(3) 数据挖掘

随着数据库技术的不断发展及数据库管理系统的广泛应用,数据库中存储的数据量急剧增大,在大量的数据背后隐藏着许多重要的信息,如果能把这些信息从数据库中抽取出来,将为公司创造很多潜在的利润,数据挖掘概念就是从这样的商业角度开发出来的。

确切地说,数据挖掘(Data Mining),又称数据库中的知识发现(Knowledge Discovery in Database,KDD),是指从大型数据库或数据仓库中提取隐含的、未知的、非平凡的及有潜在应用价值的信息或模式,它是数据库研究中的一个很有应用价值的新领域,融合了数据库、人工智能、机器学习、统计学等多个领域的理论和技术。

数据挖掘工具能够对将来的趋势和行为进行预测,从而很好地支持人们的决策,比如,经过对公司整个数据库系统的分析,数据挖掘工具可以回答诸如"哪个客户对我们公司的邮件推销活动最有可能作出反应?为什么?"等类似的问题。有些数据挖掘工具还能够解决一些很消耗人工时间的传统问题,因为它们能够快速地浏览整个数据库,找出一些专家们不易察觉的极有用的信息。

a) 历史的回顾

数据挖掘技术是人们长期对数据库技术进行研究和开发的结果。起初各种商业数据是存储在计算机的数据库中的,然后发展到可对数据库进行查询和访问,进而发展到对数据库的即时遍历。数据挖掘使数据库技术进入了一个更高级的阶段,它不仅能对过去的数据进行查询和遍历,并且能够找出过去数据之间的潜在联系,从而促进信息的传递。

研究数据挖掘的历史,可以发现数据挖掘的快速增长是和商业数据库的空前速度增长分不开的,并且 20 世纪 90 年代较为成熟的数据仓库正同样广泛地应用于各种商业领域。从商业数据到商业信息的进化过程中,每一步前进都是建立在上一步的基础上的。表 13.2 给出了数据进化的 4 个阶段,从中可以看到,第 4 步进化是革命性的,因为从用户的角度来看,这一阶段的数据库技术已经可以快速地回答商业上的很多问题了。

表 13.2　数据进化阶段

进化阶段	时间段	技术支持	生产厂家	产品特点
数据搜集	20 世纪 60 年代	计算机、磁带等	IBM、CDC	提供静态历史数据
数据访问	20 世纪 80 年代	关系数据库、结构化查询语言 SQL	Oracle、Sybase、Informix、IBM、Microsoft	在记录中动态历史数据信息
数据仓库	20 世纪 90 年代	联机分析处理、多维数据库	Pilot、 Comshare、 Arbor、Cognos、Microstrategy	在各层次提供回溯的动态的历史数据
数据挖掘	正在流行	高级算法、多处理系统、海量算法	Pilot、Lockheed、IBM、SGI、其他初创公司	可提供预测性信息

b) 数据挖掘分析方法

数据挖掘的核心模块技术历经了数十年的发展,其中包括数理统计、人工智能、机器学习。今天,这些成熟的技术,加上高性能的关系数据库引擎以及广泛的数据集成,让数据挖掘技术在当前的数据仓库环境中进入了实用的阶段。

数据挖掘利用的技术越多,得出的结果精确性就越高。原因很简单,对于某一种技术不适用的问题,其他方法即可能奏效,这主要取决于问题的类型以及数据的类型和规模。数据挖掘方法有多种,其中比较典型的有关联分析、序列模式分析、分类分析、聚类分析等。

· 关联分析:

关联分析,即利用关联规则进行数据挖掘。在数据挖掘研究领域,对于关联分析的研究开展得比较深入,人们提出了多种关联规则的挖掘算法,如 APRIORI、STEM、AIS、DHP 等算法。关联分析的目的是挖掘隐藏在数据间的相互关系,它能发现数据库中形如"90% 的顾客在一次购买活动中购买商品 A 的同时购买商品 B"之类的知识。

· 序列模式分析:

序列模式分析和关联分析相似,其目的也是为了挖掘数据之间的联系,但序列模式分析的侧重点在于分析数据间的前后序列关系。它能发现数据库中形如"在某一段时间内,顾客购买商品 A,接着购买商品 B,而后购买商品 C,即序列 A→B→C 出现的频度较高"之类的知识,序列模式分析描述的问题是:在给定交易序列数据库中,每个序列是按照交易时间排列的一组交易集,挖掘序列函数作用在这个交易序列数据库上,返回该数据库中出现的高频序列。在进行序列模式分析时,同样也需要由用户输入最小置信度 C 和最小支持度 S。

· 分类分析:

设有一个数据库和一组具有不同特征的类别(标记),该数据库中的每一个记录都赋予一个类别的标记,这样的数据库称为示例数据库或训练集。分类分析就是通过分析示例数据库中的数据,为每个类别做出准确的描述或建立分析模型或挖掘出分类规则,然后用这个分类规则对其他数据库中的记录进行分类。举一个简单的例子,信用卡公司的数据库中保存着各持卡人的记录,公司根据信誉程度,已将持卡人记录分成 3 类:良好、一般、较差,并且类别标记已赋给了各个记录。分类分析就是分析该数据库的记录数据,对每个信誉等级做出准确描述或挖掘分类规则,如"信誉良好的客户是指那些年收入在 5 万元以上,年龄在 40～50 岁之间的人士",然后根据分类规则对其他相同属性的数据库记录进行分类。目前已有多种分类分析模型得到应用,其中几种典型模型是线性回归模型、决策树模型、基本规则模型和神经网络模型。

·聚类分析:

与分类分析不同,聚类分析输入的是一组未分类记录,并且这些记录应分成几类事先也不知道。聚类分析就是通过分析数据库中的记录数据,根据一定的分类规则,合理地划分记录集合,确定每个记录所在类别。它所采用的分类规则是由聚类分析工具决定的。聚类分析的方法很多,其中包括系统聚类法、分解法、加入法、动态聚类法、模糊聚类法、运筹方法等。采用不同的聚类方法,对于相同的记录集合可能有不同的划分结果。

聚类分析和分类分析是一个互逆的过程。例如,在最初的分析中,分析人员根据以往的经验将要分析的数据进行标定,划分类别,然后用分类分析方法分析该数据集合,挖掘出每个类别的分类规则;接着用这些分类规则重新对这个集合(抛弃原来的划分结果)进行划分,以获得更好的分类结果。这样分析人员可以循环使用这两种分析方法直至得到满意的结果。

c) 数据挖掘的范围

追根溯源,"数据挖掘"这个名字来源于它有点类似于在山脉中挖掘有价值的矿藏。在商业应用里,它就表现为在大型数据库里面搜索有价值的商业信息。这两种过程都需要对巨量的材料进行详细地过滤,并且需要智能且精确地定位潜在价值的所在。对于给定了大小的数据库,数据挖掘技术可以用它如下的超能力产生巨大的商业机会:

·自动趋势预测。数据挖掘能自动在大型数据库里面找寻潜在的预测信息。传统上需要很多专家来进行分析的问题,现在可以快速而直接地从数据中间找到答案。一个典型的利用数据挖掘进行预测的例子就是目标营销。数据挖掘工具可以根据过去邮件推销中的大量数据找出其中最有可能对将来的邮件推销作出反应的客户。

·自动探测以前未发现的模式。数据挖掘工具扫描整个数据库并辨认出那些隐藏着的模式,比如通过分析零售数据来辨别出表面上看起来没联系的产品,实际上有很多情况下是一起被售出的情况。

·数据挖掘技术可以让现有的软件和硬件更加自动化,并且可以在升级的或者新开发的平台上执行。当数据挖掘工具运行于高性能的并行处理系统上的时候,它能在数分钟内分析一个超大型的数据库。这种更快的处理速度意味着用户有更多的机会来分析数据,让分析的结果更加准确可靠,并且易于理解。

此外,数据库可以由此拓展深度和广度。深度上,允许有更多的列存在。以往,在进行较复杂的数据分析时,专家们限于时间因素,不得不对参加运算的变量数量加以限制,但是那些被丢弃而没有参加运算的变量有可能包含着另一些不为人知的有用信息。现在,高性能的数据挖掘工具让用户对数据库能进行通盘的深度遍历,并且任何可能参选的变量都被考虑进去,再不需要选择变量的子集来进行运算了。广度上,允许有更多的行存在。更大的样本将使产生错误和变化的概率降低,这样用户就能更加精确地推导出一些虽小但颇为重要的结论。

d) 数据挖掘的体系结构

现有很多数据挖掘工具是独立于数据仓库以外的,它们需要独立地输入输出数据,以及进行相对独立的数据分析。为了最大限度地发挥数据挖掘工具的潜力,它们必须像很多商业分析软件一样,紧密地和数据仓库集成起来。这样,在人们对参数和分析深度进行变化的时候,高集成度就能大大地简化数据挖掘过程。

集成后的数据挖掘体系有自己的特点。应用数据挖掘技术,较为理想的起点就是从一个数据仓库开始,这个数据仓库里面应保存着所有客户的合同信息,并且还应有相应的市场竞争对手的相关数据。这样的数据库可以是各种市场上的数据库:Sybase、Oracle、Redbrick 和其他等等,并且可以针对其中的数据进行速度上和灵活性上的优化。

联机分析系统 OLAP 服务器可以使一个十分复杂的最终用户商业模型应用于数据仓库中。数据库的多维结构可以让用户从不同角度,比如产品分类,地域分类,或者其他关键角度来分析和观察他们的生意运营状况。数据挖掘服务器在这种情况下必须和联机分析服务器以及数据仓库紧密地集成起来,这样就可以直接跟踪数据,辅助用户快速作出商业决策,并且用户还可以在更新数据的时候不断发现更好的行为模式,并将其运用于未来的决策当中。

数据挖掘系统的出现代表着常规决策支持系统的基础结构的转变。不像查询和报表语言仅仅是将数据查询结果反馈给最终用户那样,数据挖掘高级分析服务器把用户的商业模型直接应用于其数据仓库之上,并且反馈给用户一个相关信息的分析结果。这个结果是一个经过分析和抽象的动态视图层,通常会根据用户的不同需求而变化。基于这个视图,各种报表工具和可视化工具就可以将分析结果展现在用户面前,以帮助用户计划将采取怎样的行动。

e) 数据挖掘中最常用的技术

- 神经网络:仿照生理神经网络结构的非线形预测模型,通过学习进行模式识别。
- 决策树:代表着决策集的树形结构。
- 遗传算法:基于进化理论,并采用遗传结合、遗传变异以及自然选择等设计方法的优化技术。
- 近邻算法:将数据集合中每一个记录进行分类的方法。
- 规则推导:从统计意义上对数据中的"如果—那么"规则进行寻找和推导。

采用上述技术的某些专门的分析工具已经发展了大约十年的历史,不过这些工具所面对的数据量通常较小。而现在这些技术已经被直接集成到许多大型的工业标准的数据仓库和联机分析系统中去了。

面对新经济时代,全面集成了客户、供应者以及市场信息的大型数据仓库导致公司内的信息呈爆炸性增长,企业在市场竞争中,需要及时而准确地对这些信息作复杂的分析。为了更加及时地、更加准确地作出利于企业的抉择,建立在关系数据库和联机分析技术上的数据挖掘工具为我们带来了一个新的转机。目前,数据挖掘工具正以前所未有的速度发展,并且扩大着用户群体,在未来愈加激烈的市场竞争中,拥有数据挖掘技术必将比别人获得更快速的反应,赢得更多的商业机会。

本 章 小 结

通过本章的学习,可使学生系统性地了解高级数据库的实现技术、扩大学生在数据库技术领域的知识面。本章对目前应用较为广泛的分布式数据库、面向对象数据库、数据仓库等内容作较为详尽的描述,对其他类型的高级数据库也作了介绍。

习 题

13.1 简述分布式数据库的定义和主要特点。

13.2 简述分布式数据库系统的 3 个层次的分布透明性。

13.3 简述面向对象技术的基本思想。

13.4 解释以下概念:对象、对象标识、类、单继承与多继承。

13.5 简述第一、二代数据库系统的主要成就。

13.6 第三代数据库系统的基本特征是什么?

13.7 简述数据库技术与其他学科的技术相结合的成果。

13.8 简述并行数据库系统及其与分布式数据库系统的区别与联系。

13.9 试述数据仓库的产生背景。

13.10 简述数据仓库数据的定义和基本特征。

13.11 什么是联机分析处理? 什么是数据挖掘?

13.12 简述数据挖掘分析方法。

参 考 文 献

［1］ DATE C J. An Introduction database systems［M］. Addison-Wesley Publishing Co. ，2000.

［2］ ABRAHAM SILBERSCHATZ, HENRY F. KORTH, SUDARSHAN S. Database System Concepts ［M］. McGraw-Hill Co. ，2002.

［3］ ELMASRI R, NAVATHE S B. 数据库系统基础［M］. 3 版. 邵佩英,张坤龙,等,译. 北京:人民邮电出版社,2002.

［4］ 萨师煊,王珊. 数据库系统概论［M］. 2 版. 北京:高等教育出版社,2000.

［5］ 王珊,萨师煊. 数据库系统概论［M］. 4 版. 北京:高等教育出版社,2006.

［6］ 王能斌. 数据库系统教程［M］. 北京:电子工业出版社,2003.

［7］ 邵佩英. 分布式数据库系统及其应用［M］. 2 版. 北京:科学出版社,2005.

［8］ KEVIN LONEY, IEORGE KOCH. Oracle 9i 参考手册［M］. 钟鸣,石永平,郝玉洁,等,译. 北京:机械工业出版社,2003.

［9］ KEVIN LONEY, IEORGE KOCH. Oracle 9i DBA 手册［M］. 蒋蕊,王磊,王毳,等,译. 北京:机械工业出版社,2002.

［10］ 付玉生,史乐平. Oracle 9i 基础教程与上机指导［M］. 北京:清华大学出版社,2004.

［11］ ORACLE CO. Oracle 9i database online documentation(Release 2)［EB/OL］. http://www.oracle.com/pls/db92/db92.homepage.